INTERVENTI

Gianpaolo Benincasa

Einstein e il sasso

L'impossibile e la scienza

MURSIA

Copertina: Verde Alfieri

In copertina: Gallo serpentino, tratto da Athanasius Kirkerius, *Mundus Subterraneus,* Amsterdam 1678.

Il nostro indirizzo Internet è: http://www.mursia.com

Anno
13 12 11 10

Ristampa
1 2 3 4

A Magda e a Federico

PREFAZIONE

Ci si può chiedere, a buon diritto, perché abbiamo voluto dare a questo libro un titolo piuttosto misterioso (oggi si direbbe «improbabile») come *Einstein e il sasso.* Che cosa c'entra Einstein e, soprattutto, che tipo di argomenti possono essere trattati sotto un simile titolo?

Diciamo subito che, personalmente, questo titolo ci ricorda, e forse può evocare in qualche lettore, un quadro del Cinquecento dove si vede San Girolamo che medita osservando un teschio... Nel nostro caso potrebbe evocare Einstein che contempla un sasso...

Chiariamo subito che non è così.

La scelta di questo titolo deriva forse da una certa immodestia dell'autore che, lo ammettiamo, ha voluto parlare un po' di tutto ciò che di essenziale può esser detto sull'uomo e sull'universo che lo circonda. È come se avessimo intitolato il libro *Dalla A alla Z* oppure *Dall'Alfa all'Omega*!

Abbiamo quindi voluto riunire nel titolo l'oggetto più complesso che la natura ha probabilmente generato, alludiamo appunto al cervello e alla mente di Einstein, e l'oggetto più semplice e, diciamo, più stupido che si possa immaginare, come appunto un sasso. Tra questi due estremi vi è, in pratica, tutto: vi è l'universo intero con i suoi 15 miliardi di anni di evoluzione, vi sono l'uomo e lo sviluppo della sua mente nelle ultime migliaia di anni ecc.

L'immodestia prima menzionata risulta ancora più evidente per il fatto che, in questo immenso oceano di argomenti che si potrebbero identificare e discutere tra questi due estremi, noi ne toccheremo solo alcuni che ci sono sembrati tra i più significativi.

Quando si decide di scrivere un libro su argomenti così vasti e vari, soprattutto se l'autore ha raggiunto un'età, diciamo di piena maturità, si usa dire che l'opera rappresenta la sintesi di riflessioni maturate durante tutta una vita.

Questo non è affatto il nostro caso. Il libro, almeno nelle sue linee generali, era già completamente definito nella nostra mente da almeno trent'anni. Anche il titolo era già stato scelto fin dall'inizio.

Diciamo che questi ultimi trent'anni hanno permesso di approfondire alcuni argomenti e di affinare certi concetti che magari all'inizio erano piuttosto confusi nella nostra mente. Ci si può quindi logicamente porre la domanda del perché abbiamo atteso così tanto tempo. La risposta non è semplice, e noi stessi ci siamo posti tale domanda parecchie volte.

Una prima risposta abbastanza ovvia è che ci è mancato il tempo di scrivere. Tale risposta è vera, ma solo in parte: sappiamo infatti che, anche se si è molto impegnati con il lavoro, quando si desidera ardentemente fare qualcosa, si trova sempre il tempo per farla.

Un'altra risposta, certamente più valida, è quella che per lungo tempo abbiamo avuto la convinzione che le nostre riflessioni non potessero interessare un gran numero di persone.

Infatti, soprattutto all'inizio, abbiamo ritenuto che le nostre considerazioni fossero di ordine troppo generale e in molti casi anche ovvie, per cui ci sembrava inutile aggiungere una nuova voce su argomenti già largamente trattati da altri e spesso in modo molto più autorevole.

Tuttavia il fatto che più recentemente ci ha maggiormente convinti a scrivere questo libro è l'ampliarsi di un fenomeno che negli ultimi tempi tende a prendere dimensioni sempre più consistenti e che non condividiamo affatto.

Vogliamo alludere all'uso ormai generalizzato del cosiddetto pensiero comune o anche pensiero unico. Questo fenomeno, che probabilmente è sempre esistito, ha preso negli ultimi decenni, e ancor più negli ultimi anni, delle proporzioni che non esitiamo a definire scandalose, e la tendenza sembra ancora accentuarsi.

Ecco, in breve, come si può descrivere la nascita e l'evoluzione di un pensiero comune.

Un fenomeno o un problema si presenta all'umanità e, per la sua generalità o per l'importanza che esso riveste in una o più attività umane, desta preoccupazione in un gran numero di persone.

Di tale problema o fenomeno non esiste ancora una spiegazione unica, chiara e incontrovertibile sulla sua origine, evoluzione e sulle sue conseguenze.

Esistono invece parecchie teorie, che sono solo plausibili, ognuna delle quali ha in comune con le altre il fatto di fornire solo spiegazioni possibili o parziali del fenomeno in oggetto. A questo punto, l'opinione pubblica decide che una di tali ipotesi è da preferirsi rispetto alle altre.

Le ragioni di tale scelta possono essere diverse, ma in genere la più comune sembra essere che tale ipotesi fornisce anche una serie di azioni che, secondo i suoi sostenitori, permettono di risolvere il problema che genera tante preoccupazioni.

Si produce quindi un fenomeno di auto-amplificazione che, in linguaggio tecnico, si definisce di reazione positiva.

L'ipotesi viene presentata ora, soprattutto dai mezzi di comunicazione, non più come una possibile ipotesi o teoria, ma come LA teoria valida e le azioni proposte come le uniche che permetteranno di risolvere il problema.

In tal modo, anche chi non aveva un'opinione ben definita, o non aveva sufficiente conoscenza del problema, crede ora che la teoria presentata universalmente come quella vera sia certamente quella giusta... e il numero dei suoi difensori si accresce continuamente.

Ecco quindi nato un nuovo pensiero comune o pensiero unico.

Apparentata alla definizione di pensiero comune, troviamo anche quella del politicamente corretto. Una volta affermatosi un pensiero comune, è estremamente difficile, e talvolta pericoloso, esprimere opinioni in contrasto con tale pensiero: si è politicamente non corretti.

Nella migliore delle ipotesi si può venire dileggiati o anche tacciati di ignoranza e di stupidità, ma si possono avere conseguenze molto più gravi nel proprio lavoro o in altre attività sociali. Vogliamo spiegare con un esempio che cosa si intenda per pensiero comune.

Il più importante e visibile è senza dubbio attualmente quello che riguarda il cambiamento climatico del nostro pianeta. Si è osservato in maniera obiettiva che durante gli ultimi decenni, e particolarmente negli ultimi anni, la temperatura del nostro pianeta sta aumentando. Si è anche rilevato che la concentrazione di CO_2 nell'atmosfera tende anch'essa ad aumentare.

Evidentemente si possono fare varie congetture per spiegare questi due fenomeni. Anzitutto si sa benissimo che periodi di riscaldamento o periodi di glaciazioni sono sempre avvenuti nella lunga storia del nostro pianeta. Potrebbe quindi trattarsi di un fenomeno temporaneo che si esaurirà nel giro di pochi decenni, o anche di pochi anni.

Una seconda osservazione è che nei due fenomeni menzionati non è facile distinguere quale sia la causa e quale l'effetto.

Infatti un riscaldamento del pianeta, per qualunque ragione esso avvenga, produce inevitabilmente un aumento di CO_2 nell'atmosfera, mentre la presenza di CO_2 (e di altri agenti presenti nell'atmosfera, primo tra tutti il vapor d'acqua) può produrre un innalzamento della temperatura perché i raggi termici che la terra invia verso lo spazio vengono trattenuti dall'atmosfera.

Una delle ipotesi è che la causa dell'aumento di CO_2 nell'atmosfera sia da ricercarsi nelle attività umane: scarichi industriali, riscaldamento delle abitazioni, gas di scarico dei mezzi di trasporto ecc. producono tutti evidentemente CO_2.

Tra le varie cause possibili, si è quindi formato il pensiero comune che la causa del riscaldamento del pianeta sia essenzialmente l'uomo e il suo inquinamento.

Come detto prima, la ragione principale di questa scelta sta nel fatto che, mentre per le ipotesi di riscaldamento naturale non si potrebbe praticamente fare nulla, nel caso sia l'uomo a inquinare, la soluzione del problema può esistere.

Facciamo notare che, anche se la scelta di questa ipotesi come la vera può sembrare piuttosto arbitraria, essa è tuttavia accettabile perché risponde perfettamente al principio di cautela che dovrebbe sempre guidarci. Se tra le varie ipotesi in oggetto ve ne è una che si presenta come l'unica che permette di agire in qualche modo, è un saggio principio considerarla come vera e prendere tutte quelle azioni necessarie a ridurne gli effetti negativi.

Da alcuni anni, quindi, si è deciso che l'inquinamento del pianeta è dovuto alle attività umane, e si fanno molte proposte su come ridurre tale inquinamento.

Il protocollo più in voga attualmente è quello che propone di ridurre della metà i gas nocivi nell'atmosfera da qui al 2050.

Le azioni proposte per tale riduzione sono essenzialmente di tre tipi:

– migliorare tutti gli impianti industriali in modo da diminuire gli scarichi nocivi;

– ridurre drasticamente i consumi;

– utilizzare fonti di energia alternative, dette pulite.

Queste tre attività sono evidentemente benefiche e lodevoli.

Una minoranza di scienziati, quelli cioè che osano andare contro il pensiero comune e fare affermazioni politicamente non corrette, fa tuttavia osservare che tali misure non porteranno ad alcun giovamento tangibile semplicemente perché la lotta contro l'inquinamento umano è una battaglia perduta a priori.

Il ragionamento che essi fanno è tuttavia di una semplicità e di una linearità esemplari.

Sulla terra vi sono attualmente circa 6 miliardi di abitanti ed è previsto che nel 2050 essi saranno forse il doppio, cioè 12 miliardi.

Dei 6 miliardi attuali, solo una modesta frazione (forse il 20%) produce la maggior parte dell'inquinamento (forse l'80%): si tratta evidentemente dei paesi più ricchi.

Si può ipotizzare, e ce lo auguriamo per loro, che nel 2050 anche i paesi più poveri abbiano raggiunto uno sviluppo industriale simile al nostro, o almeno molto vicino.

Ciò significa che l'inquinamento, se non si fa nulla, sarà stato moltiplicato per 10.

Se si riuscirà nelle azioni prima proposte (cosa su cui si possono nutrire seri dubbi) l'inquinamento attuale sarà stato moltiplicato «solo» per un fattore 5.

Ecco perché la battaglia è perduta a priori.

Dei tre tipi di azioni previste nei vari protocolli contro l'inquinamento, solo il terzo (uso di energie pulite) sembra promettere soluzioni valide.

Anche in questo caso però è nato il solito pensiero unico.

Quando si parla di energie pulite ci si riferisce essenzialmente al solare (nelle sue forme di termico e voltaico), alle bio-masse, all'eolico, all'uso dell'Idrogeno ecc.

Tutti gli esperti non contagiati dal pensiero comune, affermano, a ragione, che si tratta di forme di energia che possono solo in piccolissima parte rispondere alle esigenze del pianeta (che, lo ricordiamo, sono di circa 10 miliardi di tonnellate equivalenti di petrolio, o TEP, per anno) e solo in maniera locale e non continua.

Un discorso a parte merita l'Idrogeno, di cui si parla molto come carburante di sostituzione per i mezzi di trasporto.

L'Idrogeno non si trova nel nostro giardino: lo si deve estrarre dall'acqua usando l'energia prodotta da centrali tradizionali.

È vero che l'uso dell'Idrogeno ridurrebbe l'inquinamento nelle città, ma allo stesso tempo si aumenta l'inquinamento intorno alle centrali: in definitiva il pianeta non avrà guadagnato nulla. Anzi, peggio! Il rendimento della centrale per produrre l'Idrogeno e quello susseguente del motore a scoppio alimentato a Idrogeno fanno sì che, ad esempio, con un litro di petrolio si faranno molti meno chilometri che se il motore fosse direttamente alimentato con il petrolio, aumentando, in definitiva, l'inquinamento del pianeta.

Bisogna quindi arrendersi all'evidenza: per fornire l'enorme quantità di energia di cui l'umanità avrà bisogno nei prossimi decenni, allo stato attuale delle conoscenze, non vi è che far ricorso alle fonti tradizionali di energia.

Ciò significa centrali termiche nelle due forme a carbone o petrolio, e centrali nucleari nelle due forme di fissione e fusione.

Sappiamo che le prime due sono estremamente inquinanti, mentre per la fusione bisognerà attendere ancora una cinquantina d'anni. La conclusione è quindi chiara: se si vuole ridurre in modo significativo l'inquinamento del pianeta, si dovranno costruire e utilizzare rapidamente forse 100 o anche 1000 nuove centrali nucleari a fissione; ogni altra proposta o protocollo non può che risultare semplicemente inutile.

Tutto questo vale solo se il pensiero comune da cui siamo partiti, che cioè il riscaldamento del pianeta è di origine umana, sia l'ipotesi giusta, il che non è affatto accertato.

A tale proposito vorremmo ricordare alcune previsioni catastrofiche fatte negli scorsi anni che si sono dimostrate totalmente prive di fondamento.

Negli anni Ottanta si era notato che le dimensioni di alcuni ghiacciai erano aumentate di parecchie decine di metri: evidentemente si formò subito un pensiero comune secondo cui si stava entrando in una nuova era glaciale.

Più recentemente, negli anni Novanta, sembrava che le piogge acide minacciassero gravemente le nostre foreste e in molti paesi misure drastiche vennero proposte per limitare l'uso e la velocità delle auto.

Basta oggi andare a passeggio per le nostre foreste per osservare che, fortunatamente, esse sono più rigogliose e più verdi che mai...

Ricordiamo infine il famoso rapporto del Club di Roma (formato, vogliamo ricordarlo, da premi Nobel e dai più celebri esperti in questioni ambientali) che negli anni Settanta prevedeva le più grandi catastrofi a breve scadenza per l'umanità in seguito alla rarefazione del petrolio... come si vede, nessuna catastrofe si è prodotta.

Questi pochi esempi mostrano quanto poco affidamento si debba fare al pensiero comune e con quanta cautela debbano essere accolte certe affermazioni catastrofiche, anche se esse vengono espresse da fonti autorevoli.

Abbiamo già detto che, tuttavia, il principio di precauzione ci impone di considerare come vera anche un'ipotesi che è solo possibile, e di prendere quindi tutte le misure necessarie per limitarne gli effetti negativi.

Come visto, ci sembra che le misure proposte non siano affatto quelle buone.

Solo le centrali nucleari possono fornire nei prossimi decenni la grande quantità di energia di cui l'umanità avrà bisogno. L'energia elettrica così prodotta sarà allora veramente pulita e permetterà di alimentare i mezzi di trasporto, i sistemi di riscaldamento e quasi tutte quelle attività umane che attualmente sono altamente inquinanti.

Ogni altro suggerimento può solo fornire illusioni che, prima o poi, si pagheranno a caro prezzo.

Certo vi sono i problemi di sicurezza e di smaltimento dei rifiuti radioattivi; problemi importantissimi ma che possono essere risolti se, a livello mondiale, si collaborerà in modo efficiente.

Altro problema che ha a che fare direttamente con l'inquinamento del pianeta è quello del numero divenuto eccessivo degli abitanti della terra: è chiaro infatti che più siamo numerosi, più l'inquinamento cresce. E non solo l'inquinamento...

Invitiamo i nostri lettori a fare questa semplice esperienza.

In qualunque posto essi si trovino in questo istante, provino a contare quante persone essi possono scorgere dal punto di osservazione in cui si trovano.

Fatto questo, moltiplichino il numero ottenuto per due: essi avranno quindi una buona approssimazione della situazione che si presenterà ai nostri figli tra una cinquantina di anni.

Evidentemente, se essi si trovano in mezzo a un deserto, la situazione non cambierà di molto; in tutti gli altri casi il risultato sarà molto più preoccupante.

Ci sembra che pochi trattino in maniera seria il problema del sovraffollamento.

Uno di questi, il Comandante Cousteau, sosteneva che il numero ideale di uomini sul pianeta non dovrebbe superare il miliardo.

Senza arrivare a tale cifra, appare evidente che un numero superiore a 4 o 5 miliardi di uomini non potrà che porre dei problemi.

A nostro avviso un controllo delle nascite a livello mondiale sembra una misura indispensabile da prendersi nei prossimi decenni.

Sappiamo benissimo che tale limitazione avrebbe dei tempi di reazione lunghissimi, ma bisogna pur cominciare ad affrontare il problema.

Evidentemente potremmo citare moltissimi altri esempi di pensiero comune e di politicamente corretto, ma ci sembra che il caso citato sia abbastanza paradigmatico e, inoltre, non vogliamo troppo appesantire questa prefazione.

Nel capitolo II parleremo di un altro aspetto dell'irrazionale umano, che abbiamo chiamato Oggetti Irrazionali (OI). Essi si apparentano parecchio al pensiero comune.

La differenza principale sta nel fatto che mentre per quest'ultimo siamo convinti trattarsi piuttosto di una moda che, quindi, come già avvenuto in passato, svanirà in un prossimo futuro, per i primi, gli OI, essi persistono da lunghissimo tempo, in alcuni casi anche da qualche millennio.

Non possiamo terminare questa prefazione senza rivolgere un caldo ringraziamento al CERN di Ginevra, dove l'autore ha lavorato per circa quarant'anni (e continua a lavorare, anche se a tempo parziale).

Il CERN (Organizzazione Europea per la Ricerca Nucleare) fu fondato nel lontano 1955 da un certo numero di paesi europei per mettere insieme le conoscenze e le competenze per lo studio della fisica delle particelle e delle alte energie.

Si tratta quindi di ricerca pura e non finalizzata ad alcuna applicazione pratica: in particolare il CERN non ha mai fatto né mai farà ricerche che hanno a che fare con l'energia nucleare o, peggio, con le armi nucleari.

Insistiamo su questo punto perché, alcuni anni fa, qualcuno criticò la presenza della parola «nucleare» nel nome dell'Organizzazione, considerandola politicamente non corretta.

Il CERN essenzialmente progetta, costruisce e utilizza le complesse apparecchiature di ricerca che sono messe a disposizione della comunità scientifica della fisica delle alte energie del mondo intero.

Per questa attività dispone di uno staff variabile negli ultimi anni tra 2000 e 3000 persone ma, soprattutto, ospita un gran numero di utilizzatori (attualmente circa 10.000) provenienti da Istituti di ricerca di tutto il mondo.

Sia i membri del personale, sia gli utilizzatori sono, in maggior parte, fisici, ingegneri o tecnici altamente specializzati nelle varie discipline connesse con la fisica delle particelle.

Questa altissima concentrazione di specialisti, spesso di fama mondiale, fa del CERN un centro di eccellenza che, probabilmente, non ha eguali al mondo.

Passeggiando all'interno dell'Organizzazione, non è raro imbattersi in premi Nobel o comunque in personalità scientifiche notissime. Ma non è tutto.

La rinomanza del CERN e le relazioni che esistono oggi tra varie discipline scientifiche, fa sì che scienziati di tutto il mondo, provenienti da praticamente tutti i rami del sapere, vengano spesso al CERN per partecipare a conferenze o seminari, organizzare corsi sui più disparati argomenti scientifici o presentare le più recenti scoperte o teorie nei vari domini della scienza.

Questa attività riguarda discipline come l'astrofisica, la cosmologia, la biologia molecolare, la scienza del comportamento umano, lo studio della mente e i circuiti neuronali, la cibernetica e la scienza dei computer ecc.

Questo ambiente multidisciplinare ed estremamente stimolante ci ha permesso, in pratica, di essere al corrente dei più recenti sviluppi nelle varie discipline in modo facile: è bastato infatti assistere alle varie conferenze senza bisogno di spostarci dal posto di lavoro.

Questa è appunto una delle ragioni del nostro ringraziamento, prima espresso.

Crediamo che in nessun altro posto al mondo ciò sarebbe stato possibile.

Come spesso accade, ogni medaglia ha anche un suo rovescio.

Nel nostro caso, questo lato meno positivo è rappresentato dall'estrema specializzazione che si richiede oggi a chi si dedica alla ricerca scientifica.

Secondo una ben nota *boutade*, un grande specialista è quello che conosce praticamente tutto su praticamente... nulla.

Si tratta evidentemente di una *boutade*: essa ha tuttavia il merito di mostrare come l'estrema specializzazione vada di pari passo con un estremo restringimento del campo di ogni singola ricerca.

Sono ormai lontani i tempi in cui i coniugi Curie, lavorando quasi da soli, in un modesto laboratorio, riuscivano a stabilire le leggi della radioattività, o in cui un fisico da solo, lavorando in un oscuro ufficio dei brevetti a Berna, riusciva a sviluppare la teoria della Relatività.

Oggi la ricerca, sia nel campo della fisica delle particelle, sia in quello della maggior parte delle altre scienze, richiede l'uso di apparecchiature molto complesse e anche molto costose. È quindi naturale che il numero di ricercatori impegnati in una stessa attività di ricerca possa divenire molto elevato.

Non è raro oggi che in una pubblicazione scientifica, la lista degli autori possa essere lunga quasi quanto la pubblicazione stessa.

Il ricercatore isolato o anche i piccoli gruppi di ricercatori isolati sono praticamente scomparsi; laboratori sempre più grandi sono necessari e, in molti casi, addirittura paesi interi debbono riunire le loro forze per effettuare le ricerche più costose.

Per dare un'idea di questa circostanza, menzioniamo il fatto che, ad esempio, nell'esperienza di fisica nella quale siamo attualmente impegnati, lavorano ben 2000 specialisti, provenienti da 150 Istituti di ricerca appartenenti a circa 40 paesi diversi.

Ognuno dei partecipanti a tali grandiose realizzazioni deve necessariamente limitare la sua attività in un campo spesso molto ristretto, dove egli è spesso uno specialista di fama mondiale.

Quel che è vero per una grande esperienza di fisica, lo è

anche, in modo più globale, per la scienza presa nella sua generalità: ogni scienziato è, per necessità, estremamente specializzato nella propria disciplina.

Solo pochissimi riescono a interessarsi ai problemi globali dell'universo e a produrre una qualche forma di sintesi.

Ci è sembrato quindi che una visione un po' più globale di tali problemi, proposta da qualcuno che non è un'autorità in nessun campo della scienza, ma solo un «osservatore della scienza», potesse essere non del tutto inutile.

È evidente che le opinioni e le idee espresse in questo libro sono solo il frutto di riflessioni personali dell'autore e non rappresentano in nulla opinioni o idee del suo ambiente di lavoro.

Il libro si apre con un'introduzione e si compone di due parti.

Nell'introduzione si descrivono brevemente le varie fasi dell'evoluzione dell'universo e lo sviluppo del cammino dell'uomo con l'inevitabile insorgere delle prime grandi questioni.

Successivamente si mette in evidenza l'antitesi tra il pensiero razionale e l'irrazionale nei comportamenti umani.

L'introduzione si chiude con la descrizione del metodo usato per esporre le nostre tesi.

Nella prima parte del libro, che si potrebbe definire «di smantellamento» vengono demoliti tutti quei miti, luoghi comuni, pregiudizi, credenze ecc. che non hanno nulla di razionale e che non hanno in generale altro fondamento che la credenza e le affermazioni di coloro che li hanno inventati.

Questa opera demolitrice la definiamo fare tabula rasa dell'irrazionale.

In questo contesto abbiamo cercato di usare argomenti semplici ma efficaci. In qualche caso, inoltre, abbiamo proposto anche delle ipotesi nuove e originali per spiegare l'insorgenza e l'evoluzione di quelli che riteniamo i miti più importanti come ad esempio la religione (vedi capitolo II, il paragrafo relativo a Religione e termodinamica). Desideriamo tuttavia precisare che la nostra visione dell'umanità non è quella di un'umanità fredda, robotizzata che dovrebbe funzionare esclusivamente secondo il principio della razionalità. Sappiamo benissimo che l'uomo per il suo funzionamento psichico ha anche bisogno di una parte irrazionale, infantile, magica; pensiamo soltanto che questa non dovrebbe sostituirsi al campo del razionale.

Nella seconda parte, che chiameremo «di ricostruzione» sosteniamo che soltanto la concezione di una nuova fisica potrebbe tentare di aprire uno spiraglio sulla comprensione delle angosciose domande esistenziali definite in generale come le «grandi questioni» alle quali la fisica attuale non sembra essere in grado di dare delle risposte.

In questo contesto proponiamo una visione nuova del Tempo e dello Spazio. Traendo lo spunto da teorie scientifiche già note e diffuse, prospettiamo una visione del tutto nuova su questi due argomenti. Evidentemente non siamo affatto certi che tale visione sia quella giusta: il nostro obiettivo principale è soltanto quello di stimolare lo sviluppo di una fisica nuova che segua vie diverse da quelle tradizionali.

In questa seconda parte del libro, specie nel capitolo riguardante lo spazio, abbiamo dovuto utilizzare delle formule matematiche che possono risultare ostiche a un lettore che non ha sufficientemente dimestichezza con tali argomenti. Per facilitare la lettura abbiamo tuttavia ridotto al minimo l'uso di tali formule il cui trattamento più dettagliato abbiamo raggruppato in appendice.

Vorremmo ora fare un'avvertenza ai nostri lettori.

La quantità e la varietà degli argomenti e dei fatti riportati in questo libro sono molto vaste. È quindi possibile, anzi probabile, che l'autore abbia in alcuni casi fatto ricorso a eccessive semplificazioni o anche sia incorso in errori od omissioni.

Ce ne scusiamo in anticipo e preghiamo i nostri lettori di essere indulgenti.

INTRODUZIONE

Le quattro fasi dell'evoluzione dell'universo. Il paradosso del Big Bang. Introduzione alle Grandi Questioni. La grande illusione del progresso scientifico. Il ritorno del Medioevo.

L'universo si è formato dalla Grande Scintilla 15 miliardi di anni fa.

Il sistema solare con i suoi pianeti, tra cui la nostra terra, si sono condensati circa 5 miliardi di anni fa.

Le prime cellule viventi (batteri monocellulari) sono apparse sulla terra 3,5 miliardi di anni fa, mentre i primi organismi multicellulari apparvero circa 1 miliardo di anni fa.

Da quelle primitive cellule si sono via via sviluppate le infinite varietà di esseri viventi che hanno popolato la terra per centinaia di milioni di anni. La famosa biforcazione scimmia-uomo pare sia avvenuta circa 4 milioni di anni fa.

Circa 100.000 anni fa apparve quello che può essere considerato il nostro vero antenato e tutto quello che noi chiamiamo «la storia» è avvenuto negli ultimi 10.000 o 20.000 anni.

Ecco riassunto in poche linee tutto il nostro passato!

Come è stato già proposto in vari libri di divulgazione scientifica, se volessimo rappresentare l'intera storia dell'universo con una linea lunga ad esempio 15 centimetri, tutta la nostra storia sarebbe contenuta in un ultimo trattino lungo appena 0,2 micron (2 decimillesimi di millimetro), praticamente invisibile sulla figura.

Questa immagine, abbastanza ovvia in se stessa, è tuttavia interessante per la lezione di modestia in essa contenuta. Nel seguito del presente libro bisognerà tener presente, ogni volta che sarà necessario, questi fatidici 0,2 micron...

La breve rappresentazione che noi abbiamo fatto della storia dell'universo definisce, in modo piuttosto arbitrario, ma che ci è utile, **quattro fasi principali**.

La prima fase si estende dalla Grande Scintilla (Big Bang o, per semplificare, BB) alla coagulazione delle stelle e dei pianeti: questa fase, come già visto, dura 10 miliardi di anni.

La seconda fase copre il periodo che si estende dalla nascita della terra alla comparsa delle prime cellule viventi: circa 1 miliardo di anni.

La terza fase va fino alla comparsa di quello che comunemente si chiama *Homo sapiens*: essa dura circa 4 miliardi di anni.

La quarta e ultima fase concerne gli ultimi 100.000 anni della nostra storia.

I tempi indicati sono chiaramente solo indicativi: essi corrispondono alle più recenti ipotesi sull'argomento e devono essere interpretati con un notevole margine di errore.

Questa imprecisione non ha tuttavia grande importanza in questa sede.

Ciascuna delle fasi sopra menzionate è stata oggetto, nel passato come nel presente, di un gran numero di teorie che hanno cercato di spiegare le varie evoluzioni e soprattutto come si è passati da una fase alla seguente. Una quantità impressionante di opere è stata scritta sull'argomento. Con il progredire delle conoscenze molte di queste teorie si sono dimostrate caduche e noi ci riferiremo in seguito solo a quelle che sono oggi universalmente accettate.

È chiaro che queste teorie riguardano maggiormente le prime tre fasi menzionate: per la quarta si può più specificamente parlare di storia poiché gli avvenimenti in essa contenuti sono più vicini a noi e meglio documentati.

Nel seguito di questo libro ci occuperemo anche delle prime tre fasi appunto perché in esse si trova la maggior parte degli interrogativi della nostra evoluzione e perché, in definitiva, è la risposta a questi interrogativi che può permettere di meglio comprendere la quarta fase.

Se si considera, anche in modo superficiale, l'interesse che l'uomo ha portato alle citate quattro fasi, interesse che si può misurare ad esempio dal numero di opere scientifiche o filosofiche ad esse dedicate, vi sono due osservazioni generali che si possono fare.

La prima è che, malgrado l'enorme disparità esistente, in ordine decrescente, tra le durate delle varie fasi (si pensi per esempio che tra le durate della prima e della quarta fase esistono ben cinque ordini di grandezza!) il loro fascino sembra invece aumentare seguendo il loro ordine crescente.

Ciò non deve stupire se consideriamo che ognuno di noi è, in genere, più interessato dagli avvenimenti presenti o che si sono svolti in un passato abbastanza recente, piuttosto che da qualcosa che è avvenuto, ad esempio, 7 miliardi di anni fa.

Una seconda spiegazione, più sottile, deriva dal profondo antropocentrismo di origine religioso-filosofico che permea tutta la nostra società e che soprattutto è stato dominante nei secoli passati.

La quintessenza di tale sentimento può essere espressa così: l'universo è stato creato a uso e consumo dell'uomo; gli unici aspetti che ci interessano sono dunque quelli che sono in rapporto con l'umanità. Tutto il resto non sono, per usare un linguaggio tecnologico, che dettagli di implementazione.

Come già detto, torneremo largamente in seguito su tale tipo di immodestia intellettiva.

Vogliamo solo far notare, a questo punto, che l'antropocentrismo irrazionale testé descritto ha trovato recentemente un apparente supporto scientifico in una teoria chiamata Principio Antropico (di cui ci occuperemo in seguito) che ha suscitato e continua a suscitare molti consensi.

Ma, come vedremo, malgrado alcune apparenze formali con l'antropocentrismo, i fondamenti di tale teoria sono improntati a una grande modestia.

La seconda osservazione è che, all'interno di ogni fase, ciò che veramente conta sono i periodi d'inizio e di fine. Meglio ancora possiamo dire che quasi tutto l'interesse si porta sulle transizioni fra le varie fasi.

Una transizione può essere definita come quell'insieme

di avvenimenti che portano alla generazione di nuovi fenomeni che poi caratterizzano totalmente la fase seguente.

Non è esagerato dire che se si conoscono a fondo tutti i meccanismi e tutte le leggi che governano una transizione tra una fase e la seguente, la conoscenza dettagliata della fase stessa è superflua: ogni avvenimento può infatti essere dedotto dai primi.

Nello schema semplificato da noi proposto si possono distinguere quattro transizioni:

La prima transizione è comunemente chiamata il Big Bang

Tra le quattro transizioni considerate essa è certamente la più importante e corrisponde alla creazione (uso di proposito la minuscola per non dare alcuna connotazione religiosa a tale fenomeno) dell'intero universo.

Tale transizione è unica in quanto la fase precedente è semplicemente il nulla.

Essa è anche unica per la sua estrema brevità: come ormai tutti sanno, la materia e le leggi che governano l'universo sono state create nei primissimi attimi dal BB.

La teoria del Big Bang è abbastanza recente ma, per la sua quasi generale accettazione da tutti gli ambienti scientifici, essa è praticamente considerata LA risposta finale e definitiva all'angosciante questione dell'origine dell'universo e si è già profondamente radicata nella coscienza collettiva, tanto più che essa permette, per una volta, di mettere d'accordo scienza e religione.

Infatti i non credenti vedono in essa uno splendido ed elegante trionfo della ragione la cui validità è continuamente (fino a ora) comprovata da nuove esperienze, e gli altri, i credenti, vi scorgono finalmente una prova scientifica della Creazione (questa volta con la C maiuscola).

Torneremo in seguito più in dettaglio su questo punto; vogliamo tuttavia, fin da ora fare alcune osservazioni.

Non siamo sicuri che tutti, in particolare coloro che si ritengono totalmente soddisfatti dalla teoria del BB, abbiano interamente compreso quali e quante violenze debbono essere fatte alla nostra ragione per accettarne fino in fondo le conclusioni.

Il Big Bang non è una teoria di fisica come le altre in quanto tutte le altre teorie e leggi fisiche oggi conosciute discendono direttamente da esso.

Tutto quello che ci circonda e che siamo capaci di percepire, il mondo animale, la terra, il sistema solare, l'universo intero con le sue leggi rigorose e con i suoi misteri, tutto è una emanazione del Big Bang.

In particolare esso ha dato inizio al tempo, allo spazio, alla materia e a tutte le leggi di fisica con le loro costanti universali.

Ed è proprio esaminando più in dettaglio queste affermazioni che le difficoltà cominciano.

Che le leggi della fisica siano state create al momento del Big Bang è un fatto in se stesso sorprendente ma che, in fondo, non viola più di tanto la nostra ragione forse perché, coscientemente o inconsciamente, pensiamo e speriamo che il progredire della conoscenza potrà spiegare come si sia passati da una specie di caos iniziale a un mondo retto da leggi precise.

In questo campo quello che più stupisce, e rappresenta uno dei più grossi misteri della fisica attuale, è il motivo per cui le leggi hanno la forma che esse hanno e le costanti universali hanno il valore che hanno. È infatti ben noto che sarebbe bastato, ad esempio, che una qualunque delle costanti universali presentasse un valore anche solo di pochissimo differente rispetto al suo valore attuale, e l'intero universo sarebbe stato differente.

In particolare noi non saremmo qui a scrivere questo libro e non vi sarebbero eventuali lettori, semplicemente perché non vi sarebbe il genere umano.

Come vedremo in seguito (capitolo I), il Principio Antropico ha il merito di proporre una giustificazione, in assenza di una spiegazione, a questa apparentemente arbitraria scelta della natura.

Ma il contrasto con la nostra ragione diventa stridente, la violenza al nostro buon senso si fa totale, quando esaminiamo l'affermazione che la materia, il tempo e lo spazio sono nati con il Big Bang.

Nella nostra pratica corrente siamo abituati che un fenomeno, qualunque esso sia e comunque complicato esso si presenti, è sempre situato in un certo posto e si svolge durante un certo intervallo di tempo.

In particolare, per quello che riguarda lo spazio, noi possiamo sempre definire con un sistema di coordinate opportuno dove il fenomeno si svolge e possiamo sempre identificare, usando sempre lo stesso sistema di coordinate, delle porzioni dello spazio esterne al fenomeno.

Lo stesso vale per il tempo, noi possiamo sempre scegliere un orologio appropriato rispetto al quale definire l'intervallo di tempo durante il quale il fenomeno in oggetto avviene, e definire altresì altri istanti di tempo nei quali il fenomeno non avviene.

In altre parole è sempre possibile rispondere alle domande dove il fenomeno si svolge e quando esso si svolge.

Così non è per il Big Bang. Per questo singolare fenomeno, infatti, non ha senso porre la domanda dove esso è avvenuto, così come non ha senso la domanda che cosa c'era prima.

Non ha senso la prima domanda perché per definire un luogo ci vuole uno spazio e un sistema di coordinate, e lo spazio stesso è stato creato con il Big Bang; non ha senso la seconda domanda perché per definire un istante ci vuole la nozione del tempo e un orologio per misurarlo, e il tempo e la materia sono anch'essi stati creati al momento del Big Bang.

Cerchiamo di chiarire meglio questi concetti. Vediamo anzitutto se è possibile immaginare le condizioni esistenti al momento iniziale.

Per fare questo immaginiamo che esista un universo assolutamente vuoto.

Il vuoto assoluto non esiste in natura: in realtà quando si pensa al vuoto più spinto (a parte quello approssimato ottenibile sulla terra con l'uso di particolari pompe o altro) si fa quasi sempre riferimento al vuoto siderale. Oggi si sa che in realtà tale vuoto è riempito da più o meno grandi quantità di materia sotto forma di polveri cosmiche ma soprattutto di radiazioni come raggi gamma, neutrini ecc.

Tuttavia, grazie a qualche duro compromesso con la nostra ragione, non è impossibile immaginare che un tale universo assolutamente vuoto possa essere esistito.

In tale universo, a un certo istante, scocca la scintilla del Big Bang: il perché, il dove e il come sono domande importantissime ma che, per gli scopi specifici del nostro esempio, sono da considerarsi di secondaria importanza.

Siamo convinti che questo sia il tipo di scenario che molti immaginano per il Big Bang.

Ebbene, tale scenario è totalmente falso perché esso non corrisponde affatto alla teoria.

Infatti per costruire tale scenario abbiamo fatto due ipotesi fondamentali: che esistesse già un universo (anche se assolutamente vuoto) e che esistesse un qualche sistema di coordinate grazie al quale potere situare il luogo del BB.

Ora, come già ricordato, lo spazio, e di conseguenza un eventuale sistema di coordinate, sono stati creati al momento del BB stesso.

Ma allora, ci si chiederà, dove è avvenuto il BB e che cosa c'era prima di esso? Le risposte che la teoria propone attualmente sono semplici e agghiaccianti al tempo stesso: nel nulla, il nulla!

Il termine «nulla» è un termine che ci è familiare nella nostra vita quotidiana: «non vi è nulla da vedere», «non dirò più nulla», «non vi è nulla dopo le colonne d'Ercole» (come pensavano gli antichi), sono tutte frasi il cui significato semantico ci è chiaro così come ci è chiaro che in esse il termine «nulla» ha un significato che possiamo definire relativo ai termini e al contesto della situazione in cui esso è usato.

Nel nostro caso «nulla» ha un significato assoluto che eti mologicamente significa la non-esistenza di qualunque entità: esso significa il non-spazio, il non-tempo, il non-universo e tutti gli altri non-qualcosa che possiamo immaginare.

In tal senso esso si presenta come un concetto puramente irrazionale, che non può cioè essere compreso dalla nostra ragione e che può solo essere accettato con la violenza di un dogma.

Un discorso molto simile vale anche per il concetto testé introdotto che il tempo ha avuto anch'esso inizio con il BB.

Vi sono in natura vari fenomeni misurabili che sono, come il tempo, unidirezionali, nel senso che il loro valore è sempre superiore a un valore limite inferiore.

In tutti i casi conosciuti, tuttavia, vi è sempre una spiegazione logica o fisica a tale comportamento che può essere accettata dalla nostra ragione.

Se consideriamo, ad esempio, la temperatura, si sa che vi sono temperature di migliaia, di milioni o di miliardi di gradi in vari luoghi del nostro universo e niente impedisce di immaginare temperature ancora più elevate; al contrario, nell'altra direzione nessuna temperatura può esistere che sia inferiore allo zero assoluto.

La spiegazione di tale fatto è ben nota: poiché la temperatura è una misura dell'agitazione molecolare, lo zero assoluto corrisponde alla completa immobilità. Una volta avuta questa spiegazione la nostra ragione è appagata totalmente e non si porrà più la domanda su che cosa vi sia al di sotto dello zero assoluto.

Altro esempio è costituito semplicemente dalla sequenza dei numeri interi positivi (i numeri negativi sono solo un espediente di calcolo): ove si associno ad essi, ad esempio, degli oggetti, ogni mente comprende che si possono avere infiniti oggetti ma non si può avere meno di zero oggetti.

Il discorso è totalmente differente per il concetto di tempo; esso è infatti troppo legato alla nostra esperienza di tutti i giorni per potere ammettere che esso abbia avuto un inizio.

Nessuna esperienza di fisica, nessuna agitazione molecolare, nessuna enumerazione di oggetti ci viene in aiuto per farci capire come il tempo possa avere un inizio.

Questo concetto è dunque, come quello prima citato dello spazio, puramente irrazionale.

Ci si può, a questo punto, porre la domanda se la presunta irrazionalità dei concetti di spazio e di tempo (anzi, meglio, del non-spazio e del non-tempo) sia qualcosa di contingente o di più fondamentale.

Ci si può cioè chiedere se con il passare del tempo, con il progredire delle conoscenze e soprattutto con il radicarsi sempre più profondamente nella coscienza collettiva dell'accettazione della teoria del Big Bang, certi concetti che possono oggi sembrare irrazionali potranno forse un giorno essere assimilati e compresi.

Ciò in realtà è già accaduto in passato con altre teorie che presentavano anch'esse dei concetti in stridente contrasto con il buon senso e con la ragione, ma che poi, piano piano, hanno subito l'evoluzione prima descritta.

Consideriamo, ad esempio, la Teoria della Relatività (vedi capitolo I) che certamente è quella che più ha segnato la fisica del secolo scorso.

Tale teoria, come è noto, contiene delle affermazioni che debbono aver fatto fremere i nostri padri tanto esse erano in aperto contrasto con il buon senso e con una «normale» visione del mondo che ci circonda.

Solo per citarne alcune, tale teoria afferma l'equivalenza tra materia ed energia, sostiene che regoli di misura si contraggono e intervalli di tempo si dilatano se misurati da osservatori in movimento relativo, sostiene che il tempo scorre più lentamente se misurato in prossimità di un oggetto dotato di grande massa come una stella ecc.

Come si vede, ve n'è abbastanza per scuotere a fondo anche le menti più aperte al progresso.

Certamente i concetti più sconcertanti e che hanno fatto scorrere fiumi d'inchiostro sono quelli sulla relatività delle misure dello spazio e del tempo (ancora loro...).

Infatti uno degli assiomi fondamentali (anche se difficilmente dimostrabile) di tutta la fisica classica è che le leggi di fisica hanno un valore assoluto, cioè indipendente dal luogo dove esse sono effettuate e dallo stato di movimento dei riferimenti.

In particolare un regolo avente una lunghezza ***l*** e un orologio che scandisce il tempo con un periodo ***dt***, misurati a terra, avranno la stessa lunghezza ***l*** e lo stesso periodo ***dt*** se queste grandezze saranno, ad esempio, misurate su un treno in movimento, e ciò indipendentemente dalla velocità del detto treno.

Allo stesso modo un orologio scandisce il tempo in maniera identica a livello del mare o in cima a una montagna, indipendentemente da quanto la montagna sia alta.

Questo è quanto insegnava la fisica classica e questo è

ciò che noi possiamo osservare nella nostra esperienza quotidiana.

Eppure non è così: le affermazioni della relatività sono state oggi verificate esatte con centinaia, o anche migliaia di esperienze e, salvo rari dissidenti che ancora la contestano, essa è interamente accettata dalla comunità scientifica.

Lo spazio e il tempo non sono dunque concetti assoluti, ma dipendono dalle condizioni nelle quali essi sono misurati.

A prima vista, tale affermazione sembra avere lo stesso grado di irrazionalità già menzionato a proposito dei concetti di non-spazio e di non-tempo del Big Bang.

Eppure la relatività è oggi accettata, capita e compresa (intesa quindi con la ragione e la logica) da un numero crescente di persone, primi fra tutti gli «addetti ai lavori», gli uomini di scienza, ma anche da un buon numero di curiosi della scienza.

Le ragioni dell'accettazione di questi fatti, a prima vista irrazionali, crediamo dipendano dalle condizioni particolarissime in cui gli effetti della relatività si manifestano.

Infatti come è noto, per osservare dei regoli che si accorciano o dei tempi che scorrono più lentamente bisogna, rispettivamente, disporre di oggetti che si spostino a velocità prossime a quelle della luce o di masse elevatissime.

Queste condizioni non si trovano nella nostra esperienza corrente, dunque tali fenomeni non influenzano quasi del tutto il nostro approccio «classico» con la natura che ci circonda.

Del resto, la relatività non ha modificato la fisica newtoniana per quel che concerne le esperienze di fisica classica; essa è solo una sua estensione in domini particolari. Anzi, per meglio dire, la fisica relativistica è la fisica che ci governa realmente, mentre quella classica o newtoniana rappresenta un'ottima approssimazione valida per tutti i fenomeni correnti. Per giudicare di quanto poco le variazioni dello spazio e del tempo in fisica relativistica influenzino il nostro mondo quotidiano, ricordiamo, ad esempio, che un regolo di un metro e un intervallo di tempo di un secondo, misurati rispettivamente a terra e su di un aereo che voli a 1000 Km/h, differiscono solo di un milionesimo di milionesimi circa.

Similmente, il tempo misurato da un orologio in cima a un grattacielo differisce dal tempo misurato da un altro orologio posto alla sua base (e quindi più vicino alla terra) di una quantità dello stesso ordine di grandezza della precedente.

Le misure di tempo sopra ipotizzate sono state effettuate nella realtà, usando orologi atomici, e i risultati confermano in pieno la teoria.

Come si vede, simili differenze di tempo e di lunghezza non ci faranno certo mancare un appuntamento né ci impediranno di misurare correttamente l'altezza di nostro figlio!

Ed è per questo che la relatività viene accettata e «compresa», anche se con qualche difficoltà, sempre di più; essa non altera fondamentalmente il nostro modo di considerare il mondo che ci circonda, e si applica in campi molto speciali e ristretti, lontani da noi, dove semplicemente non avevamo investigato prima, e dove possiamo anche ammettere che il tempo e lo spazio si comportino in modo un po' inconsueto e bizzarro.

Ma vi è una cosa che la relatività non ha toccato, ed è il concetto stesso di tempo e spazio che serve da supporto a tutte le misure; che i regoli si accorcino, che il tempo scorra più o meno rapidamente possono essere fatti sconcertanti, ma almeno essi significano che esiste uno spazio con un sistema di riferimento e che esiste un tempo e degli orologi per misurarlo.

Tutto ciò viene a mancare nell'ipotesi iniziale del Big Bang. Il Big Bang è avvenuto nel nulla e nulla vi era prima di esso.

Come già accennato prima, questo concetto è profondamente irrazionale (nel senso prima espresso) e, se si potesse stabilire una specie di graduatoria nell'irrazionalità, diremmo che esso ci sembra di almeno un ordine di grandezza più irrazionale dei concetti esposti sulla relatività.

I concetti di non-spazio e di non-tempo possono solo venire accettati quasi come dogmi di fede scientifica.

Nessuna differenza formale sembra dunque esistere sulla spinosa questione della creazione dell'universo, tra il dogma di fede scientifico e il dogma di fede religioso.

Vi è invece una differenza fondamentale: mentre il dogma di fede scientifico è sempre il risultato di ricerche e osservazioni scientifiche verificabili e inconfutabili, il dogma di fede religioso è invece proclamato come un puro atto di fede, senza quindi alcuna base razionale.

La seconda transizione di fase nel nostro schema concerne la formazione delle stelle e, in seguito, dei pianeti
Essa è cominciata circa 1 miliardo di anni dopo il Big Bang con la formazione delle prime stelle, mentre il nostro sole si è formato circa 5 miliardi di anni fa e da allora l'universo si presenta all'incirca come lo conosciamo noi oggi.

Questa seconda transizione di fase avviene molto più lentamente della prima (del resto, come vedremo, nessuna delle transizioni seguenti ha il carattere dell'istantaneità che caratterizza il Big Bang), e la sua evoluzione è, nell'insieme, abbastanza ben conosciuta.

Esistono delle teorie ormai ben affermate che spiegano come si sia passati dal caos iniziale, alla formazione della materia, alla coagulazione delle stelle e come da queste ultime si siano staccati dei frammenti che, raffreddandosi, hanno dato origine ai pianeti.

Certo, in tali teorie esistono ancora dei punti oscuri, degli oggetti «strani» esistono e vengono ancora individuati, i quali non rispondono a una precisa classificazione (vedi ad esempio il caso delle Quasar ecc.), ma si tratta per lo più di casi isolati e per i quali prevale il sentimento che una spiegazione plausibile verrà prima o poi trovata.

In altre parole, e per riprendere il tema che ci ha prima ispirato, possiamo dire che la transizione tra la prima e la seconda fase non presenta alcun carattere di irrazionalità.

Per essere ancora più precisi, ci si può anche chiedere se in realtà la transizione in oggetto sia o non sia una vera transizione, nel senso che essa non presenta alcuna soluzione di continuità nel passaggio tra la prima e la seconda fase dell'universo nel nostro schema semplificato.

Abbiamo tuttavia preferito includere questa transizione tra le quattro citate, essenzialmente perché essa termina con la formazione dei pianeti e in particolare della terra e che in quest'ultima opera sono probabilmente già presenti i prodromi per il sorgere della vita.

È chiaro che tale arbitraria scelta ha un forte odore di antropocentrismo, ma nelle particolari circostanze in cui ci poniamo, esso ci sembra perfettamente giustificato.

Infatti, quando abbiamo proposto le quattro fasi nell'evoluzione dell'universo, non abbiamo certo inteso dire che lo scopo ultimo del Big Bang sia stato quello di permettere la formazione della terra e quindi il sorgere della vita, e quindi la nascita dell'uomo.

Stiamo solo descrivendo la storia dell'universo da un particolare punto di vista che è quello dell'uomo e che è quello che più ci interessa: la cosa è totalmente differente.

La terza transizione riguarda l'apparizione della vita sulla terra, circa 4 miliardi di anni fa

L'interesse di questa transizione è evidentemente enorme sia per il suo contenuto epistemologico cioè per i metodi scientifici utilizzati per il suo studio, sia per i risvolti filosofici e religiosi che essa implica.

Si tratta infatti di stabilire, con l'ausilio di teorie appropriate, ma soprattutto con l'aiuto di osservazioni scientifiche, come si sia passati dalla materia inerte alle prime forme di vita, rappresentate quasi certamente da semplici strutture monocellulari.

Desideriamo subito mettere in evidenza che il passaggio qualitativo in oggetto è enorme: quando diciamo «semplici strutture monocellulari» intendiamo semplici in relazione, ad esempio, con l'incredibile complessità di un organismo umano, ma pur sempre molto più complesse rispetto alla materia inerte.

Se consideriamo ad esempio la più avanzata forma di organizzazione in quest'ultima, un cristallo di un minerale, è facile verificare che la sua complessità è di parecchi ordini di grandezza inferiore a quella della più semplice forma di vita oggi esistente, ad esempio un batterio.

Il problema è notevolmente complicato dalla quasi totale assenza di reperti fossili.

Tutta la storia dell'evoluzione è stata in gran parte basata sulla scoperta dei fossili.

L'evoluzione della vita, sia animale che vegetale, ha lasciato tracce spesso abbondanti sotto forma di resti fossili o almeno di impronte fossilizzate; gli strati di minerali di differente composizione che compongono molte rocce rappresentano un meraviglioso orologio geologico per studiare le varie fasi dell'evoluzione della terra; persino il misterioso Big Bang ha avuto alcuni decenni fa una eclatante conferma con la scoperta della famosa radiazione fossile (vedi capitolo IV).

La condizione essenziale per la creazione di un fossile è che l'oggetto, fossilizzando, abbia una qualche consistenza e rigidità che permetta di lasciare una traccia duratura nell'ambiente circostante; nel caso di animali questo significa, in generale, che essi debbono avere uno scheletro o una qualche forma di carapace o di conchiglia.

Sfortunatamente questa condizione non si applica alle prime forme di vita che, come già detto, erano monocellulari o semplici strutture pluricellulari.

I primi fossili oggi conosciuti appartengono ad animali già molto evoluti apparsi miliardi di anni dopo il periodo che ci interessa e che poco ci dicono sui loro comuni antenati; essi sono, ad esempio, i magnifici trilobiti, nummuliti e altro... che si possono rinvenire numerosi sugli altopiani dell'Atlante e in tanti altri luoghi sulla terra.

I trilobiti, ad esempio, mostrano già degli organi funzionali, come una rudimentale forma di visione binoculare e una conformazione del corpo che permetteva loro di spostarsi strisciando, caratteristiche che sono molto distanti dalla struttura monocellulare e che più li apparentano a certi molluschi oggi esistenti.

Varie esperienze sono state fatte per simulare le condizioni ambientali che dovevano essere presenti sul nostro pianeta all'epoca probabile dell'apparizione della vita. Generando delle scariche elettriche in una atmosfera di gas appropriati, si è riusciti a sintetizzare delle catene di amminoacidi che sono i componenti essenziali del nucleo cellulare.

Siamo ancora lontani dall'aver creato una cellula, ma forse si è sulla buona strada.

Come sempre in simili casi, quando manca una convincente prova scientifica, il campo degli studiosi di tale argomento si è diviso in due opposte tendenze. La prima, che chiameremo dei riduzionisti, sostiene che la vita è apparsa come una conseguenza naturale dell'evoluzione sul nostro pianeta che, in un certo periodo, si trovò ad avere le condizioni necessarie e sufficienti perché tale circostanza accadesse; tali condizioni non sono ancora ben chiarite, né è stato ancora possibile riprodurle artificialmente, ma tutto porta a credere che ciò avverrà in futuro.

La seconda, che chiameremo dei creazionisti, ritiene al contrario che l'apparire della vita sia un fenomeno che comporta una soluzione netta di continuità nell'evoluzione del nostro pianeta non spiegabile altrimenti che con l'intervento di un Creatore.

Ci troviamo dunque in presenza di due ipotesi contrastanti, ancora una volta, la prima che cerca di dare una spiegazione razionale ma che manca ancora di sufficiente evidenza scientifica, e la seconda che è puramente irrazionale.

Da notare tuttavia che vi è già un miglioramento rispetto alla teoria del Big Bang dove le due ipotesi di lavoro sono ambedue totalmente irrazionali.

La quarta e ultima delle transizioni di fase da noi considerate riguarda la comparsa dell'uomo

Fissare con una certa precisione un'epoca per tale avvenimento essenziale, non è cosa facile e, soprattutto, dipende da che cosa si voglia intendere per comparsa dell'uomo.

Se ci si vuole riferire a quel periodo nel quale apparve quella particolare razza di scimmie che è oggi considerata come la nostra diretta ascendenza, allora tale periodo può essere situato tra i 6 e i 4 milioni di anni fa.

Ritrovamenti abbastanza recenti (Lucy e l'uomo etiope) fanno infatti risalire a tale epoca la presenza di piccoli ominidi che, per le loro caratteristiche antropologiche e per certi caratteri somatici, sono da considerarsi i nostri antenati.

Se invece per comparsa dell'uomo si intende l'uomo intelligente, quello cioè capace di costruire utensili, di seppellire i morti, di organizzarsi in tribù meglio preparate ad affrontare un ambiente ostile, allora la data della sua comparsa è molto più recente e si situa probabilmente tra 100.000 e 200.000 anni fa.

Noi preferiamo riferirci piuttosto a questa seconda datazione perché la comparsa dell'intelligenza è un fatto singolare in se stesso, si manifesta certamente come un'apparente soluzione di continuità nell'evoluzione dell'universo e presenta dunque tutte quelle caratteristiche che noi abbiamo definito per una transizione di fase.

Il ritrovamento con successiva datazione dei resti di Lucy (circa 3 milioni e mezzo di anni) e del suo antenato etiope (circa 4 milioni e mezzo di anni) sono avvenimenti di grande importanza scientifica, perché essi permettono di colmare molte lacune ancora esistenti nella storia dell'evoluzione umana.

I progressi in tale campo sono tuttavia estremamente lenti a causa della scarsa reperibilità di fossili. A tale proposito ci si può chiedere quale sia la ragione di una tale scarsità.

La maggior parte dei musei di Storia Naturale nel mondo esibiscono con orgoglio stupendi fossili di dinosauri che pur sono vissuti fra i 300 e i 50 milioni di anni fa. Spendendo inoltre somme irrisorie è possibile procurarsi, ad esempio in Marocco, splendidi esemplari di trilobiti, di nummuliti e altri piccoli fossili, vissuti parecchie centinaia di milioni di anni prima della comparsa dei dinosauri.

Perché, allora, la scoperta di Lucy e del suo antenato etiope destano tanto scalpore?

Vi sono probabilmente varie circostanze che giustificano una tale scarsità di reperti.

La prima è data dal particolarissimo e ristretto obiettivo della nostra ricerca; noi stiamo infatti ricercando reperti di una singola specie di ominidi vissuta durante solo qualche milione di anni (da comparare con i tempi prima citati).

La difficoltà sarebbe probabilmente la stessa se si volessero informazioni su una particolare specie di dinosauri o su una varietà di trilobiti.

La seconda circostanza è rappresentata dalle condizioni geologiche e climatiche esistenti sulla terra centinaia di milioni di anni fa.

Le rocce in formazione prima e i grandi cataclismi naturali poi, hanno spesso coperto quei primi abitanti della terra, provocando successivamente la loro pietrificazione e creando quindi quei magnifici fossili che oggi ritroviamo.

Ai tempi di Lucy la terra si presentava all'incirca come oggi, gli esseri che morivano restavano esposti alle intemperie e ai predatori, per cui in breve tempo nessuna traccia di essi restava.

Solo condizioni eccezionali hanno permesso la preservazione e conservazione di alcuni esemplari.

Una semplice prova di tale fenomeno la si può avere passeggiando per una qualunque foresta: malgrado la presenza certa di migliaia di animali piccoli e grandi che nascono, vivono e muoiono in essa, è estremamente raro imbattersi nei loro resti.

La terza circostanza potrebbe essere semplicemente data dal fatto che i contemporanei di Lucy erano probabilmente poco numerosi.

Si pensa oggi che il numero totale di uomini che hanno abitato la terra (all'incirca dai contemporanei di Lucy fino a noi) non debba superare di molto 100 miliardi.

Sembra inoltre che il numero di uomini presenti allo stesso tempo sia sempre aumentato con il tempo, salvo fluttuazioni statistiche a causa di guerre, epidemie o altri cataclismi.

Oggi siamo circa 6 miliardi e il periodo di rinnovamento di una generazione è di circa 30 anni.

Queste cifre mostrano che, anche tenendo conto di tutti i fattori d'incertezza che si debbono introdurre in tali approssimazioni, il numero di ominidi presenti ai tempi di Lucy doveva essere estremamente limitato.

Come si vede il cammino che debbono percorrere gli antropologi disponendo di così pochi reperti è ancora lungo prima di potere tracciare con certezza una precisa cronistoria nell'evoluzione dell'uomo negli ultimi milioni di anni.

Tuttavia sembra abbastanza evidente che tale evoluzione si è svolta lentamente e in maniera piuttosto lineare per quanto concerne i caratteri somatici e comportamentali.

Poi, improvvisamente, circa 100.000 anni fa, apparve l'intelligenza producendo, apparentemente, una soluzione di continuità nell'evoluzione come mai prima si era verificato.

Come abbiamo fatto notare all'inizio, questi ultimi 100.000 anni della nostra storia sono un periodo di tempo assolutamente insignificante rispetto alla durata delle fasi prima esaminate.

Per tale ragione possiamo affermare che la comparsa dell'intelligenza è un fenomeno quasi istantaneo.

Guardati invece a una scala umana, questi 100.000 anni rappresentano tutta la nostra storia.

Non è facile stabilire come si è evoluta l'intelligenza, cioè riportare su un grafico il valore dell'intelligenza media dell'uomo in funzione dei diversi successivi periodi storici.

Non è facile perché la definizione stessa di intelligenza è controversa, e non è facile perché bisognerebbe definire dei parametri di giudizio validi in ogni epoca.

Se volessimo, ad esempio, usare come parametro per «pesare» l'intelligenza la produzione scientifica e tecnologica, ci troveremmo probabilmente, nel grafico prima citato, con una curva avente una crescita leggera e quasi costante per circa 99.000 anni, per poi impennarsi bruscamente negli ultimi secoli quando detta curva sembra possedere derivate positive di ordine via via crescente.

Non siamo tuttavia certi che il parametro scelto sia quello buono.

Se per ipotesi, potessimo sottoporre un uomo di Neanderthal e un nostro contemporaneo a un test di quoziente intellettivo (usando evidentemente un questionario adatto ai tempi) quasi certamente arriveremmo alla conclusione che un grande balzo in avanti è stato fatto.

Se invece facessimo la stessa esperienza tra un Romano (un contemporaneo di Cicerone, per intenderci) e un nostro contemporaneo il risultato sarebbe probabilmente molto differente.

Si può arrivare abbastanza facilmente a questa conclusione se si prendono in considerazione parametri come scienza, letteratura, eloquenza, genio militare ecc.

In tutti questi campi, e in altri ancora, si può notare come le manifestazioni dell'intelligenza non abbiano subito un'evoluzione importante negli ultimi millenni.

In campo scientifico, ad esempio, l'intuitivo atomista Democrito, il geniale inventore Archimede o il perfetto geometra Euclide, per non citare che tre tra i geni del passato, potrebbero certamente essere all'origine, ai nostri giorni, delle più complesse teorie e realizzazioni contemporanee come la teoria della Grande Unificazione, la complessa struttura tecnologica per le guerre stellari e la geometria quadridimensionale della relatività.

Allo stesso modo, in campo letterario e filosofico, basta leggere le *Odi* di Catullo, l'*Anabasi* di Senofonte, il pensiero di Aristotele e di Platone, i discorsi di Cicerone e di Demostene per rendersi conto che in poesia, in prosa, in filosofia e in eloquenza non si è fatto di meglio in seguito.

Lo stesso dicasi per il genio militare, nel qual campo Giulio Cesare o Alessandro il Grande non hanno certo nulla da invidiare a Gengis Khan o a Napoleone...

Potremmo continuare con i paragoni, ma ci pare che gli esempi citati siano sufficienti per provare il nostro proposito: l'immenso progresso tecnologico cui assistiamo, soprattutto negli ultimi secoli, non è dovuto a un proporzionale aumento della nostra intelligenza. Ma allora, ci si chiederà, a che cosa è dovuto?

Credo che la ragione principale sia da attribuirsi a quello che in fisica si chiama «un effetto a valanga».

Da alcuni secoli, diciamo a partire da Galileo, si è cominciato seriamente a utilizzare il metodo scientifico che ha prodotto le prime e fondamentali scoperte che tutti conosciamo: queste scoperte, e le applicazioni da esse derivanti, hanno portato ad altre scoperte e altre applicazioni, e così via...

Il processo si è via via amplificato subendo così una accelerazione sempre maggiore per cui, ad esempio, si può affermare che negli ultimi anni il progresso è stato superiore a quello dei secoli precedenti messi insieme.

Oggi, sembrerebbe che tale processo «a valanga» divenga inarrestabile, con conseguenze che ancora non sono totalmente prevedibili.

Tuttavia, lo ripetiamo, non ci sembra che ciò sia dovuto ad accresciute capacità dell'intelligenza.

Per il momento ci contentiamo di constatare che la comparsa dell'intelligenza, che noi fissiamo, più o meno arbitrariamente, a circa 100.000 anni fa, costituisce una singolarità nell'evoluzione dell'universo almeno altrettanto importante che la comparsa della vita sulla terra.

Come quest'ultima, la quarta transizione di fase comporta ancora molti aspetti che non sono assolutamente chiariti sull'epigenesi della nascita e dello sviluppo dell'intelligenza.

Vogliamo dire che non esiste ancora una teoria chiara, inattaccabile e razionale di tale fenomeno che sembra distinguere fondamentalmente la condizione umana da quella di tutti gli altri esseri viventi.

È chiaro che per i creazionisti tale problema non si pone poiché l'intelligenza, come la comparsa della vita sulla terra, sono stati prodotti da un intervento soprannaturale, quindi irrazionale.

Per gli altri, i razionalisti puri e duri, il cammino è stato ed è ancora molto duro; solo molto di recente, negli ultimi anni vogliamo dire, si è cominciato ad avere un barlume di comprensione sul funzionamento e sull'evoluzione di quel fantastico oggetto di circa 1400 grammi che portiamo nella nostra scatola cranica e che è la sede dell'intelligenza.

A questo punto vogliamo fare una pausa, perché sentiamo la necessità di dare qualche spiegazione al nostro (eventuale) lettore.

Egli infatti si sarà chiesto, magari più di una volta, quale sia lo scopo di questa introduzione e, ancora più precisamente, quale sia lo scopo di questo libro.

Abbiamo finora parlato in modo abbastanza superficiale di Big Bang, di evoluzione dell'universo, di origine della vita e di sviluppo dell'intelligenza nell'uomo, tutte cose già note e largamente divulgate.

Questi argomenti, e pochi altri che non abbiamo ancora trattato, costituiscono la quasi totalità del sapere umano, essi sono trattati da almeno una ventina di scienze differenti e lo stato attuale della conoscenza può essere consultato in innumerevoli opere di eminenti autori.

Che cosa si può dunque dire di più che non sia già stato scritto?

Nelle pagine precedenti abbiamo parlato piuttosto diffusamente di fasi e transizioni di fase.

Una fase si caratterizza per la sua durata, in genere abbastanza lunga, per una evoluzione piuttosto lenta dei fenomeni in essa contenuti e per un passaggio progressivo e continuo da uno stato a quello successivo della sua evoluzione.

Questo rende possibile una conoscenza dei fenomeni basata sul classico metodo scientifico.

Ciò significa dapprima esame dei fatti; nel nostro caso esame di reperti paleontologici, elaborazione di adeguate teorie in seguito e alla fine ricerca di prove per suffragare tali teorie.

In altre parole, l'evoluzione di una fase dell'universo è verificabile con metodo e ragione.

Questo non significa certamente che tutto sia chiaro e che non manchino i misteri da elucidare.

Nell'evoluzione del mondo animale, ad esempio, uno dei misteri più noti è costituito dalla improvvisa scomparsa dei dinosauri circa 50 milioni di anni fa.

I dinosauri regnarono sulla terra per circa 300 milioni di anni, poi, improvvisamente (si fa per dire; diciamo in un centinaio di migliaia di anni, forse) essi furono completamente cancellati dalla crosta terrestre.

Le ragioni di tale scomparsa non sono ancora chiare, ma esistono almeno due o tre teorie che spiegano in modo chiaro, razionale e scientifico tale fenomeno.

Solo che ancora non vi sono argomenti e prove sufficienti per accreditare l'una o l'altra tesi. Ecco, questa ci sembra essere una caratteristica fondamentale della definizione stessa di una fase dell'universo: tutti i fatti e gli avvenimenti in essa avvenuti, conosciuti e anche quelli ancora misteriosi sono spiegabili in maniera razionale e scientifica; solo che per alcuni mancano ancora indizi e prove sufficienti.

Nessun mistero quindi, e nessuna necessità di interventi irrazionali o di bacchette magiche; solo mancanza di sufficienti prove e indizi.

Inoltre, e ciò è fondamentale per quello che diremo in seguito, i progressi spettacolari delle varie scienze compiuti nei tempi più recenti, e specialmente negli ultimi decenni, hanno sempre permesso di aumentare e migliorare la nostra conoscenza dell'evoluzione di ognuna delle fasi.

In altre parole abbiamo il sentimento, basato su fatti solidi e razionali, di fare dei veri progressi e soprattutto che tali progressi saranno ancora più importanti in futuro.

La situazione è totalmente differente se prendiamo in esame le transizioni di fase.

Una transizione di fase si caratterizza prima di tutto per la sua estrema brevità rispetto alle fasi che essa separa.

Essa rappresenta inoltre una chiara soluzione di continuità tra i fenomeni delle due fasi in oggetto.

Questo significa più specificamente che un fenomeno presente e caratteristico della seconda fase non può essere più spiegato come una evoluzione continua e progressiva di fenomeni esistenti nella prima fase: esso si presenta con caratteri propri non deducibili dalla fase precedente.

Di tale tipo sono (o almeno sembrano essere) le tre transizioni di fase prima citate, cioè la creazione dell'universo, la comparsa della vita e (probabilmente) dell'intelligenza nell'uomo.

Per tali avvenimenti, e per molti altri dello stesso tipo, una spiegazione completa e dettagliata manca ancora e dovremo forse aspettare un po' per averla.

Ora, come spesso accade nell'esperienza umana, è proprio quello che non arriviamo a comprendere che ci interessa maggiormente, infinitamente di più che le cose che sono già note.

Fin dall'età della ragione ogni uomo, chi più chi meno, si è posto quelle che comunemente sono dette le **Grandi Questioni Fondamentali** (GQ per brevità).

Domande, per lo più di ordine metafisico, che hanno a che fare con le finalità dell'uomo sulla terra, sull'esistenza di un Creatore, sui rapporti tra uomo e natura, sull'inizio e sul fato dell'universo ecc.

Alcuni, i più fortunati, si sono posti queste domande solo all'inizio della loro maturità poiché hanno rapidamente trovato una risposta soddisfacente seguendo due diverse direzioni: l'irrazionale o l'annullamento del problema.

L'irrazionale consiste nel delegare a un Creatore la soluzione di tutte le questioni metafisiche. Il vantaggio di questa scelta, a parte il fatto in se stesso di avere trovato una soluzione, è anche quello che tutte le numerose e angoscianti GQ vengono ridotte a una sola: infatti, un Creatore onnipossente e onnipresente non abbisogna di altre spiegazioni.

L'annullamento del problema (*escamotage*) è una tecnica che può essere giudicata molto superficiale ma che può invece dimostrarsi molto utile, se ben analizzata: essa consiste nel dirsi che, poiché è certo che per quanti sforzi si facciano non potremo mai avere delle risposte soddisfacenti alle GQ, tanto vale non pensarci più e dedicarci ad attività più concrete.

Altri, probabilmente la maggior parte, si pongono le GQ varie volte nella loro vita, con una frequenza che varia con la natura e gli impegni di ciascun essere umano, ma invariabilmente le domande restano desolatamente senza risposta.

Anche senza volere considerare i casi estremi di quelle persone per cui tale problema è stato causa di gravi turbamenti psichici, dobbiamo pur sempre ammettere che il non poter rispondere esaurientemente alle GQ è probabilmente una delle principali cause di angoscia dell'uomo.

È quella che comunemente viene definita come l'angoscia esistenziale e che tutti noi abbiamo certamente provato in qualche momento della nostra vita.

Questa angoscia certamente non è nuova ed è stata risentita dai nostri antenati come lo attestano innumerevoli scritti di autori del passato.

Solo che ora, nell'era del progresso scientifico galoppante, tale fenomeno assume proporzioni disastrose e non si possono fare che previsioni ancora più pessimistiche per il futuro.

La causa principale di tale fatto è quella che possiamo considerare come la Grande Illusione dei tempi moderni; alludiamo cioè alla fede cieca che il genere umano ha riposto nella scienza.

Da un paio di secoli, come già detto, assistiamo a un progresso scientifico e, come conseguenza, soprattutto tecnologico senza precedenti.

Le scienze, dapprima considerate come magie di alchimisti o diavolerie di circoli di iniziati, sono divenute negli ultimi secoli, grazie all'uso predominante della ragione e al rigore sempre crescente dei metodi di ricerca, le vere protagoniste della conoscenza umana e l'unico riferimento valido per lo studio di nuovi fenomeni.

La scienza è oggi onnipresente in ogni attività umana, come lo era prima la religione, e i suoi sacerdoti, gli scienziati, sono divenuti i veri eroi dei tempi moderni.

Dalla scienza si pretende e ci si aspetta tutto, dalla soluzione ai nostri problemi di salute allo sviluppo di mezzi per visitare le galassie, e quando non possiamo essere serviti subito, ci consoliamo con la certezza che queste richieste saranno soddisfatte in un prossimo futuro.

La scienza infatti ci ha abituati, soprattutto negli ultimi decenni, a vedere realizzato rapidamente quello di cui abbiamo avuto necessità e spesso anche ciò che non avevamo neppure osato immaginare.

In maniera cosciente o no abbiamo quindi fatto una pericolosa estrapolazione che ci ha portato a immaginare che anche nel campo delle GQ la scienza ci avrebbe presto dato delle risposte.

Durante un paio di secoli abbiamo accarezzato amorevolmente l'idea di questo ultimo supremo dono che certamente la scienza ci avrebbe fatto, questa Grande Illusione.

Con il passare del tempo abbiamo dovuto rivedere le nostre pretese, abbiamo dovuto riconoscere con riluttanza che si trattava solo di un grande sogno.

Non solo la scienza non può rispondere alle GQ, ma appare oggi più che probabile che non potrà farlo per lungo tempo, o almeno non durante la nostra o le prossime generazioni.

All'euforia iniziale è quindi succeduto lo scoramento; scoramento che è tanto più intenso quanto più alte erano state le aspettative.

Bisogna infatti arrendersi all'evidenza: oggi come 10.000 anni fa l'uomo si pone praticamente le stesse GQ che restano assolutamente senza risposta.

Questa constatazione è già di per sé abbastanza agghiacciante, ma ciò che rende ancora più angoscioso il problema è l'altra constatazione sul fatto che negli ultimi 10.000 anni (scegliamo arbitrariamente tale epoca perché riteniamo che prima di essa l'uomo avesse troppi problemi di pura sopravvivenza per occuparsi di questioni esistenziali) non vi è stata neppure l'ombra di un sospetto di un barlume di progresso in tale campo.

Realizziamo quindi in modo drammatico la nostra impotenza presente e futura.

Questa constatazione di fallimento totale è gravissima.

Essa è la causa prima del malessere e del male profondo che corrodono la nostra società contemporanea, di quell'angoscia esistenziale che sempre di più avvelena la nostra esistenza.

E tale fenomeno non sembra destinato a estinguersi, anzi esso si amplifica con il passare del tempo perché più grande è stata la speranza più doloroso è sempre il risveglio.

Nello stesso tempo assistiamo più recentemente a un fenomeno che solo apparentemente è paradossale.

Accanto a una esplosione delle scienze e della tecnologia che non ha l'eguale in nessuna epoca della nostra storia, si assiste oggi a un risorgere spettacolare dell'irrazionale in tutte le sue forme.

Delusa e spesso infuriata contro la scienza ufficiale, accusata di non sapere trovare risposta a tutte le domande e di essere troppo criptica e dogmatica, la gente si rivolge sempre più frequentemente a pratiche parallele che vengono anche spacciate per vera scienza.

E così cresce a dismisura il numero di astrologi, di sette, di radioestesisti, di maghi e veggenti, di guaritori di ogni tipo, di medici omeopati, pranoterapeuti, magnetoterapeuti, di adepti alle scienze occulte ecc.

La lista potrebbe estendersi ancora per alcune pagine; alla fine sarebbe probabilmente difficile decidere se essa sia stata stilata nel XXI secolo o durante il Medioevo!

Né si pensi che tali credenze siano appannaggio degli strati meno evoluti e più ignoranti della popolazione.

Professori e uomini di scienza in generale, spesso carichi di diplomi delle più prestigiose Università non si sottraggono a questa tendenza verso l'irrazionale.

Così si organizzano dibattiti e conferenze internazionali su argomenti come i contatti intergalattici o le medicine parallele, si istituiscono presso prestigiose Università delle Cattedre di Percezione extrasensoriale o di Omeopatia, si creano centri di studio sul paranormale, si organizzano corsi di formazione per esorcisti.

I mezzi di informazione, sia scritta sia diffusa sulle onde, si fanno in generale interpreti di questo trend contemporaneo e per ragioni di cronaca, ma soprattutto per ragioni commerciali, ne divengono i principali diffusori e contribuiscono notevolmente alla sua amplificazione.

Non vi è praticamente giornale che non pubblichi un oroscopo e non vi è emittente radio o televisiva che non abbia in programma, almeno settimanalmente, una emissione su misteri o fatti straordinari.

In genere a tali emissioni viene anche invitato qualche rappresentante della scienza ufficiale, solo per dare un qualche crisma di serietà al programma stesso.

In realtà l'emissione viene sottilmente condotta in modo che, utilizzando abilmente i criteri di cortesia e di giusta ripartizione del tempo di parola, alla fine resterà sempre il dubbio che i sostenitori della tesi irrazionale possano avere ragione poiché neanche lo scienziato è riuscito a demolire totalmente le loro tesi.

Il povero scienziato che viene invitato a partecipare a uno di questi dibattiti, si trova poi nella *impasse* più totale; infatti se egli deciderà di partecipare sa già che l'esito finale sarà quello prima descritto, se invece rifiuterà l'invito allora sarà ampiamente accusato di arroganza e di dogmatismo scientifico o, peggio, di non osare affrontare chi la pensa diversamente.

In ogni caso il numero degli adepti dell'irrazionale sarà comunque aumentato.

Neanche le religioni tradizionali sfuggono a questa ventata di oscurantismo e di irrazionalità.

È un fatto noto che le religioni tradizionali siano oggi soggette a una continua emorragia di fedeli.

Un numero sempre crescente di fedeli si allontana dalla

religione non, come si sarebbe portati a credere, per una necessità di maggiore razionalità dettata dalla più grande diffusione delle scienze, ma al contrario perché giudica le religioni tradizionali troppo aperte e condiscendenti.

Alcuni di questi «dissidenti» interpretano in modo più rigoroso e restrittivo le varie Sacre Scritture nel loro insieme e preconizzano una specie di ritorno alle origini, negando così anche quelle magre evoluzioni che le religioni tradizionali hanno compiuto nel corso dei secoli.

Sono queste le origini dei vari movimenti integralisti e fondamentalisti che oggi si osservano sempre con maggiore frequenza.

Altri si basano su una interpretazione nuova di passi specifici delle Sacre Scritture per fondare nuove correnti religiose.

Altri ancora, assai numerosi, voltando risolutamente le spalle a qualsiasi tipo di religione tradizionale fondano nuove sette basandosi sulle credenze le più varie e disparate.

Il numero delle sette oggi esistenti è di parecchie centinaia o forse migliaia, e il numero dei loro adepti si misura in milioni di fedeli.

Questo mostra in modo inequivocabile come, malgrado la presenza delle scienze in ogni settore della vita contemporanea, il bisogno di spiritualità non è mai stato così elevato come oggi.

Sembra così perfettamente giustificata la frase di A. Malraux che dice che il secolo ventunesimo sarà religioso o non vi sarà del tutto un secolo ventunesimo (per il genere umano, s'intende).

Tutto indica dunque che ci avviamo inesorabilmente verso l'irrazionale sotto ogni sua forma.

Dobbiamo quindi gettare la spugna, arrenderci all'odioso ricatto che ci viene proposto obbligandoci a scegliere tra un razionalismo senza speranza e la droga dell'irrazionale?

Penso che a questo punto il lettore cominci ad avere un'idea più o meno chiara dei nostri intendimenti su questa introduzione e, più generalmente, su questo libro.

Il nostro proposito è molto semplice: noi rifiutiamo categoricamente e senza ambiguità questo trend generale verso l'irrazionale.

Nello stesso tempo non desideriamo affatto rinunciare al legittimo desiderio di conoscenza che ognuno di noi sente come innato.

Questi due propositi, in base a quanto abbiamo discusso precedentemente, sembrano inconciliabili.

Cercheremo tuttavia di dimostrare che la situazione non è così catastrofica come può sembrare a prima vista e che la visione dicotomica e manichea che abbiamo tracciato prima può essere rivista e modificata in modo da presentare qualche raggio di speranza.

Una visione che, pur se ancorata a basi scientifiche inoppugnabili, presenti tuttavia qualche innovazione, in particolare per quel che riguarda le Grandi Questioni.

Per far questo dobbiamo agire attraverso quattro attività successive.

1. Stabilire delle solide fondamenta

Solo quelle teorie e quei fatti che sono provati e universalmente accettati dalla comunità scientifica verranno menzionati quando sarà necessario, cioè quando l'argomento trattato lo richiederà.

È chiaro che questo non è un libro di fisica né in generale di divulgazione scientifica.

Quando parleremo quindi, ad esempio, di cosmologia, di fisica delle particelle, di relatività, di meccanica quantistica, di funzionamento del cervello ecc., lo faremo in maniera molto semplificata, diremo cioè solo quel tanto che sarà necessario per accompagnare il nostro testo.

Data l'immensa vastità degli argomenti da trattare è chiaro che ci limiteremo a riportare le conclusioni alle quali ogni singola scienza esaminata è oggi pervenuta, rimandando ai trattati specializzati per una descrizione più completa e dettagliata dei vari argomenti scientifici.

2. Usare strutture di provata e assoluta solidità

Nel nostro contesto questo significa fare tabula rasa totale di tutte quelle credenze, di tutte quelle idee e filosofie, di tutti quei luoghi comuni che non abbiano alcun riscontro razionale e scientifico.

Questa fase sarà delicata, difficile e, diciamolo pure, dolorosa.

Nessun argomento deve essere considerato un tabù e nessuna concessione deve essere fatta a considerazioni di credenza o a interpretazioni teleologiche o comunque irrazionali.

È il prezzo che si deve pagare se vogliamo avere uno sguardo d'insieme sull'universo che sia obiettivo e quindi razionalmente accettabile.

3. Esaminare in modo obiettivo i fatti

Le due attività testé menzionate, ma soprattutto la seconda, hanno in comune una caratteristica che ne rende particolarmente semplice la descrizione: esse infatti presentano una classificazione dei vari argomenti trattati in forma dicotomica che, in linguaggio matematico, può facilmente essere rappresentata usando l'algebra di Boole.

Ogni argomento trattato è infatti definito come vero o come falso e può essere quindi etichettato da un 1 o da uno 0.

Nel mondo reale che ci circonda, nella vita di tutti i giorni, le cose avvengono spesso in modo del tutto diverso.

Vi sono infatti infinite tonalità di grigio tra il nero e il bianco, così come vi sono infiniti numeri reali tra zero e uno.

Spesso è estremamente difficile definire se un argomento è totalmente vero o falso.

Tale mancanza di chiarezza può non disturbarci molto se il soggetto della discussione è un argomento futile o comunque non fondamentale per la nostra conoscenza.

Può, al contrario, essere disastrosa se essa concerne teorie, fenomeni o argomenti essenziali per una migliore definizione di una visione globale del nostro universo.

Come vedremo in seguito, vi sono fenomeni o fatti per i quali non esistono sufficienti prove che ci permettano di classificarli nella prima categoria (falsità assolute) ma non esistono neanche prove sufficienti per una classificazione nella seconda categoria (verità certe).

Come dobbiamo allora comportarci in tali circostanze?

Una soluzione semplice e radicale sarebbe quella di dire: «*In dubio delere*», cioè, se sussiste anche il minimo dubbio considerare il fenomeno o il fatto come una falsità assoluta.

Tale soluzione ci priverebbe tuttavia del contributo, spesso essenziale, che una serie di fenomeni potrebbero dare alla nostra costruzione.

Preferiamo seguire un'altra via che ci sembra dettata dal buon senso.

Ci proponiamo cioè, nei casi ove il dubbio sussiste, di utilizzare essenzialmente dei criteri di razionalità e di probabilità.

Esamineremo dunque, caso per caso, in maniera razionale tutti i fatti e gli indizi in nostro possesso, e decideremo quindi quale sia la probabilità, e con che grado di fiducia, che il fenomeno in oggetto sia vero o falso (Rasoio di Occam, vedi più avanti).

Sappiamo benissimo che l'avere definito che un singolo fenomeno ha un'alta probabilità di essere vero non significa che esso sia vero, ma è altresì corretto che se consideriamo un gran numero di fenomeni che si riferiscono a una stessa teoria, ognuno classificato come avente un'alta probabilità di essere vero, la probabilità che tale teoria risulti vera è anch'essa alta.

Questa maniera di procedere non deve affatto essere tacciata di faciloneria o di semplicismo.

Ricordiamo infatti che delle importantissime e serissime attività umane sono svolte utilizzando lo stesso metodo.

Se consideriamo ad esempio la giustizia, vediamo che un gran numero di giudizi sono emessi in base a processi del tipo indiziario.

Questo significa che nessuna prova certa può essere portata a carico di un sospettato, ma che gli indizi sono in numero talmente elevato e di tale intensità che la sua colpevolezza può essere affermata al di là di ogni ragionevole dubbio.

Un altro esempio di un uso sempre più frequente di questa procedura come metodo di giudizio è fornito da quella recente disciplina chiamata logica dell'incerto (*fuzzy logic*).

Tale logica è stata appunto introdotta per trattare quei fenomeni nei quali le relazioni tra i vari parametri componenti non sono note sotto la forma chiara ed esatta di leggi o formule matematiche, ma solo come espressioni che utilizzano aggettivi qualitativi.

Si tratta in pratica di enunciare su un dato fenomeno o fatto una serie di frasi, ognuna delle quali esprime un giudizio corretto ma solo parziale sul fatto o fenomeno che ci interessa.

Da una sola frase non si può avere che un'informazione parziale e quindi un giudizio incerto.

Se invece prendiamo in considerazione una serie numerosa di frasi, tutte attinenti allo stesso fenomeno e tutte indipendenti tra di loro, il risultato può essere sorprendentemente diverso.

L'interesse della logica dell'incerto risiede appunto nel fatto che da una serie di frasi dal contenuto solo qualitativo o quantitativo, ma parziale, si possono desumere delle relazioni certe.

I metodi della logica dell'incerto vengono oggi sempre più sovente applicati anche in campi dove un'alta affidabilità è richiesta, come controllo di centrali nucleari o controllo del traffico di una rete metropolitana.

Molti oggetti di uso comune, come ad esempio la vostra lavabiancheria, possiedono oggi dei microprocessori programmati in *fuzzy logic*.

Come si vede si tratta anche qui di un metodo indiziario ma che può fornire risultati molto precisi, a patto che il numero delle informazioni in entrata sia sufficientemente elevato.

Evidentemente non possediamo l'infallibilità divina, quindi più di tanto non sappiamo fare o proporre.

4. Avanzare delle ipotesi ragionevoli

Le tre attività prima esposte, anche ammettendo uno svolgimento favorevole della terza attività che è anche la più delicata, ci hanno fatto fare un notevole passo avanti nella costruzione del nostro edificio per una visione globale e razionale dell'universo, ma non ci hanno certo permesso di rispondere alle Grandi Questioni.

Esse infatti, anche se in alcuni casi possono rappresentare delle visioni personali di alcuni fenomeni, sono pur tuttavia solidamente ancorate a basi scientifiche e, come già detto ripetutamente, la scienza non può oggi rispondere alle Grandi Questioni.

Bisogna quindi traversare il Rubicone e proporre qualche nuova ipotesi.

Negli ultimi capitoli di questo libro esporremo alcune ipotesi che, se accettate e provate, in futuro potrebbero aprire uno spiraglio sulle GQ.

Queste ipotesi prenderanno sempre lo spunto da argomenti o teorie scientifiche oggi accettate o comunque divulgate, delle quali saranno delle estrapolazioni o delle evoluzioni o semplicemente delle continuazioni: in ciò sostanzialmente consiste la differenza con le ipotesi irrazionali.

È chiaro che si tratta solo di ipotesi delle quali, purtroppo, non possiamo portare alcuna prova scientifica (in caso contrario credo avremmo già ricevuto un paio di premi Nobel...). Esse hanno lo scopo di mostrare quanto diversa debba essere, a nostro avviso, la via da seguire perché una fisica nuova possa sperare in futuro di dare una risposta soddisfacente alle Grandi Questioni.

È evidente che per gettare delle basi scientifiche di una tale fisica nuova bisognerà attendere che qualche nuovo genio venga al mondo.

Nota sulla convenzione esponenziale

In varie occasioni, nel seguito, dovremo far uso, nei nostri esempi, di numeri molto grandi o molto piccoli, per cui preferiamo introdurre la convenzione esponenziale per la rappresentazione di tali numeri.

Secondo tale convenzione, qualunque numero si può scrivere sotto la forma di una base e di un esponente; così, ad esempio, l'espressione $A = B^C$ (spesso si usa l'espressione BEC) si legge B elevato all'esponente C.

Questo permette di rappresentare numeri anche grandissimi con un'espressione molto ridotta; ad esempio $A = 10^{18}$ (o 10E18) si legge 10 elevato all'esponente 18 e significa 10 moltiplicato per se stesso 18 volte, cioè esso rappresenta il numero un miliardo di miliardi. Usando la rappresentazione decimale dovremmo scrivere 1000000000000000000.

Parte Prima

Smantelliamo l'irrazionale!

Capitolo Primo

Il solido edificio

Il secondo principio della termodinamica, l'entropia. La teoria della relatività. La meccanica quantistica. Il principio antropico. La teoria dell'evoluzione.

In questo capitolo cercheremo di esporre in maniera molto succinta, ma speriamo chiara, alcune delle principali teorie di fisica che ci saranno necessarie per comprendere quanto esporremo in seguito e, più in particolare, per dare una base scientifica a quanto proporremo negli ultimi capitoli di questo libro.

Diciamo subito che non intendiamo affatto scrivere un corso di fisica, sia perché non è assolutamente il nostro scopo, sia perché la nostra presentazione sarà molto frammentaria, limitata cioè strettamente agli argomenti che ci interessano.

Inoltre, tali argomenti saranno trattati in forma semplicissima: in particolare eviteremo di utilizzare formule complicate e ci limiteremo a esporre solo i concetti essenziali necessari alla comprensione dei capitoli seguenti.

È evidente che chi già conoscesse tali argomenti, può senz'altro passare al capitolo seguente.

Chi volesse approfondire taluni argomenti non ha che l'imbarazzo della scelta tra le centinaia, forse migliaia di opere scientifiche e di divulgazione esistenti.

Nella bibliografia abbiamo riportato i titoli di alcuni libri che per noi rappresentano un indispensabile strumento per chi cerchi di carpire l'essenziale nel mondo della scienza. Usando un'immagine ormai nota, diciamo che se dovessimo naufragare su un'isola deserta, vorremmo assolutamente avere con noi la maggior parte di questi libri.

La termodinamica, il secondo principio, l'entropia

L'etimologia greca della parola «termodinamica» indica che questa scienza studia il movimento del calore in tutte le sue forme.

Essendo il calore una forma particolare di energia, per estensione, la termodinamica studia tutti i fenomeni in cui interviene una qualche trasformazione o passaggio di energia.

Come si sa, l'unità con cui si misura la quantità di calore è la Caloria (Cal), definita come quella quantità di calore necessaria a innalzare di un grado centigrado 1 kg di acqua.

Considerando l'equivalenza tra calore ed energia si ha che una caloria corrisponde a 4,18 Joule di energia.

Ricordiamo infine che anche il lavoro si misura in Joule: si effettua un lavoro di un Joule quando una forza di un Newton (N) sposta un chilogrammo-massa di un metro.

Tutta la termodinamica ruota e si articola in pratica attorno a queste quattro grandezze fondamentali: calore, energia, temperatura e lavoro.

Esse infatti intervengono in tutte le trasformazioni termodinamiche di un sistema dato per portarsi da uno stato a un altro; se il sistema considerato è un gas, si debbono aggiungere alle quattro grandezze prima menzionate altre due grandezze che sono il volume e la pressione.

Come si sa, la termodinamica è retta da tre leggi fondamentali dette anche i tre principi della termodinamica.

Il *primo principio* afferma in chiave termodinamica il ben noto e preesistente principio di conservazione dell'energia.

In un sistema isolato la somma della quantità di calore (energia termica) posseduta e il lavoro eventualmente svolto deve rimanere costante: non si può effettuare un lavoro senza spendere una equivalente quantità di calore, e viceversa.

Il *terzo principio* esprime l'impossibilità pratica e teorica di raggiungere lo zero assoluto, cioè lo stato di assoluta immobilità delle molecole.

Ci si può avvicinare di quanto si vuole (o meglio di quanto si può) a tale valore, senza però poterlo mai raggiungere.

Il terzo principio introduce inoltre il concetto di **Entropia**, affermando che l'Entropia di un sistema isolato può solo crescere fino a raggiungere lo stato di Entropia massima (o di massimo equilibrio, come vedremo tra poco).

Quando avviene un passaggio di calore tra due sistemi, la quantità di calore scambiata, divisa per la temperatura (misurata in gradi assoluti, o gradi Kelvin) a cui lo scambio avviene, si chiama Entropia e si indica con la lettera S: si ha quindi $S = Q/T$.

Come si vede quindi per una stessa quantità di calore scambiata Q, il trasferimento si effettua ad alta Entropia se T è piccola, e viceversa a bassa Entropia se T è grande.

Generalizzando il concetto di Entropia, si dice comunemente che un sistema o un corpo comunque posseggono un'Entropia data dal rapporto tra la quantità di calore in esso contenuta (calcolata a partire da un valore arbitrario) e la sua temperatura, indipendentemente cioè dal fatto che vi sia o non vi sia un reale trasferimento di calore.

Si comprende quindi perché si dice che l'Entropia dell'universo aumenta; dal momento della sua creazione ad altissima temperatura, l'universo è sempre andato via via raffreddandosi, in modo che qualunque scambio di calore si effettua a temperature sempre più basse.

Da notare che questa considerazione è valida per l'universo tutto intero, considerato quindi come un sistema isolato: localmente è invece possibile che l'Entropia possa diminuire per cause particolari.

Il *secondo principio* è, sia per i suoi usi pratici nella vita di tutti i giorni, sia per il suo contenuto epistemologico, il più importante, e di gran lunga, dei tre principi.

Esistono un gran numero di enunciati di questo principio.

Uno dei più noti fu dato da Lord Kelvin: esso afferma

che nessuna macchina può funzionare con un rendimento superiore all'unità.

Questo significa che se forniamo del calore a una macchina termica e ne otteniamo un lavoro (come avviene, ad esempio, nei motori a scoppio e nelle macchine a vapore), questo lavoro ottenuto sarà sempre inferiore alla quantità di calore che abbiamo fornito. La differenza sarà *sempre* perduta in attriti o altre forme di energia degradata e non utile.

Viene in tal modo, tra l'altro, spazzata via la speranza di molti ingenui inventori di poter realizzare le cosiddette macchine a moto perpetuo, macchine cioè che dovrebbero generare del lavoro senza consumare energia, o consumando un'energia in quantità inferiore al lavoro prodotto.

Il calore può passare spontaneamente solo da una sorgente ad alta temperatura a una a più bassa temperatura, l'inverso è impossibile in modo naturale.

In questo passaggio di calore si può ottenere del lavoro interponendo ad esempio tra le due sorgenti una macchina termica; così un gas ad alta pressione e temperatura può, espandendosi, far muovere il pistone di una macchina a vapore.

Dopo di che, il gas, ora a pressione e temperatura più basse, verrà scaricato in un ambiente a temperatura più bassa, in generale all'aria libera.

Come si vede i tre principi della termodinamica sono d'importanza capitale per studiare tutti quei fenomeni e quelle trasformazioni in cui avviene un passaggio di calore tra due corpi.

Essi sono stati dedotti e si applicano soprattutto alle trasformazioni dei gas e sono stati, tra l'altro, fondamentali per lo sviluppo di quasi tutti i mezzi di trasporto di cui oggi disponiamo.

Tuttavia essi non avrebbero particolare ragione di essere menzionati in questo libro, se a questi principi, e in particolare al secondo, non fossero successivamente state date delle interpretazioni che hanno portato il loro campo di applicazione in domini ben più generali di quello, anche se importantissimo, della termodinamica.

Vogliamo alludere in particolare agli studi statistici che

sono stati effettuati soprattutto da Maxwell e da Boltzmann verso la fine dell'Ottocento.

Osserviamo anzitutto che quando misuriamo le condizioni di un gas in un recipiente, soprattutto la sua pressione e temperatura, in realtà otteniamo dei valori medi, che possiamo anche chiamare valori macroscopici: essi sono gli unici che possiamo ottenere usando un termometro e un barometro.

Ma che cosa accadrebbe se potessimo fare delle misure microscopiche, cioè se avessimo la possibilità di misurare pressione e temperatura di ogni singola molecola componente il suddetto gas?

Come si sa temperatura e pressione sono generate dal moto più o meno disordinato del gran numero di molecole che compongono il gas: la velocità di queste molecole che urtano disordinatamente le pareti del recipiente daranno una misura della pressione, mentre la stessa velocità e gli urti sul bulbo del termometro trasferiranno su quest'ultimo un'energia (calore) che darà un'indicazione della temperatura.

Se si osserva il fenomeno microscopicamente, si vede che in realtà ogni molecola ha una velocità e una direzione che sono diverse da quelle delle altre molecole.

Il numero di molecole di gas è certamente elevatissimo: per avere un'idea di tale numero ricordiamo, ad esempio, che 22 litri di aria contengono ben 6×10^{23} molecole di Azoto e di Ossigeno (numero di Avogadro).

La distribuzione delle velocità delle molecole del gas sarà quindi casuale e potrà essere rappresentata dalla famosa curva gaussiana a campana: vi saranno cioè moltissime molecole distribuite attorno al valore medio (che è quello che ci dà la temperatura e pressione che misuriamo), ma vi saranno anche molecole che avranno velocità altissime e altre quasi ferme.

Immaginiamo ora di mettere in comunicazione, attraverso un piccolo orifizio, il nostro recipiente contenente gas ad alta pressione e temperatura, con un altro recipiente contenente gas a pressione e temperatura inferiori.

Quel che accadrà, sempre e immancabilmente, sarà che il primo gas diffonderà nel secondo recipiente fino a raggiungere un equilibrio di pressione nei due recipienti.

Mai e poi mai accadrà che il gas a bassa pressione passerà nel recipiente ad alta pressione. Questo è ciò che avviene e che dà una conferma al Secondo Principio della Termodinamica.

Eppure, considerando l'andamento statistico delle velocità delle molecole che abbiamo appena descritto, questo secondo fenomeno non è assolutamente impossibile: basterebbe cioè, che durante un certo periodo, molte molecole più rapide del secondo recipiente passino nel primo e che poche o nessuna delle molecole del primo si trovino nelle giuste condizioni di prossimità e direzione dell'orifizio per entrare nel secondo recipiente. Statisticamente ciò non è impossibile.

Tale evento è tuttavia altamente improbabile, intendendo con ciò che la sua probabilità è talmente piccola che, in pratica, esso risulta impossibile.

In linguaggio scientifico si suole dire che le trasformazioni del tipo di quella descritta sono del tipo irreversibile, cioè possono avvenire in una sola direzione: nel nostro caso il gas andrà sempre dal recipiente ad alta pressione verso quello a bassa pressione.

Facciamo subito notare che si tratta proprio di una legge di natura e che essa non si limita ai sistemi termodinamici.

Facciamo un altro esempio: immaginiamo di prendere da un tavolo un bicchiere di vetro e di scagliarlo con violenza contro la parete che ci sta di fronte.

Evidentemente il bicchiere volerà in mille frantumi che si spargeranno per terra in disordine.

Immaginiamo ora di raccogliere con cura tutti i frantumi del bicchiere rotto e di gettarli sopra il tavolo prima descritto; anche stavolta osserveremo che i frantumi del bicchiere si sparpaglieranno sulla superficie del tavolo in completo disordine.

Mai e poi mai i frantumi si ridisporranno in modo da ricostituire il bicchiere intatto.

Eppure, statisticamente, una probabilità, seppure minuscola, che ciò sia possibile esiste; solo che, come nel caso precedente, essa è realmente quasi nulla.

Per dare un ordine di grandezza di tale probabilità, diciamo che essa è stata calcolata per casi simili, ed essa è di circa P=1/1000[esp(10esp10)]: in altre parole esiste una sola probabilità favorevole su mille, elevato a dieci miliardi, di casi sfavorevoli.

In altre parole ancora, se tutti gli uomini della terra si mettessero a lanciare bicchieri contro le pareti, e avessero fatto questa attività durante tutti i 15 miliardi di anni dell'età dell'universo, ebbene anche in questo caso estremo saremmo lontani dal vedere realizzarsi la ricomposizione di un singolo bicchiere.

Questi pochi esempi servono a generalizzare un principio fondamentale della natura, che altro non è che un ampliamento del Secondo Principio della Termodinamica: un sistema isolato, se non vi sono quindi interventi esterni, evolve sempre nella direzione del massimo disordine.

Interventi esterni potrebbe significare nel caso del bicchiere, incollare con cura i vari frammenti, e nel caso dei due gas comprimere con una pompa il gas a bassa pressione per introdurlo nel recipiente ad alta pressione.

In mancanza di tali interventi esterni i sistemi lasciati a se stessi evolveranno sempre verso una situazione di disordine accresciuto.

Il perché ciò avvenga fu prima intuito da Maxwell e poi spiegato da Boltzmann più di un secolo fa. Si tratta ancora di statistica e probabilità.

Un sistema isolato evolve sempre verso quella situazione che ha la più grande probabilità di realizzarsi: e tale situazione è quella che si può realizzare con il più gran numero di configurazioni possibili.

Cerchiamo di spiegare questa frase un po' oscura.

Il caso del bicchiere è molto semplice: vi è infatti un numero elevatissimo di configurazioni (chiamate anticamente «complessioni») che realizzano la situazione «bicchiere rotto», rispetto all'unica configurazione che realizza la situazione «bicchiere intero». Infatti il bicchiere rotto può essere tale in un numero quasi infinito (quel 1/P elevatissimo prima menzionato) di configurazioni: numero di cocci differente, forma, volume e dimensione dei cocci ecc. possono presentare una varietà infinita.

È quindi evidente che una qualunque trasformazione sul

sistema bicchiere si orienterà su una qualsiasi di queste infinite varietà di bicchiere rotto, piuttosto che sull'unica possibilità di bicchiere intero.

In definitiva «rotto» significa miliardi di miliardi di configurazioni, mentre «intero» significa solo una configurazione.

Il discorso è un po' più complesso per l'esempio dei due gas a pressioni differenti.

Abbiamo detto che la temperatura e la pressione che noi misuriamo in ognuno dei due recipienti rappresentano delle medie e che, in realtà, ogni singola molecola avrà una sua velocità e direzione all'interno della massa del gas.

È quindi altresì evidente che la stessa misura di temperatura e pressione si può ottenere con un numero quasi infinito di configurazioni delle velocità e direzioni delle varie molecole: ad esempio si possono scambiare le velocità di alcune molecole con quelle di altre, si può aumentare la velocità di un gruppo di molecole e diminuirne in conseguenza quella di altre ecc.

Ognuna di queste possibili configurazioni produrrebbe, macroscopicamente, le stesse misure di pressione e temperatura medie, e di queste configurazioni possiamo immaginarne appunto miliardi di miliardi...

Per semplificare, supponiamo che le configurazioni possibili siano solo 1000: avremo quindi per i due sistemi di gas separati un totale di 2000 configurazioni.

Quando invece i due gas si mescolano, il numero di configurazioni possibili cresce a dismisura: infatti nel miscuglio risultante per ognuna delle 1000 configurazioni possibili del primo gas, il secondo può assumere una delle sue proprie 1000 configurazioni.

In definitiva il nuovo sistema composto dalla mescolanza dei due gas ha un numero di configurazioni possibili uguale al prodotto delle due possibili configurazioni dei gas componenti, il che significa 1.000.000 di possibili configurazioni.

Ecco perché, non appena messi in comunicazione i due recipienti, i due gas che formano ora un solo sistema si dirigeranno verso una qualunque di questo milione di configurazioni, piuttosto che restare nelle mille più mille di partenza.

Ed ecco anche perché, una volta formatosi il miscuglio, è estremamente improbabile (praticamente impossibile) che i due gas si separino naturalmente e tornino ognuno nel proprio recipiente iniziale.

L'esempio del bicchiere, e gli altri milioni di esempi simili che si potrebbero fare, mostra chiaramente come le considerazioni e i principi della termodinamica sono ora validi per ogni genere di trasformazione in natura.

Si può quindi affermare che nelle trasformazioni naturali, che avvengono cioè senza apporto di energia o lavoro esterno, la natura va inesorabilmente da una configurazione ordinata verso una che è meno ordinata: semplificando **si va sempre dall'ordine verso il disordine**.

Il bicchiere intero è ordine, mentre il bicchiere in frantumi è disordine ecc.

Prima di proseguire su quali altre conseguenze importanti nascano da questa estensione e generalizzazione dei principi della termodinamica, vogliamo fare due brevi osservazioni.

La prima è quella che quanto appena affermato sull'ordine e il disordine rispecchia un punto di vista che è puramente umano anzi, usando un termine ormai di moda, si tratta di una considerazione puramente antropica.

La natura non fa distinzione tra un bicchiere intero e un bicchiere rotto: per essa si tratta solo di due tra le possibili infinite configurazioni che i cocci di vetro possono assumere.

Siamo solo noi che diamo una tale importanza a questa distinzione tra intero e rotto.

La seconda osservazione è quella che quando parliamo di bicchiere rotto e di bicchiere intero, contrapponendo così due stati possibili di un sistema e diciamo che avviene sempre che si passa dal primo stato al secondo e mai l'inverso, in realtà stiamo barando con le parole in maniera spaventosa.

Infatti stiamo alludendo da una parte (bicchiere intero) a un'unica possibile configurazione, mentre dall'altra (bicchiere rotto) stiamo parlando, come visto, di miliardi di miliardi di possibili configurazioni.

Il discorso sarebbe più equilibrato se volessimo conoscere la probabilità che, rompendosi, il bicchiere assuma una ben precisa configurazione.

Quale è infatti la probabilità che il bicchiere si frantumi in mille cubetti identici aventi un millimetro di lato? La risposta è molto semplice: tale probabilità è la stessa di quella prima descritta, e infinitamente piccola, che il bicchiere si riformi gettando i cocci a caso.

Come si vede quindi è solo il fatto che la generica definizione di «rotto» comprende in realtà un'infinità di possibili configurazioni che rende tale stato più probabile e che quindi il sistema evolverà sempre in tale direzione; in realtà ogni singola configurazione, inclusa quella di bicchiere intero, ha la stessa infinitamente piccola probabilità di realizzarsi.

Ecco perché dicevamo che questa estensione del secondo principio ha una vaga colorazione «antropica».

Torniamo ora al nostro argomento principale che è quello di approfondire ed estendere il significato dei principi della termodinamica.

Riassumendo quanto visto finora, possiamo affermare che un sistema isolato evolve sempre verso uno stato che si può realizzare nel massimo numero di configurazioni possibili; questo è evidentemente anche lo stato più probabile.

Lasciato a se stesso, senza quindi interventi esterni che forniscano lavoro o energia, ogni sistema evolve quindi verso stati di crescente probabilità che sono anche stati di crescente disordine.

Ricordiamo che, come abbiamo prima detto, anche l'Entropia di un sistema isolato cresce continuamente.

Viene quindi naturale immaginare, e questo fu già ipotizzato più di un secolo e mezzo fa, che debba esistere una relazione tra l'Entropia S di un sistema e la probabilità W che ha il sistema di trovarsi in un dato stato.

Questa relazione venne espressa finalmente da Boltzmann nella sua celebre equazione $S = k \log W$.

Il motivo per cui la relazione debba essere logaritmica è molto semplice da spiegare se consideriamo ad esempio il caso di due sistemi aventi ognuno le Entropie S1 e S2 che si fondono per formare un unico sistema di Entropia S.

Mentre le Entropie si sommano, le probabilità degli stati dei due sistemi si moltiplicano tra di loro: nell'esempio prima fatto i due gas hanno ognuno mille possibili configurazioni per il loro stato, invece lo stato del miscuglio di gas risultante viene ad avere ben un milione di possibili configurazioni.

È solo quindi una rappresentazione logaritmica che può esprimere questa circostanza. Si ha infatti:

$S1 = k \log W1$; $S2 = k \log W2$; quindi $S = S1 + S2 =$
$k (\log W1 + \log W2) = k \log (W1 \times W2)$

Nell'esempio prima citato si avrebbe (ricordiamo che log 1000 = 3 e log 1.000.000 = 6):

$S1 = k3$; $S2 = k3$; quindi $S1 + S2 = k6$

La costante k (chiamata costante di Boltzmann) venne determinata attraverso considerazioni termodinamiche sui gas perfetti (che non riportiamo qui) e vale

$k = 3{,}3\ 10^{-24}\ Cal/K$.

L'Entropia, viste le sue origini termodinamiche, viene sempre espressa in Cal/K, ma il suo significato e soprattutto le sue applicazioni, grazie alla relazione di Boltzmann, si estendono ora a qualunque tipo di sistema e di trasformazioni nell'universo.

Un'ultima considerazione che desideriamo fare risulta da una interpretazione che si è avuta in tempi più recenti sull'Entropia e che deriva dal mondo informatico.

Si è infatti osservato che mentre il disordine e quindi l'Entropia di qualunque sistema isolato tende sempre ad aumentare, la quantità di informazione necessaria a descrivere i vari stati del sistema tende invece a seguire un andamento opposto, cioè a diminuire.

Ciò è facile da vedere considerando ad esempio il caso prima citato dei due gas che si mescolano: prima della trasformazione saranno necessari due insiemi di parametri (pressione, temperatura, velocità media ecc.) per definire lo stato dei due gas, mentre dopo il loro mescolamento, un solo insieme di parametri sarà sufficiente.

Un altro esempio più spettacolare potrebbe essere quello dell'intero universo: se volessimo oggi stabilire il numero di parametri necessari a definire il suo stato, sarebbe necessario far ricorso a cifre incredibilmente elevate poiché per ogni costellazione, stella, pianeta ecc. dovremmo dare i parametri di configurazione.

Quando invece l'universo (tra decine di miliardi di anni, si spera) sarà ridotto a un ammasso uniforme e informe di materia spenta, solo pochi parametri saranno sufficienti a definire il suo stato.

A causa del suo andamento contrario a quello dell'Entropia, questo tipo di informazione viene anche chiamato Entropia negativa o «Negaentropia» (Szilard, 1955).

Relatività Ristretta

La teoria della Relatività Ristretta (RR) fu, come è noto, presentata da Einstein in una pubblicazione del 1905 sulla rivista tedesca «Annali di Fisica».

Da notare che Einstein, a quel tempo, non faceva parte di alcun gran laboratorio di ricerca né di una qualche importante Università; egli era solo un semplice impiegato dell'Ufficio dei Brevetti di Berna.

Ma Einstein era qualcuno che pensava molto... e bene...

Come si sa questa teoria rappresenta, forse insieme a quella dei quanti, la più grande scoperta scientifica del XX secolo e segna l'inizio di una nuova fisica.

Essa ha permesso non solo innumerevoli applicazioni pratiche ma, e diremmo soprattutto, essa ha sconvolto l'idea che fino ad allora si aveva di spazio e di tempo.

Facciamo notare che, per tale monumentale teoria, Einstein non ha mai ricevuto il premio Nobel; egli ricevette invero un premio Nobel, ma per i suoi pur importanti contributi in altri campi della fisica.

Questo fatto appare incredibile e getta una luce non troppo positiva sull'attribuzione di tale premio... ma non ci interessa qui polemizzare.

Alla base della Relatività Ristretta vi sono considerazioni sui sistemi di riferimento e, in particolare, sui cosiddetti sistemi inerziali.

Quando un punto materiale, o un oggetto qualunque, si

muove nello spazio, la sua posizione è definita a ogni istante rispetto, ad esempio, a una terna di assi cartesiani (x,y,z) da una terna di valori su tali assi; tale sistema di assi cartesiani si chiama «sistema di riferimento».

Immaginiamo ora che il sistema di assi cartesiani (x, y, z) si muova rispetto a un altro sistema di assi (x', y', z') con una certa velocità v.

Se il movimento relativo dei due sistemi è del tipo rettilineo e uniforme, avente cioè una velocità v costante, si dice allora che i due sistemi sono in moto inerziale, e più semplicemente i due sistemi si chiamano sistemi inerziali.

Ammettiamo per semplificare che il nostro punto materiale si muova sull'asse x del primo sistema e che quest'ultimo si sposti sull'asse x' del secondo sistema con velocità costante v.

A ogni istante t la posizione del nostro punto materiale rispetto al secondo sistema di assi sarà dato dalla semplice trasformazione: $x' = x + vt$.

Questo tipo di trasformazione (e le altre eventuali in y e in z) è chiamata trasformazione galileiana ed essa, da secoli, regola tutti i movimenti uniformi che possiamo esaminare.

La fisica classica e la nostra esperienza personale ci dicono infatti che le velocità relative si sommano algebricamente: se su un treno lanciato a 100 km/h lanciamo una pallina lungo un corridoio, ad esempio alla velocità di 20 km/h, sappiamo e possiamo verificare sperimentalmente che la pallina viaggia a 120 km/h o a 80 km/h rispetto a un sistema di riferimento fisso, secondo che la pallina sia lanciata nel senso di marcia del treno o nell'altro senso.

Alla stessa maniera un proiettile sparato a 1000 km/h dal cannoncino anteriore di un aereo che vola a sua volta a 1000 km/h, avrà una velocità di 2000 km/h, se misurato da terra.

Ciò sarebbe vero anche se il suddetto aereo sparasse anteriormente particelle elementari, come protoni o elettroni, anziché proiettili.

Poiché le trasformazioni galileiane risultano valide in tutte le misure che abbiamo effettuato da sempre, sembrò anche logico ai fisici del XIX secolo che esse dovessero essere valide per qualunque valore di velocità, anche per quella elevatissima della luce.

Cioè, la velocità della luce emessa da una sorgente in movimento rispetto al dispositivo di misura doveva risultare differente a seconda che la sorgente si allontanasse o si avvicinasse.

Evidentemente, dato l'altissimo valore della velocità della luce ($c = 3\text{x}10^8$ m/sec), tali differenze sarebbero risultate piccolissime, ma tuttavia sempre misurabili con l'uso di apparecchiature via via più sofisticate.

Si usava in generale come sorgente di luce quella proveniente da una stella lontana e si facevano due misure; una quando la terra, nel suo moto attorno al sole, si allontanava dalla detta stella e un'altra sei mesi dopo, quando la terra le si avvicinava.

Il metodo utilizzato faceva uso delle frange di interferenza, metodo che, nelle apparecchiature più sofisticate (Michelson 1882-1904) avrebbe potuto rivelare differenze di velocità almeno cento volte più piccole di quelle ricercate.

Il risultato fu sempre negativo: la velocità della luce misurata in tutte le direzioni e proveniente da qualunque oggetto in movimento risultava sempre uguale a quel valore *c* prima menzionato.

Si cercarono varie spiegazioni e varie interpretazioni di tale fatto, la maggior parte basate su una differente interpretazione sul comportamento del famoso etere cosmico, cioè di quell'ipotetico «qualcosa» che doveva permeare l'universo per permettere la trasmissione delle onde luminose... tutto inutile! Il mistero restava totale.

Era evidente che la luce non obbedisce alle trasformazioni galileiane.

All'inizio del XX secolo, il fisico Lorenz fece osservare che tutto avveniva «come se» un segmento di lunghezza *l*, muoventesi nella direzione del moto con velocità *v*, venisse accorciato di un fattore *F* dato da

$$\mathrm{F} = \sqrt{(1 - \beta^2)} \text{ dove } \beta = v/c$$

fatto che, evidentemente, era considerato come assurdo e inconcepibile.

Questa, e altre formule dello stesso tipo, vengono chiamate le trasformazioni di Lorenz.

Nel 1905, come detto, Einstein diede una spiegazione di questo fenomeno nella sua monografia che è la base della Relatività Ristretta. Essa fu chiamata così perché si occupa solo di sistemi inerziali; più tardi, nel 1916, Einstein pubblicherà la Relatività Generale che, come vedremo, estende il suo campo a qualunque tipo di sistema non inerziale, cioè non necessariamente in moto rettilineo e uniforme.

L'essenza di tale teoria è che la velocità della luce è una costante se misurata in qualunque sistema inerziale: essa non dipende dal fatto che il sistema di riferimento sia in moto o in quiete.

La velocità della luce, universalmente indicata con la lettera minuscola c, è quindi una costante universale, come lo sono ad esempio la costante di gravitazione universale G, la costante di Boltzmann k ecc. Essa è stata creata tale al momento del Big Bang (vedi anche la discussione sul Principio Antropico nel capitolo III).

Le conseguenze di questo semplice enunciato della Relatività Ristretta sono semplicemente spettacolari.

Le più importanti sono che, ad esempio, un segmento di lunghezza l e un intervallo di tempo dt misurati su un sistema di riferimento in movimento con velocità v rispetto a un altro sistema fisso (ad esempio sulla terra), assumono, se misurati in quest'ultimo sistema, i valori

$l' = lxF$ e $dt' = dt/F$

cioè **i segmenti si accorciano e il tempo si dilata**.

Da notare che queste sono appunto le equazioni di Lorenz: solo che adesso non è più il caso di dire che tutto avviene «come se»: in natura, le cose vanno veramente così.

La dimostrazione del come si arrivi alle trasformazioni di Lorenz partendo dal postulato dell'invariabilità della velocità della luce, non è complicata ed essa può essere consultata in qualunque testo di fisica moderna.

Vi è anche un ragionamento intuitivo, senza cioè fare ricorso a formule, che può aiutare a comprendere l'essenza della RR, in particolare il motivo per cui i segmenti debbono accorciarsi e gli orologi debbono rallentare.

Questo ragionamento, come al solito, lo dobbiamo allo stesso Einstein.

Quando vogliamo misurare la lunghezza di una barra di lunghezza *l* nel nostro sistema di riferimento fisso, il metodo che utilizziamo è quello classico di usare un metro campione.

Se la barra si muove invece rispetto a noi con velocità altissima (prossima a quella della luce) il metodo classico non può più, evidentemente, essere utilizzato.

Si dovrà procedere nel modo seguente.

Si dispongono anzitutto lungo il tracciato che la barra dovrà seguire una serie di orologi che saranno sincronizzati con raggi di luce.

All'istante *t* prescelto si vedrà quale degli orologi vede la testa della barra e contemporaneamente si deve determinare quale degli orologi sta vedendo la coda della barra.

Si misurerà in seguito la distanza tra questi due orologi usando il solito metro.

La velocità della luce però, anche se altissima, non è infinita, avviene quindi che i segnali luminosi che invieremo ai vari orologi per individuare quello che vede la coda, impiegheranno un certo tempo a raggiungere i loro obiettivi e, durante questo tempo, la coda si sarà spostata in avanti.

Come conseguenza la distanza tra i due orologi di riferimento darà un'indicazione inferiore alla lunghezza *l* prima misurata nel sistema a riposo.

Come si vede dobbiamo abbandonare il concetto di «contemporaneità»: due eventi contemporanei se misurati in sistemi a riposo, non lo sono più se i due sistemi sono dotati di moto relativo.

Le equazioni di Lorenz rappresentano la vera forma delle trasformazioni di coordinate per passare da un riferimento a un altro in moto uniforme rispetto al primo.

Nella maggior parte però dei casi reali che siamo portati a considerare (quando cioè la velocità v è piccola rispetto a c), il valore di F è molto vicino all'unità e quindi le trasformazioni di Lorenz si riducono a quelle galileiane; queste ultime rappresentano quindi un caso particolare delle prime.

La Relatività Ristretta comporta anche altri notevolissimi risultati che vogliamo menzionare.

Il primo è che nessun oggetto in natura può spostarsi a velocità superiore a quella della luce, che risulta così come un limite superiore.

Questo fatto risulta facilmente applicando le trasformazioni di Lorenz per sommare due velocità: la somma risulterà sempre inferiore a c.

Così, due particelle che viaggiano l'una verso l'altra con velocità prossime a quella della luce, secondo le trasformazioni galileiane dovrebbero viaggiare a una velocità relativa prossima a $2c$, mentre applicando le trasformazioni di Lorenz si ottiene che la velocità relativa sarà sempre, anche se di pochissimo, inferiore a c.

Un'altra importantissima conseguenza di questa teoria è che la massa di un oggetto che si muove con velocità v aumenta secondo la formula

$$m = m(0)/F$$

dove $m(0)$ è la massa a riposo dell'oggetto in questione.

Come si vede la massa tende all'infinito per velocità via via crescenti; al limite, un protone che raggiungesse la velocità della luce potrebbe avere una massa equivalente a quella dell'intero universo!

La dimostrazione della precedente formula si ottiene facilmente con considerazioni sulle forze e le accelerazioni nei due sistemi di riferimento, fisso e mobile.

La nota formula dell'energia cinetica

$$E = (1/2)mv^2$$

diventa ora, semplificando

$$E = (1/2)(m(0)/F)v^2$$

Come si vede l'energia cinetica cresce ora non solo perché la velocità cresce, ma anche perché la massa cresce: a velocità altissime, quando cioè v non può più crescere perché ha quasi raggiunto il valore invalicabile di c, l'energia continua a crescere indefinitamente all'aumentare della massa.

Questo fatto è continuamente verificato, ad esempio negli acceleratori di particelle, dove un protone, che viaggia praticamente alla velocità limite della luce, può venire ancora accelerato e la sua massa può raggiungere parecchie migliaia di volte il valore della sua massa a riposo.

L'ultima e forse più importante e più nota conseguenza della Relatività Ristretta è la famosa equivalenza tra massa ed energia

$E = mc^2$

Anche per questa formula la dimostrazione si ottiene abbastanza facilmente applicando le trasformazioni di Lorenz alle equazioni classiche che coinvolgono forza, impulso e accelerazioni.

Materia ed energia sono equivalenti: esse rappresentano due forme differenti della stessa entità.

La validità di questa formula è dimostrata continuamente nei laboratori di fisica delle particelle elementari e costituisce, come è noto, la base per tutte le applicazioni dell'energia nucleare e (purtroppo) anche di tutti gli armamenti atomici.

La quantità di energia equivalente a 1 kg di massa è semplicemente spaventosa: essa è di circa 10^{13} Joule.

Cioè una massa di 1 kg di qualunque materiale equivale circa all'energia prodotta da 250 milioni di litri di carburante convenzionale.

Le prove della validità della Relatività Ristretta sono ormai numerosissime e, tranne qualche raro fisico che ogni tanto propone una qualche teoria alternativa, essa è universalmente accettata e in pratica essa rappresenta la base di tutta la fisica moderna.

Come già detto, tale teoria non ha una visibilità e una influenza immediate nella nostra vita di tutti i giorni; essa infatti evidenzia i suoi effetti in fenomeni che avvengono a velocità elevatissime.

Queste velocità vengono tuttavia raggiunte comunemente nei laboratori di fisica delle particelle del mondo intero, e sempre la teoria si è dimostrata corretta.

Tra le innumerevoli prove della validità della relatività ve ne è una che desideriamo ricordare più particolarmente, sia perché è considerata una delle più significative, sia perché non necessita di alcuna verifica sperimentale.

Vogliamo alludere all'applicazione della Relatività Ristretta alle equazioni di Maxwell.

Come si sa Maxwell stabilì le relazioni tra elettricità e magnetismo e le riassunse in sei equazioni differenziali: esse rappresentano una pietra miliare nel campo della fisica e su di esse si basano tutte le applicazioni moderne nel campo dell'elettromagnetismo.

Tuttavia, fin dall'inizio fu evidente un fatto stranissimo e per il quale non vi era spiegazione. Applicando le trasformazioni galileiane alle equazioni di Maxwell per sistemi in moto inerziale, tali equazioni perdevano completamente la loro forma, e quindi la loro stessa validità.

Fu solo invece applicando le trasformazioni di Lorenz, che ci si accorse che le equazioni di Maxwell conservavano la loro validità.

Per concludere, vorremmo ribadire un concetto che ci sembra essenziale.

Per quanto grandiose siano le conseguenze pratiche della Relatività Ristretta, più grandioso ancora ci sembra il suo contenuto epistemologico; l'avere infatti infranto un tabù scientifico che si imponeva da millenni, quello della immutabilità dello spazio e del tempo, permette, forse per la prima volta, di aprire uno spiraglio sulla conoscenza della vera natura dell'universo.

Majorana diceva che di geni come Einstein ne nascono uno per ogni secolo; poiché la Relatività fu divulgata a partire dal 1905, abbiamo qualche motivo di sperare...

Relatività Generale

Al contrario della RR, la formulazione completa e precisa della RG richiede l'uso di un trattamento matematico complesso e di strumenti matematici alquanto specifici.

Ci limiteremo quindi a un breve enunciato sui fatti e sulle conseguenze della RG, lasciando come al solito ai lettori più interessati il compito di approfondire l'argomento consultando uno dei numerosissimi trattati esistenti.

Fin dal primo apparire della RR (1905), era stato subito evidente, allo stesso Einstein come ad altri, che la teoria non poteva essere completa.

Quel limitarsi ai soli sistemi inerziali, cioè aventi un moto rettilineo e uniforme, sembrava infatti innaturale e lasciava presagire che una teoria più completa che considerasse sistemi di riferimento in moto di qualunque tipo, doveva esistere, tale da considerare i sistemi inerziali come un caso particolare.

Tale teoria più generale, la Relatività Generale appunto, fu quindi formulata da Einstein e pubblicata nel 1916.

Tale teoria prende quindi in considerazione sistemi che si spostano l'uno rispetto all'altro animati da un movimento di qualunque tipo o, in parole più semplici, che si muovono di moto accelerato.

Come sempre Einstein, e in questo risiede anche la genialità dell'uomo, prende lo spunto da considerazioni di una semplicità e di una chiarezza sconcertanti, per giungere a conclusioni grandiose.

Egli infatti considera due esperienze immaginate molto semplici, del tipo valido (vedi nel capitolo II per il significato di esperienza valida).

Nel primo caso egli considera una persona chiusa in un ascensore che «cada» liberamente, quindi con accelerazione g uguale all'accelerazione di gravità ($g = 9{,}81 m/s^2$), in un pozzo verso il centro della terra.

Questo ascensore non possiede finestre attraverso cui vedere che cosa sta accadendo, e il movimento è assolutamente silenzioso.

In tali condizioni l'uomo si troverà a galleggiare dentro l'ascensore, proprio come se fosse in una capsula spaziale o in un aereo in caduta libera durante un'esperienza di simulazione di volo orbitale.

Nessuna esperienza di fisica condotta all'interno dell'ascensore, per quanto complicata e sofisticata essa possa essere, potrà indicare a quella persona che cosa stia realmente accadendo, cioè se egli si trovi nello spazio aperto, lontano quindi da ogni attrazione gravitazionale o se egli stia, come per l'appunto accade, semplicemente «cadendo» in un campo gravitazionale.

Il secondo caso è complementare del primo.

Un uomo si trova in un razzo accelerato uniformemente al valore *g*, nello spazio aperto, al di fuori quindi da ogni campo di gravità.

Anche in questo caso il razzo non avrà finestre cosicché la persona non può verificare che cosa stia realmente accadendo.

Essendo accelerata al valore di *g*, la persona avrà in tutto e per tutto la sensazione di trovarsi sulla terra e di subirne la normale forza di gravità.

Come nel caso precedente, nessuna esperienza di fisica condotta all'interno del razzo potrà aiutarlo a conoscere la verità.

Da queste due semplici esperienze immaginate, Einstein dedusse che:

«Un campo gravitazionale è equivalente a un sistema di riferimento uniformemente accelerato».

Questo costituisce il famoso principio di equivalenza, che è il fondamento della Relatività Generale.

Prima di andare avanti e di cercare di comprendere come questo semplice enunciato ha sconvolto (ancora una volta!) la fisica del XX secolo, vogliamo ricordare uno dei problemi più avvincenti e più misteriosi in cui si sono confrontati i fisici nel periodo prerelativistico.

Alludiamo al famoso problema dell'equivalenza tra massa inerziale e massa gravitazionale.

Con il nome generico di massa si indicano in realtà due differenti proprietà della materia che sono totalmente distinte e indipendenti tra di loro.

Si definisce massa gravitazionale quella proprietà «attiva» dei corpi materiali di attirarsi vicendevolmente, a qualunque distanza relativa essi siano posti nell'universo.

Quantitativamente, due corpi di massa rispettivamente *M* e *m*, posti a una distanza *R* qualunque l'uno dall'altro, si attraggono con una forza definita dalla famosa formula di Newton

$$F = G\frac{\mathrm{M}m}{\mathrm{R}^2}$$

dove *G* è la costante di gravitazione universale.

In particolare, se M è la massa della terra e R il suo raggio, si trova che alla sua superficie un corpo di massa gravitazionale $m1$ è attratto verso il centro della terra da una forza F (forza peso) data dalla relazione

$F = m1g$

dove g è chiamata l'accelerazione di gravità, che è quindi costante sulla superficie della terra (su di un altro pianeta essa avrà un valore differente ma sempre costante su quel pianeta).

Tutti i corpi quindi sulla terra cadono con la stessa accelerazione, indipendentemente dalla loro massa.

Questo fatto è stato verificato sperimentalmente innumerevoli volte.

Le esperienze più famose sono (forse) quelle di Galileo condotte sulla torre di Pisa, e quelle di Newton che utilizzò un lungo tubo di vetro nel quale era stato praticato un vuoto molto spinto (per evitare gli errori dovuti all'attrito con l'aria).

In tale esperienza si verifica che una piuma e una palla di piombo cadono con la stessa accelerazione e arrivano quindi alla base del tubo nello stesso istante.

Si definisce massa inerziale quella proprietà, diciamo «passiva», della materia di subire una data accelerazione se soggetta a una forza F.

Per lo stesso corpo prima considerato, avente una massa inerziale $m2$, il secondo principio della dinamica ci dice appunto che

$F = m2a$

Come si vede i due fenomeni e le proprietà ad essi associate sono, a prima vista, totalmente distinti e i due valori della massa, $m1$ e $m2$, dovrebbero quindi essere differenti.

Se uguagliamo le due precedenti equazioni si ha evidentemente che

$$F = G\frac{\mathrm{M}m1}{\mathrm{R}^2} = m1g = m2a$$

Risulta dall'esperienza che $a=g$ e, quindi, per ogni corpo materiale la sua massa gravitazionale è identica, assolutamente identica, alla sua massa inerziale.

Come detto prima, questa incredibile eguaglianza tra massa gravitazionale e massa inerziale ha turbato i sonni di migliaia di scienziati, specie negli ultimi due secoli.

Anche il più ingenuo osservatore comprendeva infatti che tale assoluta identità non poteva essere semplicemente frutto del caso.

Nessuno aveva però trovato la soluzione a questo mistero, fino al 1916 quando Einstein pubblicò la sua Relatività Generale.

Il principio di equivalenza prima riportato spiega infatti immediatamente perché le due masse debbono avere lo stesso valore.

Infatti, se un campo gravitazionale, quello quindi retto dalla equazione di Newton, è equivalente a un riferimento uniformemente accelerato, quello quindi retto dal secondo principio della dinamica, è evidente che le due masse m che appaiono nelle due formule abbiano lo stesso identico valore: si tratta infatti della stessa massa.

Questa conclusione geniale della RG basterebbe da sola a giustificarne la grandezza, ma vi è ben altro!

Una prima conseguenza della RG è che lo spazio, in una regione in cui siano presenti masse che generano campo gravitazionale, non è più piano, non è più quindi del tipo euclideo, ma diviene curvo, e questa curvatura può anche essere di tipo molto complesso, in funzione della posizione e del valore delle varie masse che generano il campo.

Ricordiamo, per chiarezza, che nello spazio euclideo, quello che noi consideriamo come «normale», definita una terna di assi cartesiani (x, y, z), la distanza tra due punti A e B è definita come il tratto di retta che unisce i due punti e il valore di tale distanza è

$$\Delta s^2 = \Delta x^2 + \Delta y^2 + \Delta z^2$$

Come detto, in presenza di masse tale relazione non è più valida perché lo spazio viene incurvato.

In generale questa affermazione risulta ostica alla maggior parte di noi, perché è contraria all'esperienza di tutti i giorni e riesce molto difficile immaginare uno spazio curvo.

Come sempre, è lo stesso Einstein che ci viene in aiuto con un esempio che egli fece durante una delle sue lezioni a Princeton.

Consideriamo una terna di assi cartesiani $K(x, y, z)$ avente origine nel punto O, a riposo nel sistema di riferimento nel quale noi stessi ci troviamo.

Consideriamo ancora una seconda terna di assi cartesiani $K'(x', y', z')$ avente la stessa origine in O e l'asse z' coincidente con l'asse z di K.

Supponiamo inoltre che K' sia in rapidissima rotazione attorno ai comuni assi z e z'.

Evidentemente i due riferimenti non sono inerziali perché in K' appaiono delle forze centrifughe e di Coriolis e, quindi, si hanno delle accelerazioni.

Se la velocità angolare di K' è costante, anche le accelerazioni in oggetto sono costanti: ci troviamo quindi in un caso in cui i principi della RG sono applicabili.

Immaginiamo ora che nel sistema K' esista una circonferenza C con centro in O, di diametro D e di lunghezza l e giacente nel piano (x', y'); essa ruoterà quindi attorno a O con la stessa velocità angolare di K', velocità che abbiamo supposto essere elevatissima.

Se misuriamo il rapporto l/D nel sistema K' troviamo evidentemente che

$$l/D = \pi$$

Vediamo invece che cosa accade se volessimo fare la stessa misura dal sistema K.

Ogni segmento della circonferenza lunga l, a causa dell'altissima velocità, si contrarrà di una quantità data dalla relazione di Lorenz della RR.

In definitiva quindi tutta la circonferenza apparirà avere una lunghezza $l' < l$.

Il diametro D resterà invece invariato perché nessun moto avviene nel senso della sua lunghezza.

In definitiva si avrà

$$l'/D < \pi$$

Lo spazio non è più quindi euclideo, ma è uno spazio curvo: le accelerazioni hanno curvato lo spazio.

Similmente si può vedere che ciò vale anche per il tempo. Un orologio che ha un certo periodo misurato in *K'* vedrebbe il suo periodo aumentato se misurato in *K*.

Per il principio di equivalenza quindi, se al posto del sistema in rapida rotazione vi fosse una massa che produce un campo gravitazionale, lo spazio sarebbe egualmente incurvato e il tempo dilatato.

Come si vede, spazio e tempo vengono modificati insieme, anche se in modo differente, in un sistema accelerato o, il che è lo stesso, in presenza di masse gravitazionali.

Sia nella RR che nella RG non si può più, quindi, come in un sistema galileiano, considerare le coordinate di spazio separatamente dal tempo.

Spazio e tempo costituiscono quindi un unico sistema quadridimensionale chiamato spazio-tempo.

In particolare, nella RG, la presenza di masse produce una curvatura nello spazio-tempo: questa è appunto una delle conclusioni fondamentali di tale teoria.

Come sia questa curvatura è cosa molto difficile da immaginare per noi abituati a un universo a tre dimensioni e con un tempo assolutamente indipendente.

Come vedremo è cosa anche molto complicata da calcolare.

Una conseguenza immediata della curvatura dello spazio è che la distanza tra due punti A e B non è più, come detto prima, il segmento di retta che li unisce, ma è un tratto di curva che passa tra A e B e giace sulla superficie curva dello spazio-tempo locale.

Le coordinate cartesiane debbono ora essere sostituite da coordinate curvilinee appropriate.

Un esempio che comunemente si fa per cercare di immaginare uno spazio curvo è quello della superficie terrestre dove appunto le coordinate curvilinee sono rappresentate dai meridiani e dai paralleli.

Un aereo che vola da Parigi a San Francisco segue un arco di cerchio massimo che unisce appunto queste due città e che rappresenta la distanza più corta fra questi due punti.

Come vedremo nel capitolo II, non vorremmo tuttavia

che questo esempio fuorviasse i lettori sul vero significato della curvatura spazio-temporale dovuta alla gravità.

Noi viviamo in un mondo tridimensionale valido per tutti i nostri bisogni più correnti.

Il fatto che per andare da Parigi a San Francisco l'aereo segua una traiettoria curvilinea non significa affatto che questa sia la distanza più breve tra le due città.

Sappiamo benissimo che se potessimo scavare un tunnel rettilineo nella crosta terrestre otterremmo una corda di cerchio massimo che rappresenta appunto la vera distanza più corta. La rotta circolare dell'aereo è solo un espediente perché non possiamo fare altrimenti.

Nello spazio-tempo curvo il tratto di curva che unisce i due punti A e B rappresenta *realmente* il cammino più corto tra i detti punti: non esistono né corde né scorciatoie possibili!

Evidentemente le proprietà di questo spazio-tempo curvo, in altre parole la «forma» che questa curvatura assume in presenza di una data distribuzione di masse, diviene molto complicata a descrivere.

Essa lo è già, complicata, per il caso semplice di una massa puntiforme; quando il numero, la disposizione e i valori di tali masse aumentano, crescono in conseguenza le complicazioni di calcolo, e gran parte del trattamento della RG Einstein lo ha speso appunto nel determinare le equazioni che esprimono le proprietà di questo spazio-tempo curvo e quindi nel determinare quale sarà la traiettoria di un punto materiale su tale superficie. Tale traiettoria viene chiamata la geodetica.

Non è possibile nel nostro contesto di estrema semplicità (e non è neanche necessario) addentrarci in tali complicati calcoli che forniscono la soluzione di tali equazioni.

Un breve accenno al metodo seguito è riportato nell'Appendice A1.

Ci limiteremo quindi a riportare solo alcune delle conclusioni della RG, applicata a casi specifici.

Abbiamo visto che in presenza di una data distribuzione di masse lo spazio-tempo viene curvato: esso non è più quindi euclideo.

In conseguenza, risulta dalle equazioni della RG che una barra di lunghezza unitaria in assenza di campi gravitazionali, se si trova immersa in un campo gravitazionale vedrà la sua lunghezza diminuire secondo la formula

$$l - \frac{k}{8\pi} \int \frac{\sigma dV}{r}$$

dove k è una costante strettamente legata alla costante G di Newton, σ è la densità della materia, variabile in genere da punto a punto del volume V di integrazione, e r è la distanza del punto di misura dalle varie masse.

Essendo lo spazio-tempo incurvato dalla presenza delle masse gravitazionali, ne risulta che ogni oggetto dovrà seguire non una linea retta, ma la geodetica appropriata.

Questo vale anche per i raggi di luce che si spostano in tale spazio e che quindi seguiranno anch'essi dei cammini curvilinei.

La soluzione dell'equazione precedente è evidentemente complicata quando la distribuzione delle masse è complessa.

Essa risulterà invece molto semplice nel caso particolare di un'unica massa M (ad esempio il sole o la terra), che si consideri concentrata al suo centro, e si prenda in considerazione come raggio il raggio R misurato alla superficie.

In questo caso si vede che l'integrale precedente viene sostituito semplicemente da M/R.

Applicata al caso della terra (massa molto modesta), la formula precedente ci dice che l'accorciamento della barra, e la deflessione dei raggi di luce alla sua superficie, sono fenomeni praticamente trascurabili.

Così non è alla superficie del sole: la RG prevede che un raggio di luce che sfiora la sua superficie deve subire una deflessione di 1,7 primi di grado.

Questa previsione fu verificata sperimentalmente, e trovata esatta, durante l'eclissi di sole del 1919.

In pratica si vide la luce di una stella che si sapeva doversi trovare dietro il sole: la luce era stata piegata esattamente della quantità prevista dalla RG.

In modo simile all'accorciamento di una barra materiale, le formule della RG indicano che un orologio avente un periodo unitario in assenza di gravità, vedrà questo periodo allungarsi della quantità

$$l + \frac{k}{8\pi} \int \frac{\sigma dV}{r}$$

Le conferme sperimentali della RG, accolta invero con molto scetticismo alla sua presentazione, si susseguirono rapidamente già nei primi anni successivi.

Si era osservato, già da diversi secoli (Laverrière), che l'asse principale della traiettoria ellittica del pianeta Mercurio attorno al Sole, subiva regolarmente un movimento di precessione: cioè questo asse ruota continuamente nello stesso senso della rivoluzione del pianeta.

Nessuna spiegazione soddisfacente era mai stata trovata a questo fenomeno.

La RG prevede appunto tale moto di precessione per tutti i pianeti del sistema solare.

Questo fenomeno è trascurabile, e non è quindi praticamente misurabile, per la maggior parte dei pianeti che ruotano lontani dal Sole.

Mercurio invece si trova molto vicino al Sole e ne subisce quindi maggiormente l'effetto gravitazionale.

Applicando le formule della RG si trova appunto che la detta precessione deve esistere e ha esattamente il valore osservato.

Altro fenomeno spiegato dalla RG è lo spostamento verso il rosso (redshift gravitazionale) della luce emessa dalle stelle più massive.

Poiché, come visto prima, il tempo scorre più lentamente quanto più elevata è la massa di una stella, ne consegue che la luce emessa da questa stella deve avere il suo spettro spostato verso il rosso (frequenza più bassa) della stessa luce emessa sulla terra.

Questo fenomeno è stato successivamente confermato da centinaia di osservazioni fatte su stelle aventi massa molto elevata (nane bianche).

Più recentemente, quando si sono realizzati orologi atomici aventi precisioni elevatissime, si sono potute misurare differenze segnate da due orologi, uno posto alla base di un grattacielo e l'altro posto in cima ad esso.

Come si vede le teorie di Einstein, sia la Relatività Ristretta che quella Generale, sono state provate al di là di ogni ragionevole dubbio.

Esse costituiscono il cardine essenziale della fisica moderna e, insieme alla Meccanica Quantistica, hanno permesso di aprire nuovi orizzonti scuotendo e distruggendo postulati e assiomi che regnavano indiscussi da millenni.

Ed è appunto questo, lo vogliamo ripetere, il messaggio fondamentale che dobbiamo recepire dalla Relatività: **l'universo non è affatto come ci appare!**

Se vogliamo veramente progredire nella conoscenza, un enorme sforzo di immaginazione e di costruzione sarà necessario e il contenuto epistemologico della Relatività ce ne mostra la via.

Il paradosso dei due gemelli

Per terminare questo paragrafo sulla Relatività, vogliamo brevemente parlare del famoso paradosso dei gemelli, che tanto ha fatto discutere durante il secolo scorso.

Abbiamo visto che se ci troviamo in un sistema di riferimento *K*, in riposo rispetto a un altro riferimento *K'* in moto rapidissimo, rettilineo e uniforme rispetto a *K*, un orologio su *K'* vedrà la sua frequenza rallentata, se misurata su *K*.

In altre parole il tempo scorre più lentamente su *K'* rispetto a *K*.

Immaginiamo ora che vi siano due gemelli, uno residente su *K* e l'altro su *K'*.

Quest'ultimo, vista l'elevatissima velocità del suo sistema di riferimento, parte per una missione spaziale verso lontani universi e, dopo un'esplorazione, ad esempio, di 20 anni (misurati evidentemente su *K'*), decide di tornare sulla terra per riabbracciare il suo gemello.

Secondo la RR, sappiamo però che il tempo su *K* sarà trascorso molto più rapidamente che su *K'*, per cui il gemello rimasto sulla terra sarà invecchiato molto di più di 20 anni o, addirittura (in funzione del fattore *F*) potrebbe anche essere morto.

Come si vede, l'esperienza immaginata, che lo ripetiamo è assolutamente valida perché basata sui principi fondamentali della RR, è davvero da incubo...

Ma il paradosso non nasce affatto da queste considerazioni quasi fantascientifiche.

Come abbiamo visto prima, nella RR tutti i sistemi inerziali sono equivalenti, non vi è cioè nessun riferimento privilegiato.

Applicato al nostro caso, questo significa che l'esperienza immaginata prima riportata resta egualmente valida se noi scambiamo *K* con *K'*; vi è quindi assoluta simmetria tra i due sistemi *K* e *K'*.

Il gemello su *K'*, cioè, si può considerare immobile ed è l'altro gemello su *K* che si allontana a velocità elevatissima.

Quale dei due gemelli sarà quindi invecchiato di più alla fine dell'esperienza?

È evidente che la RR, da sola, non può rispondere a questa domanda.

Vi sono tuttavia nell'enunciato stesso dell'esperienza immaginata, come noi l'abbiamo presentata, alcuni elementi che contengono degli errori che certamente non saranno sfuggiti ai lettori più attenti.

I nostri due gemelli, appunto per il fatto di essere gemelli, debbono in un primo tempo essersi trovati nello stesso sistema di riferimento, ad esempio in *K*.

Uno dei due se ne è in seguito allontanato, subendo quindi un'accelerazione e in seguito una decelerazione al momento del ritorno.

Inoltre per tornare sulla terra egli dovrà avere percorso una traiettoria non più rettilinea; anche se avrà percorso una curva con raggio elevatissimo, si saranno prodotte accelerazioni centrifughe e forze di Coriolis.

Tutti questi fenomeni fanno sì che, almeno per una parte del suo viaggio, la RR non sia più applicabile.

Si dovrà quindi far ricorso alla Relatività Generale.

In realtà l'ipotetico viaggio del nostro gemello su *K'* si comporrà di tre fasi successive.

Durante la prima fase egli sarà accelerato fino a raggiungere la velocità desiderata; velocità che dovrà essere elevatissima e molto prossima a quella della luce.

Durante la seconda fase egli viaggerà a velocità costante per un tempo che gli permetterà di giungere in prossimità delle stelle che vorrà esplorare.

A questo punto, terza fase, egli dovrà decelerare per effettuare la sua esplorazione.

Compiuta l'esplorazione (di durata da determinare) egli dovrà effettuare le stesse tre fasi precedenti, ma al contrario.

La durata di ciascuna delle precedenti fasi, sarà evidentemente variabile in funzione delle distanze e delle velocità e accelerazioni prescelte.

Ricordiamo solamente che in pratica, accelerazioni e decelerazioni troppo elevate sono da escludersi perché il nostro cosmonauta altrimenti non potrebbe sopravvivere.

Il viaggio ipotetico sarà quindi molto lungo.

Quello che invece è certo è che vi è ora rottura della simmetria tra le condizioni dei due gemelli.

Il gemello in *K'* subirà infatti delle accelerazioni (e decelerazioni, che sono la stessa cosa per la RG) perfettamente misurabili, che l'altro gemello non subirà.

In definitiva quindi il gemello che è partito su *K'* sarà al suo ritorno comunque più giovane di quello rimasto su *K*.

Come si vede usando la RG, il paradosso dei due gemelli non lo è più.

Meccanica Quantistica

La Meccanica Quantistica prende il suo nome e il suo fondamento, evidentemente, dalla teoria dei quanti, teoria sviluppata all'inizio del secolo scorso.

Vista l'importanza di tale teoria, cerchiamo brevemente di riassumerne i punti essenziali e le ragioni che hanno condotto alla sua formulazione.

Durante tutto il XIX secolo la propagazione della luce era considerata come un fenomeno ondulatorio: un raggio di luce si spostava quindi in modo rettilineo alla velocità c (prima menzionata) come un'onda avente una sua lunghezza d'onda λ (e il suo inverso, una frequenza $\frac{c}{\lambda} = \nu$).

La lunghezza d'onda poi genera i vari colori: lunghezze d'onda più grandi corrispondono ai colori dal rosso verso l'infrarosso, e lunghezze d'onda più piccole danno il violetto fino all'ultravioletto.

Si era inoltre verificato sperimentalmente che raggi di luce aventi lunghezza d'onda più piccola posseggono una energia superiore rispetto alle lunghezze d'onda più lunghe.

Questo carattere ondulatorio della luce permette inoltre di spiegare molti fenomeni fisici, il più noto dei quali è l'interferenza dei raggi di luce con altri raggi di luce.

Un'onda luminosa possiede un andamento sinusoidale, con picchi quindi positivi e negativi di energia.

Quando due raggi luminosi raggiungono contemporaneamente uno stesso punto su uno schermo (ad esempio una lastra fotografica) si possono verificare varie circostanze.

1) Se sono i massimi delle due onde sinusoidali ad arrivare insieme, le due energie si sommano e si avrà sulla lastra un punto scuro.

2) Se le due onde sono sfasate a 180 gradi, le energie si elideranno a vicenda e nessun punto verrà impressionato sulla lastra.

3) In tutti gli altri casi con vari gradi di sfasamento si otterranno punti con varie tonalità di grigio.

Eseguendo l'esperienza con un gran numero di raggi di luce provenienti ad esempio da due fenditure poste vicinissime su uno schermo collocato davanti alla lastra fotografica, si otterranno due serie di cerchi concentrici, chiari e scuri, che nelle zone di intersezione generano aree più scure e più chiare: queste figure sono chiamate appunto frange di interferenza.

Tali frange rappresentano appunto la prova inequivocabile del carattere ondulatorio dei raggi di luce.

Questa natura ondulatoria della luce lasciava tuttavia parecchi misteri e parecchie domande non risolte.

Primo fra tutti il problema della sostanza che permette di trasportare l'onda luminosa.

Quando lanciamo un sasso in uno stagno generiamo nell'acqua delle onde concentriche; così come quando udiamo un suono sappiamo che delle onde sonore sono trasportate dall'aria.

Acqua e aria sono quindi dei «materiali di supporto» che, increspandosi, generano le onde, ma trattandosi della luce proveniente da una stella lontana, quale sostanza può servire da supporto nel vuoto siderale?

Si cercò di rispondere a tale domanda inventando il concetto di «etere»: una sostanza misteriosa, un qualcosa di non ben definito che permeava l'universo intero e serviva quindi da supporto alle onde luminose.

Questa soluzione era evidentemente artificiosa anche perché, con il passare degli anni, nessuno riusciva a vedere o a misurare questo misterioso etere...

Un altro problema che la teoria ondulatoria non risolveva era quello delle discrepanze profonde tra teoria ed esperimento sul cosiddetto irraggiamento del corpo nero.

Si indica con il nome di corpo nero un corpo avente la proprietà di assorbire qualunque onda luminosa (e anche non luminosa) che incide su di esso, senza rifletterne alcuna: un esempio classico di corpo nero comunemente citato è quello di una superficie coperta di nero fumo.

Una importante proprietà del corpo nero è che esso, quando venga fortemente riscaldato fino a raggiungere il colore bianco, emette luce contenente tutte le frequenze del visibile.

Secondo la teoria classica ondulatoria della luce emessa dal corpo nero, tale luce non solo deve contenere tutte le frequenze del visibile ma, alle frequenze più elevate, l'intensità di tale luce deve raggiungere valori elevatissimi, tendenti addirittura all'infinito al crescere della frequenza, ciò che evidentemente sembra assurdo.

Sperimentalmente infatti si trova che lo spettro di emissione del corpo nero ha una forma a campana, con un'intensità centrale funzione della temperatura del corpo, e soprattutto con valori di intensità che decrescono rapidamente sia per le alte che per le basse frequenze.

Come si vede la discrepanza tra teoria ed esperimento non poteva essere più flagrante.

Nel 1900 il fisico Max Planck presentò una formula che metteva in relazione l'intensità dell'energia emessa dal corpo nero in funzione delle varie frequenze, che si adattava perfettamente ai dati sperimentali.

Tale formula, che non riportiamo per semplicità, includeva una costante h piuttosto misteriosa che permetteva appunto di far combaciare perfettamente teoria e dati sperimentali.

Tale costante h (chiamata poi costante di Planck) egli la battezzò «quanto di azione elementare».

Tuttavia, anche se la formula di Planck permetteva di risolvere moltissimi problemi rimasti misteriosi per lungo tempo, il significato fisico della costante di Planck rimaneva non chiaro, finché, alcuni anni dopo, Einstein ne diede una interpretazione soddisfacente.

Egli propose infatti che l'energia di qualunque raggio di luce (e quindi di qualunque forma di energia raggiante) non si presenta in natura con valori continui, come appunto prevedeva la fisica del tempo; essa è in realtà presente sotto forma di grumi di energia aventi valori discreti in funzione della frequenza della radiazione stessa.

L'energia di questi grumi, chiamati appunto «quanti», è data dalla nota formula

$$E = h\nu$$

Tutti i tipi di energia raggiante posseggono dei quanti che obbediscono a questa formula; essa si applica quindi a un campo vastissimo di fenomeni.

Ad esempio un raggio gamma di alta energia ha una frequenza dell'ordine di mille miliardi di miliardi di Hertz (10^{21}); a un valore circa un milione di volte inferiore troviamo le frequenze della luce visibile e a frequenze ancora un miliardo di volte inferiori a queste ultime troviamo le onde radio.

La luce e ogni altra forma di energia raggiante si presentano dunque in natura sotto il doppio aspetto di fenomeno ondulatorio e corpuscolare.

Il primo permette di spiegare alcuni tipi di fenomeni (come rifrazione, interferenza ecc.), mentre il secondo viene usato per spiegarne altri (effetto fotoelettrico, effetto Compton ecc.).

La teoria dei quanti rappresenta una pietra miliare nella storia della fisica e ha permesso progressi spettacolari anche nel campo degli sviluppi tecnologici.

Essa tuttavia, come spesso avviene per molte scoperte in fisica, ha segnato anche l'inizio di una nuova fisica ancora più strana e misteriosa, come vediamo subito.

Quanto esposto finora costituisce, in sintesi, la teoria dei quanti che si sviluppò durante i primi decenni del secolo scorso.

A partire dagli anni Venti e praticamente fino ai nostri giorni, lo studio più dettagliato del comportamento di questa strana natura duale onda-particella dei fotoni appartiene alla cosiddetta Meccanica Quantistica.

Un primo contributo fondamentale a tale teoria fu dato dal fisico Werner Heisenberg.

Egli partì da una intuizione geniale: le difficoltà che si incontrano nel volere fare delle misure nel mondo microscopico delle particelle sono dovute al fatto che a tali minuscole dimensioni le leggi della fisica classica non sono più valide.

Quest'ultimo mondo è governato essenzialmente dal principio di causalità e dal determinismo: se di un sistema conosciamo il suo stato a un determinato istante e le leggi che governano le trasformazioni possibili, allora possiamo dedurre, con tutta la precisione necessaria, anche tutti gli stati futuri del sistema.

Ciò viene continuamente confermato dal fatto che se facciamo delle misure troviamo i risultati che ci attendiamo.

Sembrerebbe logico e naturale quindi estendere questi principi e queste considerazioni anche al mondo microscopico delle particelle.

Solo che per queste ultime le misure che effettuiamo nel

mondo macroscopico non sono più possibili. Si tratta quindi di un credo senza prove.

Heisenberg intuì che per comprendere il comportamento delle particelle bisognava abbandonare le nozioni di causalità e di determinismo semplicemente perché la natura si comporta diversamente in tale mondo microscopico.

Questo tipo di ragionamento ci ricorda molto quello fatto da Einstein per la sua RR.

Come abbiamo visto prima, egli fece osservare che per misurare la lunghezza di una barra in moto rapidissimo, non è possibile usare il metro tradizionale.

Si dovrebbe poter disporre di segnali che indicano istantaneamente le posizioni della testa e della coda della barra; e questo è impossibile in natura dove il meglio che possiamo fare è di utilizzare segnali luminosi.

Allo stesso modo, per osservare e fare delle misure nel mondo microscopico delle particelle non si può procedere come per i fenomeni classici semplicemente perché i metodi di misura che dobbiamo impiegare debbono fare uso di strumenti (raggi di luce, quindi fotoni) che hanno le stesse dimensioni dell'oggetto che vogliamo investigare e che quindi la misura stessa ne verrà perturbata.

Queste considerazioni portarono appunto Heisenberg a formulare il suo famoso principio di indeterminazione, che rappresenta uno dei capisaldi della Meccanica Quantistica.

Tale principio afferma che vi è un limite inferiore invalicabile nella precisione con cui si possono misurare, contemporaneamente, due grandezze coniugate di una particella (come, ad esempio, la sua posizione e il suo impulso).

In termini matematici tale legge si esprime così

$$\Delta x \Delta p \geq h$$

dove Δx e Δp rappresentano le imprecisioni rispettivamente nelle misure della posizione e della quantità di moto (o impulso, $p=mv$) di una particella e h è la costante di Planck prima menzionata.

Le ragioni di tale invalicabilità sono facili da comprendere.

Immaginiamo ad esempio di volere misurare la posizione x di una particella.

Per far ciò l'unico metodo di cui disponiamo è di illuminarla, cioè di inviare su di essa un piccolo fascio di fotoni in modo tale che questi ultimi, interagendo con la particella, ce ne indichino la posizione.

Perché ciò avvenga, perché cioè un fotone possa interagire con la particella, bisogna che detto fotone abbia una lunghezza d'onda molto piccola, paragonabile alle dimensioni della particella, altrimenti quest'ultima non se ne accorgerebbe.

Aumentare la frequenza dei fotoni significa anche aumentarne l'energia, per cui al momento dell'interazione la nostra particella subirà uno shock che ne altererà la quantità di moto; abbiamo quindi fatto una misura precisa di posizione, ma abbiamo totalmente perduto l'informazione sulla velocità.

Nel 1924 il fisico Louis De Broglie ebbe un'altra intuizione formidabile che si rivelò in seguito vera e fu comprovata dall'esperienza.

Egli si chiese infatti perché solo i fotoni dovessero possedere questa dualità onda-particella: non era possibile che anche altre particelle dotate di velocità potessero avere un comportamento ondulatorio?

L'equivalenza massa-energia di Einstein, combinata con la formula di Planck

$E = mc^2 = h\nu$ e quindi $m = \frac{h\nu}{c^2}$

ci indica infatti che anche i fotoni hanno una massa equivalente.

Egli formulò quindi l'ipotesi che ogni particella di massa m e avente una velocità v possiede associata un'onda avente una lunghezza d'onda $\lambda = h/p$; si ha infatti

$E = pc = mvc = h\nu$; quindi $\lambda = c/\nu = h/mv = h/p$

Ne consegue, tra l'altro, che ogni particella, e non solo il fotone, deve subire i fenomeni di diffrazione; cosa che fu regolarmente provata, come vedremo tra poco.

Basandosi anche su tale ipotesi, il fisico Erwin Schrödinger formulò in seguito la sua famosa equazione che introduce la funzione d'onda ψ e descrive il movimento di ogni tipo di particella in un campo di forze.

L'equazione di Schrödinger (che non riportiamo per semplicità) e la funzione d'onda ψ sono delle espressioni matematiche che, come detto, permettono di descrivere il movimento della particella; purtroppo descrivere non significa misurare!

Tuttavia la funzione d'onda possiede un'importantissima proprietà: il quadrato di ψ rappresenta per ogni posizione della traiettoria la probabilità che si ha di trovare la particella in quella data posizione.

Come si vede, in Meccanica Quantistica si deve rinunciare totalmente al concetto cui siamo abituati nel nostro mondo macroscopico di misurare esattamente la posizione di un qualunque oggetto. In MQ si possono avere solo delle probabilità.

Se la probabilità è eguale a 1 la particella si troverà lì dove la cerchiamo; se la probabilità è 0 la particella non sarà lì.

Tra questi valori estremi vi è un'infinità di posizioni dove la particella potrà trovarsi, con probabilità varie.

Notiamo subito che, seguendo l'intuizione di De Broglie, l'equazione di Schrödinger e la sua funzione d'onda non descrivono solo il movimento di fotoni; qualunque particella in movimento ha anche una natura ondulatoria e possiede quindi una sua funzione d'onda e una sua lunghezza d'onda data dalla formula precedente (h/mv).

Essa potrà quindi subire il fenomeno di diffrazione se attraverserà una fessura di dimensioni paragonabili alla sua lunghezza d'onda.

Si può dire di più: qualunque oggetto in movimento, di qualunque dimensione esso sia ha una sua funzione d'onda e una sua lunghezza d'onda; solo che, vista la massa elevata, tale lunghezza d'onda risulterà infinitamente piccola e nessun fenomeno di diffrazione potrà essere osservato in pratica.

Anche una palla da tennis avrà una sua lunghezza d'onda. Se, per ipotesi (si tratta evidentemente di un'esperienza immaginata del tipo non valido, perché irrealizzabile), potessimo ridurre la palla da tennis alle dimensioni di un elettrone, assisteremmo a una partita incredibile.

I due giocatori (anch'essi evidentemente di dimensioni

microscopiche) giocherebbero con una palla che non si sa da dove viene né dove andrà a finire...

Scherzi a parte, questo comportamento sconcertante delle particelle in MQ ha fatto per lungo tempo pensare a molti che, in realtà, si possa trattare solo di una inadeguatezza dei metodi di investigazione, anziché di una vera legge della natura.

Ad esempio, se una monetina scivola nella fessura tra cuscino e spalliera di una poltrona, noi tutti osserviamo quanto sia difficile recuperarla: introducendo infatti la mano nella fessura non facciamo altro che allargare tale fessura, e la monetina precipiterà sempre più in fondo.

L'argomento evidentemente non è valido, basterà infatti usare uno strumento appropriato, ad esempio delle lunghe pinze, per recuperare la monetina.

In MQ invece nessuno strumento esiste che possa aiutarci a determinare in maniera univoca la posizione di una particella... la natura è proprio fatta così!

Le verifiche sperimentali della natura duale delle particelle furono in seguito molto numerose. Le più note esperienze furono fatte utilizzando elettroni.

Un fascetto di elettroni monocromatici e collimati viene inviato contro uno schermo sul quale sono state praticate due fessure sottilissime e a distanza piccolissima l'una dall'altra (misure paragonabili alla lunghezza d'onda degli elettroni incidenti).

Gli elettroni vengono diffratti nel passare attraverso le fessure e, interferendo dietro lo schermo (come descritto precedentemente) formano su una lastra fotografica le note frange di interferenza.

Queste sono una prova inequivocabile della natura anche ondulatoria degli elettroni.

Ma vi è di più, molto di più...

Eseguendo la stessa esperienza, ma inviando ora un elettrone alla volta (ciò è possibile usando particolari strumenti) si osserva un fenomeno incredibile: aspettando un tempo sufficiente, sulla lastra fotografica si formano ancora le frange di interferenza!

Questo fenomeno non ha che una spiegazione: l'elettrone interagisce con se stesso!

L'esperienza è stata ripetuta innumerevoli volte con precisioni sempre maggiori: il risultato non cambia.

La conclusione evidente è che l'elettrone si presenta contemporaneamente davanti alle due fessure... e le imbocca ambedue.

L'elettrone non occupa *realmente* una posizione ben definita, esso può trovarsi, e si trova in realtà (come prova la precedente esperienza), in varie posizioni contemporaneamente con probabilità date dal quadrato dell'ampiezza della funzione d'onda (**ubiquità dell'elettrone**).

L'interpretazione della indeterminazione di Heisenberg non è quindi quella di una nostra carenza operativa nel misurare contemporaneamente posizione e impulso di una particella; quest'ultima non ha *realmente* una posizione e un impulso ben definiti.

Le stranezze della MQ non si esauriscono certo qui!

Abbiamo visto che la funzione d'onda ψ fornisce, con il quadrato della sua ampiezza, solo una distribuzione di probabilità sulla reale posizione della particella.

Tuttavia, quando effettuiamo la misura in un determinato punto, troviamo (o non troviamo) la particella stessa; tutte le altre possibili posizioni aventi pertanto una probabilità non nulla di essere valide, sono sparite come per incanto.

Vi è quindi una dualità stridente tra la situazione prima della misura e quella dopo la misura; la prima è retta dalla funzione d'onda che è assolutamente deterministica e fornisce precise probabilità, la seconda nella quale una sola e precisa posizione si manifesta in un modo del tutto casuale.

Questo fenomeno di rottura tra le due situazioni quando una misura viene effettuata è comunemente chiamato «collasso della funzione d'onda» ed è generale in tutto il mondo delle particelle quando un fenomeno quantistico viene osservato.

Si considera in generale che, prima della misura, lo stato del sistema è indeterminato. Esso è in realtà composto da una superposizione di vari stati possibili dei quali uno solo si manifesterà al momento della misura.

Vi è quindi in MQ questo strano fenomeno della misura (e quindi della persona che effettua la misura) come agente discriminante tra il mondo nascosto della funzione d'onda e il nostro mondo reale e macroscopico.

Insistiamo sul fatto che in MQ le particelle si trovano realmente in una superposizione di stati e che il risultato della misura è puramente casuale.

Si comprende quindi che un determinista come Einstein, di fronte a questa casualità pura, abbia esclamato «Der Herrgott würfelt nicht!» (**Dio non gioca ai dadi!**).

Sembra tuttavia che, storicamente, egli non abbia mai pronunciato tale frase... ma avrebbe avuto tutte le ragioni di pronunciarla.

Si pensò inizialmente che questi fenomeni quantistici fossero limitati al mondo microscopico e, quindi, non potessero avere alcuna influenza sul mondo macroscopico.

Il primo a scuotere autorevolmente tale idea fu Schrödinger quando propose la sua famosa esperienza immaginata, chiamata appunto «**il gatto di Schrödinger**».

In un ambiente completamente isolato dal mondo esterno, si trovano un gatto e una fiala sigillata contenente un potente gas mortale.

Vi è pure una piccola quantità di una sostanza radioattiva che è stata preparata in modo che si produca, in media, una sola disintegrazione ogni ora.

Il segnale della disintegrazione avvenuta, opportunamente amplificato da una elettronica che usa batterie assolutamente all'interno dell'ambiente, serve a sganciare un martello che cadendo sulla fiala la romperà; il gas liberato allora ucciderà il gatto.

La disintegrazione di un atomo è un fenomeno quantistico e, come tale, deve sottostare alle regole e leggi della MQ; in particolare avrà una sua funzione d'onda che collasserà solo al momento di una eventuale misura.

Questo significa che le due situazioni, disintegrazione sì e disintegrazione no, si trovano in uno stato di superposizione e che solo al momento in cui noi andremo a guardare dentro l'ambiente in questione, uno solo di tali stati si manifesterà.

Anche il gatto quindi, la cui vita dipende dalla detta disintegrazione, si trova in una situazione di superposizione di stati: gatto morto e gatto vivo.

Se ne conclude che, fino al momento in cui non apriremo la porta della stanza, il gatto si trova nell'incredibile stato di morto-vivo.

L'esperienza descritta è comunque un'esperienza immaginata, anche se essa, come detto, è del tipo assolutamente valido. Molti potrebbero pensare che vi sia comunque un qualche trucco non ancora identificato e che quindi non è possibile trasferire le bizzarrie della MQ nel mondo macroscopico.

Questo legittimo dubbio è stato definitivamente fugato da esperienze successive che hanno mostrato un chiaro comportamento quantistico in fenomeni macroscopici, esperienze che non riportiamo per brevità.

Vogliamo invece menzionare un'ultima stranezza, forse la più inquietante, della MQ, cioè il cosiddetto fenomeno della «non-località».

Si indica con tale espressione un fenomeno per cui sembrerebbe che un'informazione possa venire trasmessa tra due punti a velocità superiore a quella della luce, anzi in modo istantaneo; ciò è evidentemente in contrasto con quanto ci insegna la RR.

Vari esperimenti sono stati effettuati per mettere in evidenza tale fenomeno; noi riportiamo qui brevemente uno dei più famosi, quello fatto da A. Aspect e altri nel 1982.

Come sappiamo la luce ha una doppia natura, corpuscolare e ondulatoria.

Il fotone si propaga quindi anche come un'onda che vibra in tutte le direzioni lungo il suo cammino. Interponendo uno schermo particolare detto polarizzatore (l'esempio più comune è quello degli occhiali da sole polarizzanti) si riesce a ottenere della luce polarizzata, che vibra cioè in un solo piano, appunto il piano permesso dal polarizzatore.

Se ora poniamo un secondo polarizzatore dietro al primo, che chiameremo analizzatore, si possono verificare due casi estremi: se i due hanno lo stesso asse di polarizzazione (che per convenienza chiameremo orizzontale) allora la luce trasmessa dal primo passerà anche attraverso il secondo con una probabilità uguale a 1.

Se il secondo è orientato a 90 gradi rispetto al primo nessun raggio di luce passerà (probabilità 0).

In tutti gli altri casi, angoli cioè variabili tra 0 e 90 gradi, la luce passerà con probabilità tra 0 e 1 che dipendono dagli angoli prescelti.

Ad esempio se la probabilità è di 0,5, allora solo il 50% dei fotoni passerà e il restante 50% verrà bloccato.

Si tratta di un fenomeno puramente quantistico e quindi puramente casuale; non si può assolutamente prevedere quale fotone passerà e quale sarà bloccato.

Alcuni fisici, non volendo abbandonare l'idea di determinismo, ipotizzarono per molto tempo che questa casualità non fosse invero tale e che vi dovevano essere delle condizioni non ancora conosciute nei fenomeni quantistici (chiamate appunto variabili nascoste) che avrebbero certamente, una volta identificate, reso conto di tali stranezze.

Nel 1964 il fisico del CERN J. Bell dimostrò, con un celebre teorema (chiamato appunto teorema di Bell), che nessuna variabile nascosta può esistere che renda conto di tutte le peculiarità del mondo quantistico.

Il tipo di esperienza prima descritto è stato realizzato successivamente utilizzando questa volta due fotoni.

Eccitando opportunamente alcuni atomi di calcio questi, tornando al loro stato iniziale, emettono due fotoni in direzione opposta, a 180 gradi l'uno dall'altro.

Inoltre, per costruzione, essi hanno stati quantici (polarizzazione orizzontale e verticale) opposti. Abbiamo quindi due fotoni prodotti nello stesso istante, che viaggiano in direzioni opposte e i cui stati quantici si trovano in superposizione: quest'ultima verrà eliminata solo al momento di una misura.

Sul cammino dei due fotoni, e a parecchi metri di distanza, si interpongono due analizzatori polarizzati secondo lo stesso asse (ad esempio, orizzontale) e che quindi, come visto prima, bloccheranno o lasceranno passare ciascun fotone in modo puramente casuale.

Dall'altra parte di ciascuno schermo si noterà quindi che solo la metà dei fotoni incidenti è passata, mentre l'altra metà è stata bloccata.

Essendo lo stato quantico di ogni fotone formato dalla superposizione orizzontale-verticale, al momento di arrivare sull'analizzatore (misura) uno solo di essi si manifesterà in modo puramente casuale (probabilità = 0,5).

Facendo le osservazioni per una coppia di fotoni alla volta, si osserva tuttavia un fatto incredibile: i due fotoni della coppia hanno sempre un comportamento identico. Cioè o passano tutti e due o vengono arrestati tutti e due; non accade mai che uno passi e l'altro venga arrestato.

È proprio come se ciascun fotone sapesse quale sarà il comportamento dell'altro.

Sappiamo però che questo è impossibile perché significherebbe una trasmissione istantanea di un'informazione.

Alcuni fisici, i fautori delle famose variabili nascoste, hanno contestato la validità di questa esperienza perché, visto che i due analizzatori restano in posizione fissa e per lungo tempo, sarebbe possibile che, con un meccanismo ancora da chiarire, un'informazione che guidi i risultati dell'esperienza fosse scambiata.

Per fugare questi dubbi, Aspect e altri modificarono l'esperienza nel modo seguente: sul cammino di ciascun fotone dalla sorgente all'analizzatore, è stato inserito un particolare commutatore che è capace, a richiesta, di deviare il fotone (diffrazione) per mandarlo quindi su un altro analizzatore avente un asse di polarizzazione del tutto differente dal primo.

Questo commutatore ha come caratteristica fondamentale la sua estrema rapidità di azione. La commutazione, che può cambiare la direzione del fotone, è realizzata in pochi nanosecondi (miliardesimi di secondo).

È così possibile dare l'eventuale ordine di commutazione *dopo* che i due fotoni hanno iniziato il loro cammino.

In tal modo l'informazione su dove realmente il fotone arriverà non è conosciuta in anticipo e sarà poi troppo tardi per inviarla. Le distanze tra gli analizzatori sono di parecchi metri e quindi a parecchi nanosecondi-luce di distanza.

Il risultato di questa esperienza non cambia: ogni fotone sembra sapere sempre e istantaneamente il comportamento dell'altro e si comporta in conseguenza.

Esperienze dello stesso tipo sono state condotte varie altre volte, ottenendo sempre gli stessi risultati.

Più recentemente un gruppo di fisici del Politecnico di Losanna ha condotto l'esperienza facendo percorrere ai fotoni parecchie decine di chilometri dentro guide di luce; il risultato è sempre lo stesso.

Oggi si può quindi ragionevolmente pensare che se anche l'esperimento fosse ripetuto utilizzando distanze maggiori, addirittura distanze galattiche, il risultato non cambierebbe: ognuno dei due fotoni sarebbe sempre e istantaneamente a conoscenza del comportamento dell'altro.

La Relatività ci aveva mostrato delle stranezze; essa è tuttavia assolutamente deterministica.

Gli spazi sono curvi, gli orologi rallentano e le barre si allungano... ma tutto avviene in modo perfettamente quantificabile, ripetibile ed esprimibile in formule matematiche.

Tutto ciò sparisce in Meccanica Quantistica: l'indeterminazione e il caso sono insiti nella natura stessa di questo mondo microscopico. **L'imprevedibilità è totale.**

Principio Antropico

Nella sua forma più semplice e sintetica, il Principio Antropico (PA) può essere riassunto nella frase famosa (Hawking) «Le cose stanno come stanno perché noi esistiamo».

Questa frase lapidaria e quasi tautologica racchiude un significato ben più profondo di quel che la sua semplicità potrebbe lasciare intendere, e ha anche notevoli implicazioni epistemologiche.

Questo principio meriterebbe da solo un capitolo intero. Ricordiamo qui per sommi capi solo gli aspetti più salienti che ci interessano per continuare il nostro discorso.

Tutto cominciò una trentina di anni fa, quando Hawking, Carter e altri osservarono che l'universo tale quale ci si presenta oggi dipende essenzialmente dal valore ben specifico che una dozzina di grandezze fisiche presero al momento del Big Bang.

Tali grandezze sono, ad esempio, la massa del protone e delle altre particelle, il rapporto tra i valori delle forze fondamentali, le varie costanti universali ecc.

Essi in particolare rilevarono che anche piccolissime variazioni dei valori di queste grandezze, rispetto al loro valore attuale, avrebbero avuto conseguenze (per noi) catastrofiche sull'evoluzione dell'universo, avrebbero cioè prodotto universi del tutto differenti da quello che noi oggi conosciamo.

Ad esempio è stato calcolato che se la forza forte che lega protoni e neutroni dentro il nucleo avesse avuto un valore anche di pochissimo inferiore a quello che ha, nessun elemento pesante avrebbe potuto svilupparsi e l'universo corrispondente conterrebbe solo Idrogeno...

Altro esempio, se la costante di gravità fosse stata anche solo un po' più debole di quella che essa in realtà è, le stelle e i pianeti non avrebbero potuto coagulare dalla materia informe che popolava l'universo primordiale. E così via...

Queste riflessioni sono molto conturbanti e inducono a una serie di considerazioni.

Tutti i fenomeni che osserviamo in natura, tutti i fatti in generale di cui noi possiamo discutere sono soggetti a una legge fondamentale che è quella di causa ed effetto.

Non vi è nessun fenomeno che non abbia una sua causa e, per i fenomeni nuovi, noi cerchiamo e investighiamo per trovarne la causa. Inoltre è un assunto generale e naturale che la causa precede sempre l'effetto; è una legge di fisica e rappresenta la base stessa dell'epistemologia.

Se la terra gira attorno al sole (effetto) è perché esiste la forza di gravità (causa).

Se protoni e neutroni stanno insieme dentro al nucleo (effetto), è perché abbiamo (a fatica) identificato l'esistenza di una forza forte (causa).

E così via si potrebbe continuare all'infinito con gli esempi.

Constatiamo invece come questa legge immutabile che

lega causa ed effetto venga a mancare al momento del Big Bang; per la sua stessa definizione, niente poteva esistere prima di esso.

Quindi tutto ciò che è stato creato al momento del Big Bang non ha una causa precedente che lo giustifichi.

In particolare la dozzina di grandezze fondamentali di cui ci occupiamo, hanno preso al momento del Big Bang un valore che non può essere dedotto da nessuna osservazione precedente.

La sola cosa certa che possiamo dire (e qui sta in fondo il nocciolo del Principio Antropico) è che se tali grandezze avessero avuto un valore anche di pochissimo differente da quello che esse in realtà hanno, non saremmo qui a parlarne... per il semplicissimo fatto che l'uomo non sarebbe mai esistito.

La questione fondamentale che quindi ci si pone è perché le grandezze fisiche in oggetto hanno assunto, tra le infinite possibilità esistenti, quei valori che sono i soli a permettere la nascita della vita e quindi dell'uomo sulla terra.

Il Principio Antropico afferma appunto che la sola e unica ragione per cui le grandezze fondamentali hanno assunto il valore che oggi noi conosciamo al momento del Big Bang è che esse dovevano permettere la comparsa dell'uomo sulla terra!

Come in Meccanica Quantistica la particella ha bisogno di un osservatore per mostrarsi (collasso della funzione d'onda), così l'universo ha bisogno di uno spettatore per esistere!

È evidente che il capovolgimento epistemologico contenuto in tale affermazione è semplicemente grandioso.

Per la prima volta, crediamo, nella storia dell'Umanità si ipotizza che un effetto (la presenza dell'uomo) sia il responsabile di una causa (le condizioni iniziali del Big Bang).

Chiaramente le implicazioni teleologiche e quindi religiose di una tale affermazione non sono sfuggite a teologi e uomini di religione in generale, che hanno visto in tale principio una prova (quasi) scientifica della mano di un Creatore nel Big Bang.

Anche se le modalità dell'evoluzione dell'universo come

noi le conosciamo oggi sono totalmente diverse da quella creazione descritta nella Genesi, è pur vero che la finalità di un universo volto tutto alla nascita dell'uomo sembra avere notevoli riscontri religiosi.

Le ragioni per non credere a tale tesi (vedi anche capitolo II) sono almeno due.

La prima è che ci sembra assurdo, e quindi non lo crediamo, che un Creatore crei un universo come quello che noi conosciamo al momento del Big Bang per permettere, **15 miliardi di anni dopo**, la nascita dell'uomo. Sarebbe stato molto più semplice per Lui, una creazione in sette giorni, come appunto è descritto nella Genesi.

La seconda ragione risiede nelle dimensioni stesse dell'universo formato da miliardi di galassie, composte a loro volta da miliardi di stelle e pianeti e nel quale la terra occupa un posto insignificante.

Non comprendiamo quindi quale necessità per l'apparire dell'uomo rappresentino galassie e stelle distanti spesso miliardi di anni luce dalla terra...

Comunque sia, ripetiamolo, l'essenza del Principio Antropico è, e rimane che, fra tutte le possibili configurazioni e valori delle grandezze fondamentali che l'universo avrebbe potuto assumere al momento del Big Bang, sono risultate valide solo quelle che potevano permettere un giorno lo sviluppo dell'uomo.

Altrimenti non vi sarebbe nessuno oggi per osservare e studiare questo straordinario universo.

Come già accennato prima, questa definizione ha un sapore vagamente tautologico che non può certo essere considerato soddisfacente da un punto di vista epistemologico.

Essa infatti sembra lasciare irrisolta e senza alcuna risposta (altro che teleologica) la questione fondamentale del perché, tra le quasi infinite possibili condizioni iniziali, si siano proprio verificate quelle che avrebbero poi permesso la comparsa dell'uomo.

Varie ipotesi sono state proposte per dare al PA una connotazione meno teleologica e quindi più razionale: tra le più note ricordiamo quella di Linde che sostiene che al momento del Big Bang si creò una moltitudine di universi (bolle) ognuno con valori differenti delle costanti fondamentali.

Noi ci troviamo per caso, ma necessariamente, in quello che ha le costanti fondamentali che hanno permesso la comparsa dell'uomo.

Nel capitolo III, proponiamo una visione del tutto differente di tale principio.

Evoluzione

Di evoluzione parleremo ancora nel capitolo II; qui vogliamo solo fare una breve sintesi che metta soprattutto l'accento su quei concetti necessari come premessa alla tesi che desideriamo proporre.

Per questo faremo riferimento a quanto esposto nell'ottimo e chiaro libro del Prof. J. Monod, *Il caso e la necessità*; una caratteristica infatti dei grandi uomini è quella di esporre in modo semplice, comprensibile e soprattutto conciso, concetti che per altri richiederebbero decine di opere e migliaia di pagine.

Volutamente non ci occupiamo della primissima fase dell'evoluzione, cioè della comparsa stessa della vita sulla terra, sia perché essa da sola richiederebbe una lunga trattazione, sia perché non è strettamente necessaria per quel che vogliamo proporre.

Ci occuperemo solo di quanto è probabilmente avvenuto dalla formazione dei primi organismi unicellulari fino ai nostri giorni; un periodo di tempo stimato a circa 1 miliardo di anni.

L'evoluzione degli esseri viventi, dalle prime cellule fino ai nostri giorni, è regolata da tre meccanismi fondamentali: la duplicazione delle cellule, le mutazioni e la selezione naturale.

La **duplicazione** è il meccanismo fondamentale per mezzo del quale le cellule si moltiplicano. Ogni cellula si riproduce dividendosi (mitosi) in due cellule che sono la replica esatta della cellula madre.

Il fenomeno inizia con la duplicazione dell'elica DNA

contenuta nel nucleo, interessa poi il citoplasma e la membrana esterna.

Questo fenomeno è uno dei più potenti, antichi e ripetitivi meccanismi che si possono incontrare in natura; la prova ne è che esso si ripete, praticamente immutato da parecchi miliardi di anni.

Non sappiamo come esso sia iniziato né quando esattamente, sappiamo solo che una volta iniziato il fenomeno si ripete immancabilmente e monotono (la «necessità» di Monod) senza praticamente variazioni apprezzabili.

La cellula, dalla sua nascita alla morte vive solo per compiere due azioni: nutrirsi, filtrando opportunamente per osmosi le sostanze di cui ha bisogno, e riprodursi per mitosi.

Incidentalmente facciamo notare che a un'altra scala e con altre modalità, queste due sono anche le attività principali di tutto il mondo animale.

Se vi fosse solo il meccanismo di duplicazione per spiegare l'evoluzione, non esisteremmo; il mondo sarebbe infatti solo popolato da esseri monocellulari che poco si differenzierebbero tra di loro.

Il secondo meccanismo fondamentale, responsabile della evoluzione come noi la conosciamo e che continua ad agire tuttora, è quello delle **mutazioni**.

Una mutazione avviene quando, per cause soprattutto esterne, una qualche modifica si produce nel patrimonio genetico della cellula, cioè nel suo DNA.

Le cause di tali modifiche possono essere state e sono ancora molteplici: variazioni climatiche (glaciazioni), azione dei raggi cosmici, cambiamenti nella composizione dell'atmosfera, periodi di forte attività solare ecc.

Mutazioni possono anche avvenire per effetto di errori durante la trascrizione del DNA durante la fase di duplicazione; anche il meccanismo cieco e immutabile della duplicazione può commettere qualche forma di errore!

Insistiamo comunque sul fatto che le mutazioni debbono necessariamente avvenire nel DNA della cellula per avere una qualche influenza sull'evoluzione.

Infatti, una volta avvenuta la mutazione, è il meccanismo

implacabile della duplicazione che permetterà di ottenere non più una singola cellula con quella mutazione ma un numero grandissimo di cellule, tutte contenenti quella mutazione.

A questo punto vogliamo fare notare che quando parliamo di cellula intendiamo evidentemente parlare di cellule isolate, appartenenti cioè a esseri monocellulari nei primi periodi della vita, ma in seguito ci riferiamo a cellule appartenenti a esseri più complessi, come gli animali apparsi miliardi di anni più tardi.

Infine interviene il terzo meccanismo dell'evoluzione, quello cioè della **selezione naturale**.

Tra il grandissimo numero di cellule contenenti la mutazione (o mutazioni su mutazioni già preesistenti) è chiaro che alcune (la maggior parte) produrranno esseri che mal si adatteranno alle condizioni di vita in quel particolare periodo storico della terra, altre (poche) al contrario ne trarranno vantaggio e meglio si adatteranno al loro ambiente.

In conseguenza, le prime tenderanno a scomparire, le seconde invece sopravvivranno e si moltiplicheranno grazie alla duplicazione.

Facciamo a questo punto un esempio molto semplice. Consideriamo una gazzella (antenata della gazzella attuale) vissuta alcuni milioni di anni fa.

Ammettiamo che la conformazione fisica di tale gazzella fosse tale da consentirle di correre a una velocità massima di 60 km/h; a tale velocità essa poteva in molti casi sfuggire al leone (anch'esso antenato del leone attuale) che poteva raggiungere una velocità simile.

In tal modo esisteva un equilibrio tra le due famiglie dei leoni e delle gazzelle, con alcune gazzelle che riuscivano a fuggire e a riprodursi e alcuni leoni che vivevano a lungo perché avevano trovato cibo a sufficienza.

Ammettiamo ora che a un certo momento (momento nel senso dell'evoluzione, cioè che può essere durato migliaia di anni e anche più) si producano nelle caratteristiche fisiche di differenti membri della famiglia delle gazzelle due mutazioni: la prima (regressiva) comporta una riduzione della velocità massima dei suoi membri a 50 km/h, la seconda (evolutiva) al contrario aumenta tale velocità a 70 km/h.

È evidente che dopo un periodo di tempo più o meno lungo, non vi saranno più membri della prima famiglia perché essi saranno stati divorati dai leoni.

Resteranno solo i membri della seconda famiglia che potranno meglio prosperare e costituiranno l'evoluzione nella specie delle gazzelle.

In realtà il quadro non è completo perché è probabile che anche i leoni possano aver subito delle mutazioni simili e quindi una nuova razza di leoni più veloci prenderà il posto della prima.

Questo semplice esempio ci può far comprendere come un fenomeno che ha basi puramente casuali, come abbiamo visto, possa generare quel meraviglioso equilibrio che osserviamo oggi in natura e che può quindi far gridare al miracolo.

È chiaro che il numero di mutazioni durante questi miliardi di anni di evoluzione della vita deve essere stato grandissimo, così come grandissimo deve essere stato il numero delle cellule su cui esse hanno agito.

Di ciò ci si rende conto facilmente facendo il ragionamento seguente.

Come abbiamo già detto, le mutazioni possono avvenire sotto l'azione di un gran numero di fattori esterni o anche interni.

Tali fattori (e le mutazioni che ne seguono) sono puramente casuali; ciò significa che essi agiscono, diciamo così, in tutte le direzioni, producendo cioè mutazioni di qualunque tipo.

Di tali mutazioni, solo un numero piccolissimo è favorevole alla sopravvivenza.

Bisogna infatti che esse producano negli esseri che le ricevono delle modifiche che migliorino il loro adattamento alle condizioni ambientali.

Ora le condizioni ambientali a un determinato istante sulla terra rappresentano un piccolissimo campione di quelle che possono essere le condizioni ambientali su un pianeta in tutte le epoche della sua esistenza.

Ci vuole veramente un numero incredibilmente elevato di mutazioni casuali perché una di esse arrivi sulla giusta cellula al momento giusto!

È un po' come se una persona bendata, armata di una pistola sparasse in tutte le direzioni cercando di colpire una monetina di un soldo sospesa a un filo e posta a qualche chilometro di distanza.

Certo la probabilità di colpire il soldino esiste, ma egli dovrà forse sparare durante qualche milione di anni per riuscire nel suo intento...

Ma se ora invece di un solo uomo mettiamo alcuni miliardi di uomini armati di pistola, e se inoltre vi saranno alcuni miliardi di soldini a fare da bersaglio, ecco che la probabilità di fare centro si trasforma in reale possibilità.

Si tratta quindi solo di una questione di grandi numeri. Ciò che sembra miracoloso a prima vista diventa semplice e razionale.

Il caso e la necessità hanno realizzato il vero miracolo: le mutazioni e la selezione naturale, meccanismi puramente casuali, hanno trovato la loro immortalità nella duplicazione, meccanismo di pura necessità.

Nessun bisogno quindi di interventi soprannaturali, o di una teleologia occulta per spiegare il meraviglioso fenomeno dell'evoluzione.

La teoria che abbiamo esposto in modo così succinto è semplice, convincente e razionale: essa è quindi (vedi più avanti, Rasoio di Occam,) anche, con altissima probabilità, quella vera.

Capitolo Secondo

Tabula rasa

Le cinque semplici regole per combattere le credenze irrazionali. Distinzione tra Oggetti Irrazionali e Oggetti Razionali.

Come abbiamo accennato nell'introduzione, per costruire un edificio solido della conoscenza è anzitutto necessario dedicare particolare cura alle fondamenta.

È quello che abbiamo cercato di fare nel capitolo I.

Abbiamo anche visto che nel nostro caso le fondamenta rappresentano anche la demolizione sistematica e totale di tutte quelle credenze e superstizioni che ancora oggi troppo spesso mascherano la vera conoscenza. Tale opera di demolizione sarà difficile e dolorosa.

La difficoltà viene soprattutto dal fatto che molti degli argomenti che tratteremo, e dei quali vogliamo dimostrare l'infondatezza, sono spesso presentati o comunque intimamente legati a fatti o altri argomenti più solidi e magari con valide basi scientifiche.

L'eliminazione sarà anche dolorosa perché molte di queste credenze costituiscono la base stessa della nostra visione del mondo, quella che noi utilizziamo, magari in modo non cosciente, per prendere tutte le nostre decisioni.

Rinunciare ad esse può anche essere destabilizzante per molti; è come togliere la coperta a Linus, e ci si può chiedere legittimamente se tale azione sia proprio necessaria. Noi riteniamo di sì.

Non si può progredire nella conoscenza e nello stesso tempo credere in argomenti del tutto irrazionali.

Non si può, ad esempio, volere studiare in modo serio e scientifico la mente umana e credere nello stesso tempo alla metempsicosi o ad altre simili stranezze.

Non si può, altro esempio, esaminare razionalmente i fattori che agiscono sull'evoluzione di un bambino e credere nello stesso tempo all'influenza degli astri.

Come si vede non vi sono vie di mezzo: o si eliminano totalmente tutti gli argomenti irrazionali, o si rinuncia a qualsiasi progresso nella ricerca di una conoscenza vera.

Vediamo ora come intendiamo condurre questa attività.

Anzitutto desideriamo introdurre una piccola definizione semantica che ci sarà utile.

Gli argomenti irrazionali che vogliamo confutare sono di natura differente tra di loro, abbiamo infatti parlato di credenze, di superstizioni, di pseudo scienze ecc.

Decidiamo quindi che da ora in poi denoteremo tali argomenti irrazionali con il nome generico di Oggetti Irrazionali (OI), in contrapposizione ai quali useremo il termine di Oggetti Razionali (OR) per indicare tutti quegli argomenti scientifici o comunque razionali. Fatta questa semplificazione semantica, passiamo a esporre il nostro piano di lavoro. La confutazione di oggetti irrazionali non è cosa nuova né originale.

Centinaia di opere (forse migliaia) sono state scritte, nel passato come nel presente, per dimostrare l'infondatezza degli oggetti irrazionali.

Gli autori, spesso di grande prestigio, hanno utilizzato tutti i metodi e le dimostrazioni, quasi sempre di natura scientifica, per estirpare il flagello.

Come abbiamo già detto, i risultati sono stati invero modesti; mai forse come oggi gli OI sono presenti nella nostra vita.

Cosa possiamo noi dire di più contro tali OI che non sia stato già detto?

Quali argomenti possiamo usare per sperare di avere più successo di tanti illustri predecessori?

Diciamo subito che non disponiamo né di soluzioni miracolo né di verità rivelate.

Senza mai allontanarci da una trattazione scientifica e razionale, cercheremo tuttavia di esporre le nostre tesi usando, ove possibile, anche la logica e argomenti di ordine storico e filosofico che spesso apportano un contributo complementare e sinergico agli argomenti puramente scientifici.

Vediamo di approfondire meglio questo concetto.

L'argomentazione scientifica è per noi, che vogliamo restare in un contesto puramente razionale, lo strumento essenziale e insostituibile per ogni discussione e dimostrazione.

Tuttavia l'uso esclusivo di tale strumento può in certi casi non portare i risultati sperati; peggio, può addirittura produrre effetti opposti a quelli desiderati.

È noto, e lo abbiamo anche ricordato nell'introduzione, che l'uso e la difesa degli OI non è affatto appannaggio degli strati più ignoranti, e quindi più influenzabili, della popolazione; al contrario, vediamo oggi sempre più spesso persone cariche di diplomi farsi portavoce e anche promotori degli OI più disparati.

Le Istituzioni scientifiche d'altra parte, che dovrebbero vegliare sulla qualità e sull'integrità della vera Scienza (con la S maiuscola), forse in virtù di un malinteso liberalismo, o forse perché esse stesse contagiate dal virus dell'irrazionale, invece di osteggiare e fustigare adeguatamente tali deviazioni, spesso le incoraggiano e danno loro un pericolosissimo imprimatur.

Vogliamo alludere ad esempio alla creazione in varie Università di cattedre di parapsicologia, di omeopatia, all'organizzazione di conferenze e congressi sul paranormale o sull'astrologia, spesso patrocinate da Enti nazionali o regionali, alla presenza di scienziati (!) in dibattiti su ufologia, sul potere terapeutico delle pietre o dei braccialetti di rame ecc.

In tali condizioni è evidente che l'argomentazione scientifica, usata come solo metodo di confutazione, può risultare inefficace.

Infatti, quegli pseudo scienziati che difendono un particolare OI, avvalendosi delle conoscenze ottenute con un validissimo titolo di studio, iniziano una diatriba spesso molto sottile, dove verità si contrappongono a pseudo verità.

Diventa allora difficilissimo per uno spettatore che vuole

essere imparziale farsi una opinione ben definita, visto che tesi opposte sono difese da così autorevoli personalità.

Solo quando la dimostrazione scientifica è così chiara, evidente, da non ammettere alcuna ambiguità, allora, e solo allora, essa può essere utilizzata come unica argomentazione.

Ecco perché abbiamo detto che preferiamo, ove possibile, non scomodare la scienza o, almeno, scomodarla il più tardi possibile, nelle nostre prossime argomentazioni.

Noi crediamo infatti, e sarà questo uno dei punti importanti della nostra trattazione, che si possa dimostrare l'infondatezza della maggior parte degli OI con argomentazioni semplici che trattino in primo luogo del contesto nel quale gli OI stessi sono nati.

Il miglior metodo per demolire un OI è di descrivere con la massima minuzia quando, come, in quale contesto economico e sociale esso è nato, quali speciali circostanze hanno contribuito alla sua generazione e alla sua divulgazione.

Quando le condizioni di una tale dimostrazione esistono, quando cioè il contesto iniziale è ben conosciuto o può essere dedotto con sufficiente approssimazione, allora l'argomentazione scientifica diviene superflua, anzi, possiamo dire, essa rappresenterebbe un insulto al buon senso e alla ragione.

Per condurre questa impresa, e nello spirito di semplificazione menzionato, enunceremo ora alcuni principi, o regole di base, che intendiamo applicare nel seguito della nostra esposizione ogni volta che ciò sarà necessario.

Poiché i concetti contenuti in ognuna di queste regole sono molto generali, le richiameremo tutte le volte che sarà ncccssario pcr dar forza allc nostrc argomcntazioni.

Preferiamo quindi soffermarci ora in una spiegazione un po' più dettagliata sul loro significato, in modo che sarà poi sufficiente un semplice richiamo per comprendere che cosa vogliamo dire.

Per rendere ancora più semplici i riferimenti a tali regole, abbiamo dato loro dei nomi facili da ricordare e da interpretare.

Cercheremo di esprimere tali regole accompagnandole anche con qualche esempio sulla loro utilizzazione in modo che in seguito sarà ancora più evidente il loro significato nel contesto in oggetto.

La regola dell'asino che vola

Alcuni lettori sorrideranno per l'ingenuità dei termini scelti, ma quel che conta è la sostanza, non la forma.

Questa regola si applica a quei fatti, circostanze, ipotesi o teorie che non hanno alcuna evidenza né alcuna prova a loro supporto tranne la credenza di chi li enuncia.

Nessuno ha mai visto un asino che vola!

Si potrebbe fare una lunga disquisizione scientifica per dimostrare che un asino, per la conformazione dei suoi muscoli, per il suo peso e per mille altre ragioni, anche se munito di ali, non potrà mai volare; il buon senso ci suggerisce tuttavia che, a parte qualche riferimento mitologico a destrieri alati, nessuno ha mai visto direttamente o indirettamente un asino volare, essi dunque non esistono né sono mai esistiti.

A questo punto qualcuno, invero molto tenace, potrebbe obiettare che la possibilità di scoprire un giorno un esemplare di asino volante, ad esempio in qualche regione ancora inesplorata del mondo, non è matematicamente zero.

Ciò è vero; però in base a quanto detto prima tale possibilità deve essere minuscola, diciamo (senza avere fatto i calcoli) di uno su alcuni milioni di miliardi.

Per noi, come già accennato, ciò corrisponde all'impossibilità.

In definitiva dunque, se il nostro vicino ci invita a guardare fuori dalla finestra perché vi è un asino che vola, possiamo con certezza sorridere e continuare nelle nostre occupazioni, sicuri, così facendo, di non perdere il nostro tempo.

In funzione dell'argomento al quale si fa riferimento, la regola generale dell'asino che vola può essere formulata in due diverse maniere.

La prima, che chiameremo regola pura, fa uso soltanto di buon senso, logica e conoscenze comuni perché essa possa essere applicata con certezza.

Un esempio è contenuto nell'enunciato stesso della regola, per cui non è necessaria alcuna conoscenza particolare per confutare l'affermazione che un asino possa volare.

La seconda, che chiameremo regola scientifica, rende necessaria la conoscenza di fatti scientifici assolutamente provati, ma che possono non essere noti a tutti.

Intendiamoci, ciò non significa affatto che per applicare la regola scientifica dell'asino che vola sia necessario ogni volta effettuare calcoli o utilizzare dimostrazioni complicate.

La regola dell'asino che vola, sia pura, sia scientifica, è di applicazione immediata e non richiede alcuna particolare riflessione.

Vogliamo solo dire che in alcuni casi è necessario essere a conoscenza di risultati scientifici, basati su ricerche fatte da altri che sono durate magari tempi lunghissimi, che sono ormai universalmente provati e accettati nel mondo scientifico.

Un esempio di tale regola può essere dato nel caso delle cosiddette macchine a moto perpetuo.

Tali macchine hanno come base comune quella di produrre energia (sotto forma meccanica o termica, o elettrica ecc.) senza consumare energia o, comunque, consumandone in quantità inferiore a quella prodotta.

Tali macchine non possono funzionare perché in contrasto con il Secondo Principio della Termodinamica.

Come abbiamo detto nel capitolo I, tale principio non ammette eccezioni, quindi le macchine a moto perpetuo non possono (purtroppo!) essere costruite.

La nostra automobile che ci porta dalla base di una collina alla sua cima, 1000 metri più su, fa un lavoro utile che consiste nel vincere la gravità sollevando noi e l'auto stessa per 1000 metri.

Tale lavoro è ottenuto trasformando l'energia chimica di una certa quantità di carburante in lavoro meccanico del motore.

Se misuriamo il rendimento della nostra auto, cioè il rapporto tra il lavoro utile prodotto e l'energia impiegata bruciando il carburante (circa 10.000 Cal/litro), troveremo una cifra sempre molto inferiore all'unità: probabilmente esso risulterà del 10 o 20%.

Tutto il resto dell'energia è stato impiegato per produrre altro lavoro, per noi inutile, come vincere gli attriti del motore, il rotolamento delle ruote, riscaldare il motore stesso, vincere la resistenza dell'aria ecc.

Tutti questi fattori di perdita possono essere migliorati facendo dei prodigi di progettazione; il rendimento potrà così migliorare avvicinandosi il più possibile all'unità senza però mai raggiungerla, né tanto meno superarla.

Un modo forse più intuitivo per comprendere il perché di tale impossibilità è di considerare che una macchina avente un rendimento superiore all'unità significherebbe una creazione di lavoro e quindi di energia dal nulla; per l'equivalenza tra energia e materia (relatività) questo significherebbe anche una creazione di materia.

Ora tutti sappiamo che la materia, come l'energia, può essere trasformata, non creata (tranne, forse, al momento del Big Bang). Una tale macchina dunque non può esistere!

Malgrado questa evidenza, basata sul più noto e universalmente accettato principio di fisica, centinaia di inventori, soprattutto nel secolo scorso, ma anche ai nostri giorni, continuano a proporre seducenti macchine a moto perpetuo.

Anche in questo caso quindi, se il nostro vicino ci propone una macchina a moto perpetuo, anche se accompagnata da sapientissime disquisizioni sui principi meccanici e fisici sui quali essa è basata, possiamo tranquillamente rispondergli che essa non può funzionare, sicuri di essere nel giusto.

Il Secondo Principio della Termodinamica non può essere violato!

Questo esempio abbastanza semplice, ci mostra in modo chiaro quando la regola che abbiamo chiamato «scientifica» dell'asino che vola può essere applicata.

La regola dello zoom inverso

Si tratta essenzialmente del buon vecchio metodo di gettare nuova luce su un problema giudicandolo in un suo contesto più generale, piuttosto che limitarsi a sole considerazioni locali.

Lo zoom è uno strumento usato in fotografia che, limitando l'angolo della visione, consente di ingrandire un oggetto lontano o, più generalmente, permette di mostrare solo una piccola parte di un dato panorama.

Al contrario, lo zoom inverso allarga fortemente l'angolo della visione, mostrando così non solo l'oggetto o immagine che ci interessa, ma anche larga parte del mondo circostante.

Molti giudizi o opinioni su fatti o problemi che ci interessano possono spesso essere falsi, o comunque difficili da interpretare perché noi giudichiamo con una visione troppo ristretta del fenomeno.

È chiaro che la regola dello zoom inverso può essere applicata sia a considerazioni spaziali che temporali; si vedrà così, ad esempio, che fatti che ci sembrano avere un certo significato se considerati nel contesto della lunghezza di una vita umana media, possono assumere tutt'altra forma se visti nella prospettiva di alcuni secoli.

È stato ad esempio constatato, in modo obiettivo, che gli inverni sono stati più miti nell'ultima decina di anni di quanto non fossero stati in passato.

Tale fenomeno ha fatto nascere in molti l'idea che esista una qualche spiegazione (spesso molto fantasiosa) a questo apparente e progressivo riscaldamento del nostro pianeta.

L'applicazione della regola dello zoom inverso consiste, in questo caso, semplicemente nell'andare a consultare gli archivi dei servizi di meteorologia riguardanti gli ultimi secoli.

Si vede così che periodi di parecchi anni come quelli che stiamo vivendo si sono già ripetuti diverse volte nel passato e possono quindi essere attribuiti a semplici fluttuazioni statistiche (vedi prefazione).

Viene così a crollare la certezza (insistiamo, la certezza, non la possibilità) su ipotesi che vanno di moda, ad esempio sull'effetto del CO_2.

Regola dell'esempio o dell'esperienza immaginata validi

L'utilizzazione di esempi per chiarire concetti è pratica comune nella vita di tutti i giorni.

Come dice un vecchio adagio, un buon esempio vale più di molte pagine di spiegazioni.

Quando vogliamo spiegare una regola, rendere evidente a qualcuno un concetto astruso, o semplicemente vogliamo passare da un discorso generale a casi specifici, in tutte queste circostanze ricorriamo immancabilmente all'uso di esempi.

Molto vicino, e per molti aspetti simile, al concetto di esempio, è quello di esperienza immaginata.

Un'esperienza immaginata è una costruzione puramente mentale, nella quale descriviamo una situazione possibile che porti forza al nostro ragionamento; lo scopo è quello di giungere a conclusioni che dimostrino la nostra tesi, senza per questo dovere far ricorso a una vera esperienza che potrebbe essere anche molto complicata e di difficile realizzazione.

L'uso degli esempi e delle esperienze immaginate è uno tra gli strumenti di comunicazione più utilizzati e più potenti nei rapporti sociali.

Come tutti gli strumenti di comunicazione, essi presentano tuttavia inconvenienti e anche pericoli se vengono utilizzati in maniera non corretta, se essi si fondano cioè su ipotesi non valide.

Un esempio o una esperienza immaginata, per essere ritenuti validi, per potere cioè giustificare il loro impiego come strumento di convalida della ipotesi o argomento che vogliamo dimostrare, debbono rispondere almeno a un certo numero di criteri di base.

I) Essi debbono essere coerenti con l'argomento trattato; debbono cioè utilizzare immagini o situazioni della stessa categoria (anche in senso lato) o di tipo simile al soggetto trattato.

II) Essi debbono sempre essere possibili; in particolare non debbono mai essere in contraddizione con nessuna delle leggi fisiche conosciute.

Se queste ipotesi di base non sono rispettate, l'esempio o l'esperienza immaginata non solo, come già detto, non sono da considerarsi validi, ma possono portarci a conclusioni totalmente opposte all'effetto sperato.

Per rendere più chiaro questo concetto, facciamo alcuni esempi basati su situazioni correnti.

Esaminiamo, per prima cosa, le tre espressioni seguenti, ognuna delle quali comporta l'uso di un esempio o di una esperienza immaginata:

A) «...esaminiamo i vari mezzi di comunicazione, cominciando, ad esempio, dalla radio...»;

B) «...immaginiamo di essere a New York, di salire in cima all'Empire State Building, e di lasciar cadere da lassù un sasso...»;

C) «... immaginiamo di essere su Marte e di inviare verso la terra un raggio Laser...».

Queste tre frasi utilizzano in modo valido i concetti di esempio e di esperienza immaginata.

Nel caso A, infatti, tutti sappiamo che la radio è un mezzo di comunicazione.

Nella situazione B, niente ci impedisce, a parte il rischio di ferire qualcuno, di effettuare l'azione descritta.

Il caso C merita qualche riflessione perché si riferisce a un'azione mai effettuata sinora; ma nessuna legge di fisica o altro ci impedisce di asserire che essa sia possibile.

Consideriamo, invece, le seguenti altre tre espressioni:

D) «...per meglio comprendere come la respirazione si effettua nei pesci, consideriamo, ad esempio, il caso di un delfino...»;

E) «...immaginiamo di poter ridurre un uomo alla taglia di un microbo e di introdurlo quindi in una cellula vivente per modificarne in maniera opportuna il DNA...» (questo esempio ci ricorda lo scenario di un celebre film di fantascienza);

F) «...immaginiamo di tornare indietro nel tempo e di potere impedire l'assassinio di Giulio Cesare...».

Ognuna di queste tre frasi contiene una flagrante violazione di almeno uno dei due principi prima enunciati per decidere se un esempio o una esperienza immaginata sono validi.

Nel caso D infatti, non essendo i delfini dei pesci, è evidente che qualunque susseguente discussione basata su un simile esempio non valido porterà a conclusioni errate.

La situazione descritta in E è in contrasto con almeno una dozzina di leggi di fisica, di chimica e di biologia; ne enunciamo solo alcune.

1) Essendo i solidi praticamente incompressibili (a causa della barriera coulombiana), non è possibile ridurre un uomo alla taglia di un microbo.

2) Le molecole e gli atomi che compongono l'uomo considerato, ridotti di taglia a qualche miliardesimo della loro dimensione iniziale, non avrebbero più alcuna morfologia definita.

3) Le cellule così risultanti non avrebbero alcuna delle funzionalità proprie, ecc.

Anche in questo caso, quindi, nessun discorso serio può risultare da una simile ipotesi.

Sappiamo che la freccia del tempo è unidirezionale; nessun viaggio nel passato è quindi possibile, come ipotizzato in F (la teoria della relatività non esclude, invece, il viaggio nel futuro, come abbiamo visto).

Questo fatto evita, in particolare, il sorgere di quei paradossi temporali tanto cari agli scrittori di fantascienza (se io tornassi nel passato e uccidessi mio nonno, che cosa accadrebbe?).

Abbiamo precedentemente detto che l'uso di esempi o di esperienze immaginate non validi, porta a conclusioni non solo errate (e questo lo abbiamo dimostrato con i tre esempi sopra riportati), ma anche pericolose.

Desideriamo ora chiarire meglio questa seconda affermazione; e cioè, perché le conclusioni errate possono anche essere pericolose.

Ciò è dovuto soprattutto alle difficoltà che si possono avere in casi alquanto complicati nel giudicare senza ombra di dubbio se un esempio o un'esperienza immaginata sono validi oppure no.

Nelle tre frasi prima riportate questo giudizio è risultato facile e senza ambiguità.

In situazioni più complesse la non validità delle ipotesi può essere mascherata (volutamente o no) con ragionamenti sottili e disquisizioni fumose.

Se tali procedure vengono applicate, ad esempio, con lo scopo di farci comprendere un qualche concetto per altro molto complesso, il risultato sarà allora catastrofico.

Infatti, profondamente convinti di avere finalmente potuto comprendere un concetto così complesso (mentre in realtà non abbiamo compreso nulla), utilizzeremo questa supposta conoscenza come base per altre successive speculazioni; ecco perché abbiamo prima parlato di pericolo.

Vogliamo ora proporre due casi reali, basati quindi su fatti verificabili e inoppugnabili, che mostrino quanto il pericolo sopra accennato sia vero e abbia fatto, e continui a fare, le sue vittime.

Per far questo dovremo utilizzare alcuni concetti della fisica moderna o relativistica di cui abbiamo già parlato.

Esponiamo quindi il primo caso in oggetto.

La fisica classica e l'esperienza di tutti i giorni ci hanno insegnato che viviamo in un mondo a tre dimensioni; le classiche nozioni di larghezza, lunghezza e profondità permettono di definire completamente la posizione di ogni punto o oggetto nello spazio.

Sempre secondo la fisica classica (e la nostra esperienza), vi è un'altra grandezza fondamentale, il tempo, totalmente indipendente dalla nozione di posizione, e che si svolge secondo un'unica dimensione che comporta i concetti di passato, presente e futuro.

La fisica moderna relativistica ha dimostrato, senza alcuna ombra di dubbio, che la dimensione tempo non è affatto separata dalle altre tre di spazio, anzi essa costituisce una vera e propria quarta dimensione: noi quindi viviamo in realtà in un universo a quattro dimensioni.

Poiché questa quarta dimensione (o meglio, l'asse che la rappresenta) deve essere indipendente dalle altre tre spaziali (ci si deve potere spostare lungo l'asse di una dimensione pur rimanendo immobili rispetto alle altre, come avviene appunto nel comune spazio a tre dimensioni), ne risulta che la quarta dimensione deve essere perpendicolare alle altre tre.

Ammettiamo che già questa rappresentazione è incomprensibile (nel senso che non può essere recepita dalla nostra mente): per quanti sforzi possiamo fare ci è impossibile immaginare un nuovo asse di coordinate che sia contemporaneamente perpendicolare agli altri tre.

Abbiamo anche visto che in realtà il nostro universo è incurvato e che, ad esempio, il cammino più corto per andare dalla terra a una qualunque stella non è, come l'intuito ci suggerisce, una linea retta, bensì una curva definita dalle relazioni della RG (geodetica).

Questa visione dell'universo lascia in generale un po' sgomenti tutti, ma più in particolare chi si avvicina per la prima volta a tali concetti.

Il nostro sgomento deve essere condiviso anche dagli uomini di scienza, tanto che in molti libri che trattano dell'argomento e anche in molti corsi di fisica, essi cercano in vari modi (e con risultati vari) di suggerire metodi che aiutino a immaginare un universo a quattro dimensioni.

Il più usato di tali metodi, e quello che ha avuto il maggior successo, è basato sull'esperienza immaginata seguente.

Immaginiamo un universo a due dimensioni costituito da una immensa superficie sferica, come una grande bolla di sapone.

Perché l'esperienza sia significativa, dobbiamo anche supporre che non esista nulla all'interno né all'esterno della sfera, anzi che interno ed esterno non esistano del tutto, perché altrimenti vi sarebbe anche una terza dimensione.

In tal modo tutte le esperienze e misure che si possono effettuare, lo saranno solo in due dimensioni.

Per potere effettuare delle misure è necessario che vi sia qualcuno che le faccia; dobbiamo quindi ancora immaginare che questo universo a due dimensioni sia abitato da esseri intelligenti, anch'essi aventi solo due dimensioni.

Possiamo immaginare tali esseri come degli uomini estremamente sottili (in realtà infinitamente sottili), che noi chiameremo uomini sogliola.

Per dare consistenza alle nostre ipotesi, supponiamo che tali uomini sogliola siano spessi solo 1 millimetro, in modo che ogni esemplare si estenda sulla superficie sferica per circa 70 metri quadri.

La prima e la più semplice delle misure che uno scienziato sogliola vorrà effettuare sarà probabilmente la distanza tra due punti del suo universo.

Individuati quindi due punti sulla superficie sferica, che

chiameremo A e B, egli traccerà la linea più breve che unisce i due punti e affermerà che questa linea rappresenta la retta che li unisce.

Questa affermazione è per lo scienziato sogliola assolutamente naturale: la superficie sferica è infatti tutto il suo universo ed egli non sa e non può fare misure altro che su tale superficie.

Visto dal nostro mondo a tre dimensioni, lo scienziato sogliola ha invece tracciato un arco di cerchio massimo che rappresenta il tracciato più breve tra due punti su una superficie sferica.

La conclusione di questa esperienza immaginata è ora evidente: come lo scienziato sogliola nel suo universo a due dimensioni, anche noi nel nostro universo tracciamo la linea più breve tra due punti e la chiamiamo una retta.

Solo che, vista in un universo curvo e a quattro dimensioni, tale retta sarà invece una curva.

A questo punto la maggior parte degli ascoltatori o dei lettori di questa esperienza immaginata sembra siano folgorati dalla rivelazione! Essi sono infine riusciti a immaginare un universo a quattro dimensioni!

L'esperienza immaginata descritta è infatti molto arguta e ben congegnata.

Peccato che essa sia totalmente non valida e le sue conclusioni, quindi, non portino a nulla.

Le ipotesi su cui è basata l'esperienza immaginata non sono realizzabili.

L'uomo sogliola, abitante dell'universo a due dimensioni, che è l'elemento essenziale affinché delle misure possano essere fatte, deve infatti, per esistere, avere anche una terza dimensione.

Anche se noi abbiamo ridotto tale spessore a solo un millimetro nell'esempio, egli è pur sempre un essere a tre dimensioni; il risultato evidentemente non cambia se noi riducessimo lo spessore a un solo micron, o a un Angstrom, e così via.

Solo se il suo spessore fosse nullo, allora potremmo ragionevolmente parlare di un essere a due dimensioni che effettua delle misure in un universo a due dimensioni.

Ma in tal caso questo ipotetico essere non esisterebbe del tutto!

Come si vede, l'esperienza immaginata riportata rientra nella categoria che noi abbiamo etichettato come non valida.

Chi, basandosi su tale esperienza, ritiene di aver finalmente potuto immaginare un universo incurvato e a quattro dimensioni, è chiaramente in errore.

Il nostro universo è certamente incurvato e a quattro dimensioni, perché ciò è largamente provato dalla moderna fisica, ma quanto a potere recepire con la nostra ragione tale concetto, ne siamo ancora lontani.

Si tratta quindi di un concetto puramente irrazionale, come noi abbiamo definito tale affermazione nell'introduzione, a proposito di alcune implicazioni del Big Bang.

Passiamo ora a esporre un secondo caso di uso errato di un'esperienza immaginata.

Vogliamo parlare del cosiddetto diavoletto di Maxwell, che ha fatto scorrere fiumi d'inchiostro nella seconda metà del XIX secolo e fino a pochi decenni fa, e che ha a che vedere con il Secondo Principio della Termodinamica.

Si abbiano due recipienti ermetici, ad esempio due cubi aventi lo stesso volume, separati da una delle loro facce, riempiti dello stesso gas; denominiamo tali recipienti A e B.

Per non complicare l'esperienza, supponiamo che la temperatura sia la stessa nei due recipienti.

Nel primo recipiente A il gas si trova inizialmente a una pressione nettamente superiore che in B.

Se ora pratichiamo un forellino nella parete che separa i due recipienti, l'esperienza ci mostra che il gas a più alta pressione di A passerà in B (durante un intervallo di tempo che dipenderà essenzialmente dalle dimensioni del forellino e dalla differenza di pressione) finché una situazione di equilibrio sarà raggiunta: in pratica finché la pressione sarà la stessa nei due recipienti.

Questo è quanto accade se descriviamo il fenomeno in modo macroscopico; vediamo ora che cosa accade in maniera microscopica, considerando cioè le singole molecole di gas.

Ricordando quanto già detto, la pressione che un gas esercita sulle pareti del recipiente che lo contiene è proporzionale al numero di molecole di gas che urtano l'unità di superficie della parete (che dipende dalla sua densità) nell'unità di tempo, moltiplicato per la velocità media delle molecole (che dipende dalla sua temperatura).

Nel nostro caso quindi, la velocità media delle molecole sarà la stessa in A e in B (temperatura uguale) ma a causa della diversa densità, in prossimità del forellino che abbiamo praticato, vi saranno più molecole di gas che passeranno da A a B di quante ve ne sono che andranno in senso inverso. L'equilibrio si stabilirà quando vi saranno lo stesso numero di molecole che passeranno nei due sensi nell'unità di tempo.

L'esperienza immaginata che abbiamo fin qui descritto è certamente del tipo valido; infatti non solo essa è facilmente realizzabile ma, anche se la realizzassimo, vedremmo che essa si svolge proprio come l'abbiamo descritta.

Essa costituisce, in particolare, una riprova del Secondo Principio della Termodinamica, di cui abbiamo già parlato. Nel caso esaminato, tale principio afferma che l'Entropia del sistema composto dai nostri due recipienti, una volta messi in comunicazione, può solo crescere fino a un massimo rappresentato appunto dalla situazione di equilibrio prima descritta.

Una conseguenza che scaturisce da tale principio è che la trasformazione in oggetto è irreversibile; non è cioè possibile, senza spendere del lavoro esterno (ad esempio comprimendo il gas in B con una pompa, chiudendo poi il forellino e facendo ricspandere il gas restante in B fino a rioccupare il volume iniziale), ripristinare le condizioni iniziali.

In altre parole, non è possibile in un sistema isolato, che l'Entropia diminuisca.

A questo punto, uno spirito molto arguto ha immaginato, alla fine del XIX secolo, un proseguimento della nostra esperienza immaginata che, *apparentemente*, viola il secondo principio.

Immaginiamo che il forellino praticato nella parete che separa i due recipienti A e B sia munito di un diaframma che si può aprire e chiudere a volontà; si può pensare a una minuscola saracinesca che scorra (almeno teoricamente) senza attriti in modo che il lavoro di apertura e di chiusura possa essere considerato nullo.

Immaginiamo ancora che in prossimità del forellino vi sia un minuscolo esserino (il diavoletto di Maxwell, appunto) capace di manovrare la saracinesca prima descritta secondo la logica seguente: ogni volta che egli vedrà una molecola di gas in A che si dirige verso il forellino, la saracinesca sarà aperta; nel caso contrario, quando cioè sarà una molecola di gas di B a dirigersi verso il forellino, la saracinesca verrà chiusa.

È evidente quindi, che dopo un tempo appropriato, tutte o quasi tutte le molecole di gas di A saranno passate in B e che avremmo quindi ottenuto del gas ad alta pressione senza praticamente spendere dell'energia: questa è evidentemente una flagrante violazione del secondo principio.

Sappiamo che il Secondo Principio della Termodinamica è una delle basi della fisica, universalmente accettato e che non è mai stato trovato in errore.

Vi deve quindi essere un qualche vizio nascosto nella nostra esperienza immaginata.

Se applichiamo i nostri criteri prima esposti, possiamo subito dire che l'esperienza immaginata descritta è del tipo non valido (e avremmo ragione!) perché essa non può essere realizzata nel mondo reale: il diavoletto di Maxwell non può esistere nella realtà.

Tuttavia questa semplice affermazione, anche se, come detto, si dimostra in pratica sempre vera e ci risparmia inutili disquisizioni e perdite di tempo, in certi casi non è totalmente soddisfacente dal punto di vista speculativo. Essa deve quindi talvolta essere accompagnata da una adeguata spiegazione scientifica che chiarifichi ogni dubbio ed eviti di lasciare quel gusto amaro che in genere si sente quando qualcosa ci viene presentato come un dogma.

Tale spiegazione, nel caso del diavoletto di Maxwell, ha tardato molto tempo prima di essere fornita.

Dobbiamo infatti ammettere che l'esperienza immaginata in oggetto è stata ben congegnata; anche volendo mettere subito da parte l'idea assurda di un vero diavoletto, resta pur sempre suggestiva l'idea che un qualche congegno microscopico (di origine animale o costruito dall'uomo) possa agire sulla saracinesca senza dispendio apprezzabile di energia.

Bisogna infatti mettere in evidenza che l'essenza dell'esperienza immaginata non è tanto quella di decidere se il diavoletto sia realizzabile o no, quanto quella di decidere se l'azione che esso dovrebbe compiere ha bisogno di energia oppure no.

Ora, risulta dalle nostre ipotesi di lavoro che l'unico lavoro meccanico da compiere (il sollevare e richiudere la saracinesca) è praticamente nullo e tutto quello che il diavoletto deve fare d'altro è decidere se una molecola di gas si avvicina al forellino dall'uno o dall'altro recipiente: questa azione, diciamo «intellettuale», *apparentemente* non costa energia.

Si comprende quindi perché il paradosso in oggetto sia stato all'origine di innumerevoli discussioni.

La soluzione del mistero è arrivata molto più recentemente, negli anni Cinquanta (Szilard), quando la teoria dell'informazione si è affacciata sulla scena della fisica e soprattutto quando si sono stabilite delle relazioni nuove tra informazione ed Entropia (vedi capitolo I).

Come abbiamo già ricordato, l'Entropia di un sistema isolato può solo crescere fino a raggiungere un massimo quando il sistema si trova in equilibrio, che è anche la situazione di massimo disordine.

Si osserva anche che la quantità di informazione contenuta nel sistema (che è anche la quantità di informazione necessaria a descrivere totalmente il suo stato) diminuisce quando il sistema tende a uno stato di naturale equilibrio, cioè quando l'Entropia cresce; ciò si può facilmente intuire se si pensa che un sistema con più informazione è anche un sistema più ordinato.

Abbiamo già visto che l'Entropia e la quantità di informazione contenute in un sistema isolato sono grandezze strettamente legate, se non proprio equivalenti, solo che esse evolvono in direzioni opposte.

Se vogliamo applicare queste nozioni alla nostra esperienza immaginata, vediamo che il sistema dei due recipienti contenenti ambedue del gas alle stesse condizioni si trova in una situazione di massima Entropia (massimo disordine) e quindi di minima informazione; bastano infatti i valori di due variabili, la pressione e la temperatura, identici nei due recipienti, per caratterizzare lo stato dell'intero sistema.

Al contrario, dopo l'intervento del diavoletto, l'Entropia è diminuita (un certo ordine è stato introdotto), ma l'informazione del sistema è aumentata: sono ora infatti necessari due valori di pressione e due di temperatura per definire lo stato del sistema.

Questa informazione supplementare è stata introdotta quindi dal diavoletto che ha dovuto a ogni istante selezionare le molecole da far transitare attraverso il forellino.

Se si facessero dei calcoli precisi, si troverebbe che la somma delle informazioni utilizzate dal diavoletto nella sua opera di selezione, è identica all'aumento totale di informazione contenuta ora nel sistema e quindi alla sua diminuzione di Entropia.

La regola della falsa autorità

Si considera in generale autorevole, o più semplicemente la si definisce un'autorità, una persona che in seguito a studi approfonditi in un dato settore o a una esperienza lunga e provata in una specifica attività, meglio se tutte e due le circostanze si sono verificate, può emettere giudizi validi e «autorevoli» sull'argomento di sua competenza.

Questa definizione ci sembra chiara ed evidente; essa non necessita di ulteriori spiegazioni e possiamo quindi affermare con certezza che la persona rispondente a tali requisiti possiede una vera autorità in una data materia.

Se vogliamo investire proficuamente i nostri soldi, specie se essi sono il frutto di sudati risparmi, non ci rivolgiamo per consiglio al giornalaio, ma chiediamo consiglio a un fidato banchiere.

Lo stesso, se abbiamo dei disturbi agli occhi, andiamo da un oculista di chiara fama ecc.

Quello che vogliamo mettere qui in evidenza è il fatto che

spesso il significato di autorità testé descritto viene frainteso ed esteso erroneamente a campi dove esso non è assolutamente valido.

Sentiamo molto spesso affermare che la tale teoria o il tale fatto debbono essere veri perché così ha affermato il famoso e autorevole personaggio, anche se il detto personaggio è famoso e autorevole in una disciplina mille miglia lontana da quella in oggetto.

Noi stessi abbiamo assistito, ad esempio, a conferenze stampa dove si chiedeva a un premio Nobel per la fisica il suo giudizio sul controllo delle nascite o a un altro premio Nobel per la letteratura che cosa pensasse del pericolo rappresentato dalle centrali nucleari.

Il peggio è che poi le risposte dei due personaggi venivano presentate come autorevoli giudizi che avrebbero quindi potuto guidarci nel formarci una opinione sui due argomenti menzionati.

Questo tipo di falsa autorità è pericoloso e può indurre a risultati catastrofici quando è applicato nei processi decisionali di ogni genere, che possono andare dalla semplice formazione di una opinione personale su un dato fatto o avvenimento, a decisioni molto più importanti nel campo politico, sociale, della sicurezza ecc.

Ma vogliamo essere ancora più precisi e restrittivi sulla definizione di falsa autorità.

Affermiamo infatti che la falsa autorità può essere invocata, nel caso di una persona riconosciuta come esperta in un dato campo, non solo per affermazioni che esulano dal predetto campo, ma anche per affermazioni che pur appartenendo in senso lato al campo di esperienza dell'esperto, non sono tuttavia del suo preciso e limitato dominio.

Ci si può chiedere perché invochiamo un così grande rigore su questo argomento. La ragione è la seguente: ogni uomo nasce con un bagaglio genetico che dipende in gran parte dal patrimonio cromosomico della nostra razza, ma più specificamente da quello dei suoi genitori.

Sono così ereditati certi tratti somatici e del carattere, certe predisposizioni artistiche o sportive, e purtroppo anche la predisposizione a certi tipi di malattie.

A questo patrimonio di partenza se ne aggiunge un secondo, non meno importante, fornito dall'interazione con l'ambiente durante il periodo di sviluppo dalla nascita in poi.

Questo secondo patrimonio è particolarmente importante per la formazione del carattere e di tutto quell'insieme di caratteristiche che formano il bagaglio ideologico, sociale e politico di ogni uomo.

In definitiva si può affermare che ogni uomo è quello che è e crede in ciò cui crede perché così è nato e così si è formato.

Questo bagaglio lo accompagnerà per tutta la vita e, in particolare, governerà anche molte delle sue decisioni e dei suoi giudizi.

Tornando al nostro esperto, egli avrà acquisito la sua esperienza attraverso studi e ricerche approfondite che, in generale, nulla hanno a che fare con il suo patrimonio genetico-ambientale e che gli permettono ora di essere considerato una vera autorità quando egli esprime opinioni o emette dei giudizi su fatti e attività inerenti alla sua esperienza.

Il discorso invece cambia completamente quando egli è portato a fare delle interpretazioni o, peggio, estrapolazioni, anche se esse sono basate su questi stessi fatti. In questo caso ecco entrare in gioco il patrimonio genetico-ambientale.

Le interpretazioni dei fatti, quando esse non siano accompagnate da solide prove, almeno altrettanto solide che i fatti stessi, dipendono appunto in gran parte dal bagaglio genetico-ambientale della persona che interpreta.

Nessuno di noi è esente da questa regola: la perfetta obiettività non esiste, è solo un mito.

E così può accadere che un giudice con delle idee politiche ben definite, per quanto imparziale e onesto, dovendo giudicare due gruppi di persone accusate dello stesso reato, ma appartenenti a formazioni politiche opposte, mostrerà spesso maggiore empatia e indulgenza verso quelle più vicine alle sue idee e le cui azioni quindi si prestano, dal suo punto di vista, a qualche giustificazione.

Anche nel campo della scienza, che pure dovrebbe essere luogo di perfetta imparzialità e rigore assoluto, le interpretazioni di fatti certi sono spesso guidate dalle credenze e dal solito bagaglio personale degli scienziati che interpretano tali fatti.

Citiamo, ad esempio, il caso della Sindone di Torino.

La tradizione vuole che essa sia il sudario nel quale fu avvolto il corpo di Cristo, dopo la sua deposizione dalla croce. Nulla si sa della sua origine. Si sa solamente che essa apparve intorno al 1300-1400 e fu poi conservata per lungo tempo in un convento in Savoia e, in seguito, trasferita nella Cattedrale di Torino, dove si trova tuttora.

La Sindone si presenta come un lungo drappo di tessuto bianco sul quale appare l'immagine di un uomo di fronte e di dorso, come se il drappo fosse stato ripiegato per lungo su di esso.

L'immagine è abbastanza confusa ma si possono individuare su di essa dei segni di ferite che possono corrispondere a quelle attribuibili a una crocifissione.

La Chiesa non ha mai ufficialmente ammesso che la Sindone sia il vero sudario del Cristo deposto dalla croce, ma la tradizione popolare non ha avuto bisogno di questo imprimatur per considerarla e venerarla come tale.

Delineare una ipotesi oggettiva e razionale (che è sempre lo scopo di questo libro) sulle origini della Sindone non è cosa complicata (Rasoio di Occam, vedi più avanti).

Come è ben noto storicamente, nel Basso Medioevo era molto fiorente il commercio delle false reliquie di Santi: persone di pochi scrupoli e ancor meno senso religioso e morale, ma con molta sete di guadagno, avevano capito che il profondo misticismo e la ricerca di resti e reliquie da parte del mondo cattolico dell'epoca, poteva rivelarsi una immensa miniera d'oro. Bastava fabbricarle quelle reliquie tanto agognate!

E così ai pii cavalieri crociati che si recavano a liberare la Terra Santa venivano offerte in gran numero «autentici» pezzi della Croce, «veri» chiodi con i quali era stato crocifisso Gesù, spine della corona ancora macchiate del suo sangue ecc.

In un simile contesto non è impossibile che un gruppo di questi falsari abbia immaginato di creare la più spettacolare e la più drammatica delle reliquie: il sudario in cui fu avvolto il corpo di Gesù dopo la morte sulla croce. Ma come fare per dare a tale reliquia le sembianze dell'autenticità? Qui entriamo nel regno delle pure supposizioni. Citiamo quella che ci sembra la più probabile.

Anzitutto, l'uso di pitture e colori vari per dipingere l'immagine del Cristo sul tessuto, era certamente da escludere. Il probabile compratore infatti, un crociato cui la reliquia deve essere stata offerta a un prezzo altissimo, anche se pio e ingenuo avrebbe fatto un esame approfondito prima di pagare, e l'inganno sarebbe stato scoperto.

L'ipotesi più accreditata è che si sia utilizzato il cadavere di un uomo la cui corporatura e le cui sembianze somigliassero alle descrizioni dei Vangeli e, soprattutto, alla iconografia classica.

Un'ipotesi più orribile è stata fatta, secondo la quale si sarebbe crocifisso un uomo vivo al quale sarebbero state inferte, in più, le sevizie subite dal Cristo (colpo di lancia, flagellazione ecc.).

Visti la mancanza di scrupoli e il miraggio di un enorme guadagno dei falsari in oggetto, questa ipotesi, anche se orrenda, non ci sembra da scartare a priori.

Comunque sia andata, restava il problema di come impressionare il tessuto; se si avvolge infatti un cadavere così preparato in un tessuto, tutto quello che si vedrà saranno delle macchie di sudore, di sangue e altri umori, ma mai si vedrà l'immagine della Sindone che conosciamo.

Ancora una volta, l'ipotesi più probabile è che il cadavere sia stato unto con sostanze vegetali o minerali, magari selezionate dopo innumerevoli tentativi, che poi hanno lasciato l'impronta nota.

Solo un'indagine chimica o anche altri metodi che la fisica mette oggi a disposizione potrebbero dare una risposta su tale argomento (e anche su argomenti simili, come il sangue di San Gennaro ecc.).

Tali indagini, a nostra conoscenza, non sono mai state effettuate.

Ecco, questa che abbiamo presentato è l'ipotesi più probabile che si possa fare sulla Sindone, basata solo sui pochi fatti noti e su circostanze plausibili e razionali.

Essa è anche un perfetto esempio di applicazione di quella regola (regola n. 5) dell'evidenza che descriveremo tra breve.

Evidentemente questa ipotesi è contestata da chi crede, per fede, che la Sindone sia il vero sudario del Cristo; ma questo non ci disturba oltremodo perché sappiamo che fede e ragione vanno raramente d'accordo.

Quello che invece disturba è quando si vogliano utilizzare argomenti scientifici, e quindi razionali, per cercare di avvalorare la seconda ipotesi; ed è quello che è stato fatto e si continua a fare in tempi più recenti. La regola della falsa autorità deve allora essere invocata senza alcun indugio. Vediamo perché.

Il secolo appena concluso è incontestabilmente quello in cui la scienza ha avuto il suo maggiore sviluppo.

La scienza e la sua diretta discendente, la tecnologia, permeano completamente la nostra vita e le nostre azioni. Non è quindi da stupirsi se anche i fautori di tesi e argomenti non propriamente scientifici cerchino, quando possibile, un avallo o semplicemente un appiglio scientifico per dimostrare la credibilità dei loro asserti.

Per quel che concerne la Sindone, si è assistito specie negli ultimi decenni a una serie di studi e investigazioni tendenti a dimostrarne l'autenticità.

La Chiesa stessa, mostrando in questa circostanza una notevole apertura mentale, ha permesso che la Sindone fosse avvicinata da vari scienziati che hanno così potuto effettuare una serie di rilevazioni, evidentemente usando metodi non distruttivi, che non rovinassero cioè il prezioso tessuto.

Tutto comincia negli anni Trenta quando si consente a un fotografo di fotografare per intero l'immagine che appare, invero, un po' sbiadita e confusa sul telo.

Ed ecco la prima grande sorpresa: una volta sviluppato il negativo ci si trova di fronte a una immagine di notevole chiarezza sulla quale si possono distinguere un gran numero di particolari insospettabili all'esame diretto del tessuto.

In pratica il negativo dà un'immagine positiva del soggetto fotografato; in altre parole è come se il soggetto sul telo fosse stato impresso in negativo, cioè con i toni di scuro e di chiaro scambiati fra di loro. Evidentemente grande stupore e sgomento! Dobbiamo ammettere che ancora oggi questa constatazione non può non lasciare perplessi. Come potevano dei falsari imprimere un telo con una immagine in negativo molto tempo prima che la tecnica fotografica fosse stata inventata (si sa, infatti, come già detto, che la Sindone è comunque anteriore al 1600)?

Esaminati da un punto di vista razionale, tutto quello che si può affermare su questi fatti è che solo un'analisi chimico-fisica dell'impressione sul tessuto potrebbe svelare il mistero della sua origine.

I presunti falsari non immaginavano certo che un giorno il telo sarebbe stato esaminato fotograficamente. L'ipotesi più probabile è che la particolare sostanza da essi utilizzata per imprimere il telo abbia prodotto quello strano effetto.

Il suono di campane è evidentemente tutt'altro da parte dei fautori irriducibili dell'autenticità della Sindone: l'impressione del telo non è assolutamente spiegabile usando tecnologie umane! Esso è quindi stato impresso da qualche sorta di emanazione di origine soprannaturale.

Da notare, per inciso, che la parola emanazione è assieme ad altre parole come fluidi, energie, radiazioni, campi, forze vitali ecc., usata molto spesso quando si vuole indicare qualcosa di piuttosto nebuloso, arcano, che non si sa descrivere in termini chiari e scientifici, ma che produce comunque un grande effetto.

Tale affermazione è purtroppo stata fatta anche da parte di scienziati di chiara fama e quindi di grande autorità, ma che hanno in comune tra loro una evidente credenza religiosa.

In questi ultimi decenni le analisi e le conseguenti prove dell'autenticità della Sindone si sono succedute a un ritmo sempre più incalzante.

Un noto botanico ha analizzato al microscopio le fibre del tessuto e ha individuato in esse varie spore di piante che crescono solo nell'area del Mediterraneo orientale: «quindi» la Sindone è autentica!

Anche qui troviamo la solita discrepanza tra fatti scientificamente provati e interpretazioni di tali fatti spacciate come indiscutibili conseguenze. La Sindone è stata fabbricata in un'area del Mediterraneo dove tali spore esistono, ma quando? Guarda caso, la Palestina è anche l'area di predilezione dei falsari di reliquie del Medioevo...

Poi sono arrivati stuoli di dotti medici ed esperti che hanno esaminato in dettaglio le caratteristiche anatomiche del corpo del suppliziato; i risultati sono davvero sconcertanti tanto grande è la quantità e la qualità dei dettagli che essi sono riusciti a ricostruire da un'immagine che, tutto sommato, resta pur sempre abbastanza confusa.

Sono state così esattamente definite quante frustate ha ricevuto il suppliziato e il tipo di flagello usato, il famoso e terribile *flagellum* romano costituito da tante striscioline di cuoio terminanti con delle palline di piombo per straziare maggiormente le carni.

Si è inoltre stabilito che i chiodi erano piantati nei polsi del condannato e non nei palmi delle mani, come spesso rappresentato nell'iconografia classica; il palmo della mano infatti non reggerebbe il peso del suppliziato e tenderebbe a cedere.

Un gruppo di ricercatori americani, con l'ausilio di computer, è riuscito a vedere le impronte delle monete di Erode che, secondo la tradizione dell'epoca, venivano poste sugli occhi dei morti.

Questi fatti, interessantissimi per se stessi, sono stati presentati come prove dell'autenticità perché essi corrisponderebbero a costumi e abitudini della crocifissione ai tempi di Cristo, che difficilmente potevano essere noti ai presunti falsari (specie la storia dei chiodi).

A questo punto c'è da chiedersi: ma di che tipo di falsari stiamo parlando?

Evidentemente non si trattò di piccoli falsari da turisti, ma di veri esperti che utilizzavano le migliori tecniche e conoscenze dell'epoca.

Riferendoci ai nostri giorni è chiaro che non si tratta di quei piccoli imbroglioni che cercano di spacciare false monete d'epoca o manufatti pre-colombiani nei vari siti archeologici, ma di quelle categorie di falsari capaci di dipingere una tela di Rembrandt o di Modigliani, mettendo in imbarazzo, e spesso ingannando totalmente i più qualificati esperti del Louvre o della National Gallery. Vista l'importanza della reliquia e il lautissimo compenso che certamente ne sarebbe stato richiesto, i falsari utilizzarono certamente i migliori artisti, i più ingegnosi metodi e si informarono abbondantemente sui dettagli di una crocifissione d'epoca romana. Quest'ultima attività essi inoltre poterono certamente compierla in condizioni migliori delle nostre perché si trovavano sul posto dove i fatti avvennero e con parecchi secoli di anticipo rispetto a noi.

Alcuni anni fa, infine, la Chiesa ha permesso che frammenti del tessuto fossero sottoposti alla prova del Carbonio 14.

A tale scopo, tre differenti campioni di tessuto furono confidati a tre indipendenti e prestigiosi Istituti di ricerca.

Come si sa questa prova rappresenta il metodo più efficace oggi conosciuto per la datazione di reperti organici. Esso si basa sulla determinazione della quantità residua di un isotopo radioattivo del Carbonio, appunto il C14, presente in tutti gli esseri viventi, e in particolare nelle piante.

La quantità di C14 per unità di peso della pianta cui esso appartiene è nota e costante durante tutta la sua vita; non appena la pianta muore e viene ad esempio utilizzata, come nel nostro caso per fare una tela, la quantità di C14 comincia a diminuire con un periodo di dimezzamento di circa 5700 anni. Esaminando quindi la quantità residua di C14 presente oggi in un pezzetto di tela si può risalire in modo indubbio e con una buona precisione all'epoca in cui la tela è stata confezionata.

La risposta dei tre laboratori indipendenti cui i frammenti erano stati confidati è arrivata con il valore di una sentenza di Cassazione: la tela della Sindone è stata fabbricata intorno al 1200, confermando così senza ombra di dubbio l'ipotesi avanzata della falsa reliquia.

Molti degli scienziati, medici ecc., che avevano difeso a spada tratta l'autenticità della Sindone, non hanno accettato tale responso affermando gli argomenti più disparati che vanno da un errore nel metodo utilizzato fino alla frode pura e semplice.

Ciò ha davvero dell'incredibile: in nessun altro caso si è mai messo in dubbio il metodo del C14!

La *Gioconda* di Leonardo fu rubata all'inizio del secolo e successivamente recuperata dopo avventurose vicende: qualcuno avanzò l'ipotesi che potesse trattarsi di una copia, ma la maggior parte degli esperti concluse che essa era autentica.

Siamo certi che se, sottoposta alla prova del C14, si dovesse malauguratamente scoprire trattarsi di una copia, ad esempio del 1800, dopo un momento di grande e comprensibile sgomento, nessuno metterebbe in dubbio i risultati dell'analisi e ci si rassegnerebbe quindi alla triste verità.

Ma così non è trattandosi della Sindone! Essa **deve** essere autentica!

Tale è in certi casi il peso del patrimonio ideologico-religioso degli esperti cui avevamo fatto riferimento prima!

La regola dell'evidenza o anche dell'ipotesi più probabile: il rasoio di Occam

Questa regola esprime il concetto ben noto che, nel giudicare fatti o persone, non bisogna mai utilizzare criteri soggettivi, ma bisogna solo attenersi ai fatti.

Essa non produce mai la certezza che il nostro giudizio sarà quello corretto, ma statisticamente è quella, e quella sola, che ci darà la verità nel più gran numero di casi.

In altre parole, se consideriamo ad esempio un gran numero di avvenimenti sui quali dobbiamo portare un giudizio, l'applicazione costante di questa regola ci garantisce a priori che avremo ragione in un numero di casi che è il più grande ottenibile rispetto a qualunque altro metodo di giudizio che si possa utilizzare nelle stesse circostanze.

Evidentemente non potremo mai sapere a priori in quante circostanze avremo ragione, né tanto meno quali sono queste circostanze; ma, in mancanza di maggiori elementi di giudizio, l'applicazione della regola dell'evidenza è il meglio che noi possiamo proporre. Tale regola si presta certamente a critiche, alcune delle quali sono anche ben fondate.

Analizziamo quella che ci sembra la più importante ed evidente.

Tale critica dice che quando dobbiamo prendere una decisione, specie se importante e riguardante fatti gravi, dove ad esempio una vita è in pericolo, poco importa sapere che esiste un metodo di giudizio che dà le più grandi garanzie di successo mediamente su un gran numero di casi; quello di cui abbiamo bisogno è un metodo che ci dica come decidere immediatamente, per il caso in oggetto.

Tale tipo di critica non è corretto e si basa su un errore di interpretazione del metodo.

Il metodo dell'ipotesi più probabile non è il migliore perché esso ci permette di essere nel giusto, in media, nel più grande numero di circostanze; esso è il migliore perché, in ogni singola circostanza, ci indica il solo e unico metodo che presenta la più alta probabilità di essere corretto. Il metodo è quindi il migliore a causa della sua essenza, non per i risultati ottenuti.

In definitiva, cioè, l'essere migliore certamente nella media delle circostanze, è una conseguenza dell'essere migliore probabilmente (cioè con la più elevata probabilità) in ogni singola circostanza.

In altre parole, anche nel caso di decisioni gravissime che debbano essere prese, come quelle citate, non vediamo quale alternativa di giudizio possa esistere. Non possiamo purtroppo fare nulla se la natura non ci provvede di metodi infallibili di giudizio!

Altri metodi di giudizio, quali ad esempio l'intuito personale, la conformità con il cosiddetto pensiero corrente o il politicamente corretto, lasciamoli pure a chi vuol fare uso dell'irrazionale o vuole comunque mettere da parte il rigore scientifico.

Noi ci atterremo scrupolosamente all'analisi dei fatti, perché così facendo siamo sicuri che quanto discuteremo in seguito, globalmente rappresenterà la migliore possibile approssimazione della verità.

Questa regola dell'ipotesi più probabile è anche detta Il Rasoio di Occam.

Guglielmo di Occam (1285-1349), scienziato e filosofo inglese del XIII secolo, formulò infatti tale regola affermando che in quei fatti in cui un gran numero di informazioni e di indizi esistono e si mescolano in modo tale che la verità resti oscura, bisogna tagliare (con un rasoio appunto) via tutte le ipotesi e fatti non sufficientemente provati, in modo da lasciare un nucleo di circostanze di cui si è certi.

Le conclusioni più probabili dovranno quindi essere tratte dall'esame dei fatti contenuti in tale nucleo.

La regola del Rasoio di Occam si può applicare facilmente anche ai fatti di cronaca più recenti.

Esaminiamo, ad esempio, brevemente l'assassinio del presidente Kennedy, secondo i dati che conosciamo.

Kennedy fu ucciso nel 1964 da alcuni colpi di fucile sparati da Oswald, appostato nei piani alti di un edificio posto lungo il tragitto del corteo presidenziale.

Oswald risultò essere un simpatizzante di sinistra che odiava il presidente e che aveva fatto anche soggiorni in paesi comunisti, cosa piuttosto insolita a quei tempi per un cittadino americano. Questi sarebbero i fatti crudi e incontrovertibili.

A questi fatti si sono aggiunte le ipotesi più stravaganti.

Kennedy venne ucciso per un complotto della CIA che vedeva di cattivo occhio il presidente portare gli USA in una direzione troppo democratica e liberale.

Ipotesi non impossibile, ma estremamente improbabile perché non suffragata da nessuno straccio di prova.

Ruby uccise Oswald perché non voleva che parlasse e svelasse così i fatti e le persone coinvolte in un ipotetico complotto. Anche in questo caso nessuno straccio di prova.

L'ipotesi più probabile resta che Ruby riteneva di essere un buon americano e quindi odiava e doveva punire l'uomo che aveva assassinato il suo presidente.

Dei testimoni affermarono di avere udito più spari provenire da varie direzioni; inoltre nel famoso filmino di un dilettante si vede qualcosa come la nuvoletta di uno sparo dietro una siepe.

Delle migliaia di testimoni presenti quel mattino, solo pochissimi (crediamo due o tre) riferirono la circostanza degli spari multipli.

La famosa nuvoletta inoltre è così confusa sul filmino che potrebbe essersi trattato di qualunque altra cosa.

Anche questa ipotesi è quindi altamente improbabile e non può essere considerata come una prova.

Applicando quindi la regola del Rasoio di Occam, resta solo l'ipotesi più probabile, che cioè il presidente è stato assassinato da un uomo solo per ragioni personali.

E tale deve rimanere e rimane per noi, almeno fino a quando nuove prove valide verranno prodotte a suffragare qualcuna delle altre ipotesi.

Oggetti Irrazionali (1)

Le Grandi Questioni

Sin dalle prime pagine abbiamo spesso parlato delle Grandi Questioni e abbiamo anzi detto che esse rappresentano una delle ragioni per cui questo libro è stato scritto.

Non che si abbia la pretesa di dare una risposta soddisfacente ad esse, ma il nostro scopo è solo quello di tentare di aprire anche un piccolo spiraglio di luce.

Ma quali sono queste Grandi Questioni alle quali facciamo spesso riferimento senza averle mai ben definite?

È chiaro che si tratta di quelle domande che quasi tutti noi ci poniamo dall'età della ragione in poi e che hanno, in generale, a che fare con l'esistenza di Dio, con l'origine e il motivo della presenza dell'uomo, con le origini e il fato dell'universo ecc.

Probabilmente la domanda più importante di tutte e da cui tutte le altre derivano è la seguente: perché tutto ciò esiste?

La domanda non è nuova: Leibniz se l'era già chiesto circa 3 secoli fa...

Perché esiste un universo nel quale ci troviamo e ci poniamo delle domande su di esso?

Si può infatti immaginare, in modo puramente speculativo, che l'universo potrebbe non esistere e che, quindi, potrebbe non esistere niente.

Come abbiamo detto nell'introduzione, questo niente deve essere inteso come il niente assoluto: cioè non come la mancanza totale di stelle, pianeti ecc., ma come la mancanza anche dello spazio e del tempo... qualcosa quindi ancora una volta di inimmaginabile.

Ci si può quindi porre la domanda perché, invece di questo nulla assoluto, esista l'universo che noi conosciamo. E ancora una volta questa Grande Questione resta senza la minima risposta razionale.

Questa domanda, insieme con le altre prima ricordate e altre ancora dello stesso tipo e che noi abbiamo chiamato genericamente le Grandi Questioni, hanno in comune che per esse non vi è alcuna risposta razionale, una risposta cioè che possa essere percepita e giudicata accettabile dalla nostra ragione.

Come spesso accade in questi casi, quando non si trova una risposta razionale a un problema importante o a una Grande Questione, ci si rifugia nell'irrazionale.

Ecco quindi nascere quelli che abbiamo chiamato gli Oggetti Irrazionali (OI).

Usando un banale sillogismo, diciamo che le Grandi Questioni non hanno finora trovato una esauriente risposta e quindi hanno generato gli OI e, simmetricamente, gli OI sono nati ed esistono perché non vi sono ancora risposte alle Grandi Questioni.

La domanda spontanea che sorge a questo punto è la seguente: il fatto che una questione importante (o anche una semplice questione) rimanga desolatamente senza risposta è sufficiente per giustificare la nascita e la credenza in OI?

La risposta che noi diamo a questa domanda è sicuramente negativa e senza ambiguità.

La credenza nell'irrazionale non si giustifica, ma è comunque comprensibile che l'angoscia che si crea in noi quando non si possono avere risposte sufficienti a questioni fondamentali, possa indurre molti, forse la maggior parte di noi, a rifugiarsi negli OI.

Noi non abbiamo la benché minima intenzione di lanciare una crociata contro gli OI.

Non vogliamo fare ciò per almeno due ragioni: la prima perché sappiamo benissimo che molti altri, ben più preparati e competenti di noi, lo hanno già fatto senza ottenere alcun successo apprezzabile. La seconda perché conosciamo benissimo le ragioni di un tale insuccesso; gli OI spariranno solo quando risposte plausibili e chiare saranno date alle Grandi Questioni.

Ci vorranno quindi decenni, forse secoli prima che ciò avvenga e che quindi gli OI spariscano in modo naturale, come sono scomparse credenze e superstizioni solo quando il progresso scientifico ha portato prove inconfutabili della loro falsità.

Prima di allora ogni crociata anti OI avrebbe solo le sembianze di una battaglia donchisciottesca, e noi non amiamo combattere battaglie che sappiamo perdute a priori.

Ci si può allora chiedere perché, visto che nulla cambierà, insistiamo in questo capitolo a voler dimostrare l'infondatezza degli OI. Si tratta solo di una questione di onestà intellettuale.

Non possiamo infatti scrivere un libro il cui primo scopo è quello di aprire uno spiraglio su una possibile risposta alle Grandi Questioni, basando i nostri ragionamenti su ciò in cui si può credere, senza prima spazzare il campo da ciò in cui non si può e non si deve credere.

Iniziamo quindi ad analizzare alcuni tra i più importanti e più diffusi OI, iniziando da quello che è certamente il più antico e il più grandioso fenomeno nella storia dell'umanità, cioè la religione.

Nascita dell'intelligenza e del sentimento del soprannaturale

Come abbiamo ipotizzato nell'introduzione, l'uomo apparve sulla terra circa 100.000 anni fa. Naturalmente tale data va considerata con la massima approssimazione possibile per almeno due ragioni. La prima è che non si può parlare di apparizione sulla terra come di un momento singolare, dato che l'uomo è frutto di un'evoluzione che ha tempi lunghissimi e che tutto dipende anche da quali parametri si vogliano considerare come caratteristici per la definizione di uomo.

La seconda ragione è che tale data è stata ed è continuamente rimessa in discussione da nuovi ritrovamenti; basti pensare, ad esempio, al recente ritrovamento in Africa dei resti di Lucy, che farebbero retrocedere tale data a circa

2.000.000 di anni fa o anche di più (3 o 4 milioni di anni).

Comunque, che sia accaduto 100.000 o 2 milioni di anni fa, quel che è certo è che a un dato periodo dell'evoluzione delle grandi scimmie, una particolare modificazione cominciò ad apparire in una o più famiglie di antropoidi che portò lentamente alla nostra specie.

Tale modificazione fu essenzialmente comportamentale, ma fu certamente dovuta a un cambiamento più importante nelle facoltà cerebrali di quei nostri lontani antenati.

Tali modifiche e tale cambiamento vengono comunemente riferiti come la comparsa dell'intelligenza.

Che cosa si intenda con tale espressione è argomento estremamente affascinante che meriterebbe un trattamento più ampio. Per ora ci interessa soltanto mettere in evidenza che a un certo momento della sua evoluzione (momento che, come detto, deve intendersi a scala evolutiva e che può quindi durare decine o anche centinaia di migliaia di anni) il comportamento dei primi uomini cominciò a differenziarsi da quello degli altri animali sotto molti aspetti. Da un comportamento puramente istintivo, che è appunto caratteristica del mondo animale, si passò lentamente a un comportamento più elaborato e selettivo che è una caratteristica del nascere di una intelligenza di tipo nuovo.

Si dovrebbe infatti parlare più appropriatamente della comparsa di una intelligenza umana piuttosto che della comparsa dell'intelligenza *tout court*. Gli animali hanno infatti anch'essi un certo tipo di intelligenza che in molti casi può anche essere estremamente sviluppata e tale da far riflettere sulla sua reale inferiorità rispetto a quella umana.

Tuttavia, a un esame più approfondito ci si accorge che le manifestazioni della intelligenza animale, anche le più spettacolari, rispondono sempre a dei criteri di automatismo che possiamo definire come ripetitività, mancanza di evoluzione e comportamento istintivo.

Utilizzando un paragone che ci è molto caro, e sul quale torneremo largamente in seguito, possiamo dire che il comportamento animale si apparenta piuttosto a ciò che si può ottenere da un computer, che a un comportamento umano.

Un moderno computer, anche se molto complesso, può solo dare delle risposte compatibili con il programma che lo governa. Questo non vuol dire affatto che la risposta di un computer sarà necessariamente semplice e facilmente deducibile; un programma scritto da uno specialista può essere estremamente complesso e prevedere un gran numero di possibili variabili che ne modificano lo svolgimento in funzione di condizioni esterne presenti al momento della sua esecuzione.

Tuttavia non v'è dubbio che un buon analista, almeno altrettanto abile che il programmatore in oggetto, riuscirà sempre, magari dopo giorni o settimane di analisi, a determinare il comportamento del computer in qualsiasi circostanza: in altre parole il risultato fornito da un computer è sempre prevedibile e del tipo computabile.

Durante gli ultimi decenni si è sviluppata una nuova disciplina, chiamata Intelligenza Artificiale (AI), che cerca di mettere in atto meccanismi spesso nuovi e sofisticati per permettere a un computer di comportarsi il più possibile come un cervello umano. La manifestazione più interessante di tali ricerche è quella che ha permesso di realizzare dei computer che modificano il loro comportamento, quindi le loro risposte a stimoli conosciuti, in funzione di una esperienza acquisita con il tempo.

In altre parole, i programmi residenti nella memoria del computer non reagiscono più nella scelta di un'opzione, come un programma tradizionale fa, alle sole indicazioni ottenute nel momento dell'esecuzione, bensì essi tengono conto per determinare il loro comportamento futuro dei risultati ottenuti nel passato quando situazioni simili si sono presentate.

Si può quindi dire che tali programmi sono capaci di «imparare»; essi modificano la loro risposta (e quindi, per rendere l'immagine ancora più incisiva, il comportamento dell'automa che essi eventualmente pilotano) in funzione dell'esperienza. Ora, per definizione, tale esperienza non è prevedibile a priori e può quindi essere completamente aleatoria.

Si sarebbe quindi portati a concludere, a prima vista, che tali macchine abbozzino un comportamento quasi umano, giustificando così l'appellativo di Intelligenza Artificiale.

Riflettendo un istante ci rendiamo conto invece che non è così; tale comportamento è infatti assai comune nel mondo animale.

Il topo che, premendo il bottone rosso riceve una piccola scossa elettrica, mentre premendo il bottone azzurro riceve una piccola quantità di cibo, dopo un certo tempo fatto di errori (e dolori) imparerà a premere solo ed esclusivamente il bottone azzurro; esso avrà, quindi, imparato.

Alla stessa maniera la cavia posta in un labirinto, all'uscita del quale si trova il cibo, dopo molti tentativi infruttuosi e dopo avere percorso alcune volte (per caso) il giusto cammino, avrà sempre meno difficoltà a percorrere la giusta via: anche essa avrà dunque imparato.

Allo stato attuale delle ricerche quindi, i computer impiegati per l'AI permettono di simulare un comportamento animale, più che umano, per cui sarebbe più corretto dare a questa disciplina il nome di Intelligenza Artificiale Animale (AAI).

Ma allora, ci si chiederà, che cosa è che permette di distinguere in modo chiaro e incontrovertibile l'intelligenza dell'uomo da quella degli animali?

Certamente non è la bellezza o la complessità della realizzazione che permette di fare tale distinzione; se così fosse dovremmo concludere che il ragno, che costruisce dei veri capolavori di arte e di ingegneria, è un animale estremamente intelligente.

Sappiamo invece che esso si comporta come i computer sopra menzionati; il progetto e le azioni necessarie alla sua esecuzione sono contenuti in un programma immagazzinato da qualche parte nella memoria del ragno, e tale programma viene eseguito in maniera monotona un numero grandissimo di volte durante la sua vita.

In più tale programma viene trasmesso con il DNA alla prole del ragno, di modo che anche i figli saranno in grado di eseguirlo alla stessa maniera, senza variazioni.

Anche le celle degli alveari delle api sono costruite secondo le più rigorose regole dell'ingegneria: lo spessore delle pareti delle celle esagonali e gli angoli d'inclinazione dei fondi hanno esattamente i valori che permettono di ottenere il minimo uso di cera con il massimo di volume e di resistenza. Anche in questo caso, come per il ragno, si tratta solo di un programma.

Per rispondere in maniera semplice e concisa alla precedente domanda (che cosa distingue l'intelligenza umana da quella animale), diremo che, a nostro avviso, il carattere più appariscente è la capacità di inventare.

Altri pensano che la caratteristica saliente dell'uomo è la coscienza di sé; noi non siamo di questo parere perché niente vieta di pensare che anche gli animali possano avere una qualche coscienza di sé.

La capacità di inventare è invece facilmente verificabile e oggettivamente dimostrabile.

Inventare significa costruire, generare o comunque produrre un nuovo oggetto o un nuovo concetto senza, in linea generale, aver bisogno di una passata esperienza o, meglio, utilizzando in maniera nuova e originale la passata esperienza. L'attività inventiva ha qualcosa in comune con la creazione: ambedue sembrano, a prima vista, generare qualcosa dal nulla. Non per niente l'invenzione artistica viene anche detta creazione.

Torneremo più in là su questo interessantissimo legame tra invenzione e creazione e il lettore comprenderà meglio perché abbiamo aggiunto in modo sibillino la frase «a prima vista».

Comunque sia, l'atto di inventare sembra avere portato un salto qualitativo, una soluzione di continuità nell'evoluzione; usando il linguaggio prima ricordato, l'invenzione non è computabile, non può cioè essere dedotta da una precedente esperienza, non può essere generata da un algoritmo.

Quel nostro lontano antenato che, per ripararsi dal freddo, indossò per la prima volta la pelliccia di un animale ucciso per cibarsene, inventò il primo indumento.

E quell'altro antenato che per meglio cacciare e procurarsi del cibo, legò un pezzo di selce a un bastone formando così una lancia rudimentale, inventò forse la prima arma artificiale.

A questo punto non possiamo terminare questa parte introduttiva del capitolo senza fare alcune riflessioni su quanto detto a proposito dell'incapacità degli animali di inventare.

Citeremo tre esempi in cui tale affermazione sembra potere essere rimessa in causa.

Nel primo caso, si è introdotto in un acquario contenente un polpo, un barattolo di vetro trasparente chiuso da un tappo di sughero e contenente un gamberetto vivo.

Dopo alcuni tentativi vani, durante i quali il polpo avvinghiava il barattolo nella speranza di catturare il gambero, si è visto il polpo attorcigliare un suo tentacolo attorno al tappo, riuscire a estrarlo e raggiungere così l'ambita preda.

Il secondo esempio riguarda una coppia di topi che, avendo rubato un uovo di gallina, hanno risolto il problema del trasporto fino alla tana in un modo del tutto geniale: il primo topo, coricato sul dorso ha tenuto stretto l'uovo tra le corte zampette, mentre l'altro lo trascinava tenendogli la coda stretta tra i denti.

Del terzo esempio sono stato personalmente testimone durante una battuta di pesca subacquea nelle acque del Mediterraneo; un polpo al quale davo la caccia da un bel po', si era rifugiato in una anfrattuosità del fondo dalla quale mi era difficile farlo uscire a causa delle ridotte dimensioni del buco di accesso alla tana.

A un certo momento dalla tana mi viene lanciato contro (è il termine giusto) un qualcosa che non stento a riconoscere come un polpo di taglia molto simile a quello cacciato; solo che questo era visibilmente già morto da parecchio tempo.

Come si può notare l'azione ha tutte le caratteristiche di quelle che in guerra si chiamano diversioni o anche azioni per ingannare il nemico.

Non nascondo che rimasi molto impressionato dall'accaduto e abbandonai la caccia, mi sembrò infatti di non aver più di fronte un semplice animale, ma un essere ben più intelligente...

Questi tre casi, tutti rigorosamente autentici, sembrano mostrare nei protagonisti una qualche forma di attività inventiva nel modo come i nuovi problemi sono stati affrontati.

Specialmente nel primo caso, il polpo non aveva mai visto un barattolo, né tantomeno un barattolo con un tappo di sughero, eppure, dopo qualche approccio, è riuscito a inventare una soluzione. Come si vede, nel mondo animale troviamo uno spettro molto vasto e continuo di gradi di intelligenza che vanno dalla stupidità totale di certi insetti che continuano a mangiare un insetto più piccolo mentre sono, a loro volta, divorati da un animale più grande, fino agli esempi appena citati dove certe facoltà animali sembrano sfiorare dei comportamenti umani primitivi.

A questo proposito vorremmo azzardare una ipotesi che non può essere né confermata, né smentita ma che ha il vantaggio, se si dimostrasse un giorno vera, di gettare una luce nuova sulla storia dell'evoluzione sia dell'uomo sia dell'animale.

Lo studio dell'intelligenza animale è una disciplina molto giovane; anche tenendo conto di osservazioni fatte genericamente in passato, ci rendiamo facilmente conto che abbiamo informazioni su tale argomento che difficilmente vanno oltre qualche migliaio di anni. Troppo poco invero per rispondere alla domanda se vi è un'evoluzione dell'intelligenza animale.

Ricordiamo la regola dello zoom inverso, menzionata nel capitolo I, guardiamo cioè i fenomeni che ci circondano non più con i nostri tempi di osservazione di poche migliaia di anni, ma con i tempi dell'evoluzione, che sono di centinaia di migliaia di anni.

Non è allora impossibile immaginare che alcuni animali stiano proprio subendo quelle trasformazioni che un giorno forse li porteranno a un grado di intelligenza comparabile al nostro.

Tutto ciò sta probabilmente accadendo attorno a noi senza che ce ne rendiamo conto!

È possibile cioè che tra 100.000 o 200.000 anni il polpo o il topo o un'altra specie saranno la nuova razza intelligente della terra, dalla quale noi saremo forse scomparsi.

L'unica certezza è che noi siamo stati la prima razza intelligente sulla terra, se così non fosse infatti dovremmo avere trovato resti di razze che ci avrebbero preceduti.

Ma non è affatto certo che noi saremo l'unica e l'ultima!

Torniamo ora al nostro antenato nel momento in cui si

trova ancora nella preistoria ma del quale, grazie alle tracce esistenti, possiamo con una certa fiducia ricostruire le abitudini.

Egli vive in caverne con la sua famiglia, ha imparato a domare il fuoco che usa per scaldarsi e per arrostire le carni degli animali che ha cacciato.

Utilizzando pezzi di selce affilati e ossa di animali, egli ha anche imparato a costruire lance e frecce che gli permettono ora di procurarsi più facilmente il cibo e di proteggersi dal freddo utilizzando le pelli degli animali uccisi.

Ora accade un fatto estremamente importante: il nostro uomo primitivo comincia a riflettere e, soprattutto, comincia a porsi delle domande.

Finora la sua vita era stata, un po' come è quella degli animali, governata dalle necessità essenziali: andare a caccia, occuparsi della prole, mangiare, dormire, difendersi dai nemici sia umani, sia animali, accoppiarsi con la sua compagna ecc.

Ben poco tempo doveva restargli per riflettere; e anche in quel poco tempo i suoi pensieri dovevano essere più vicini a quelli della vita animale, legati cioè alle attività prima menzionate.

Ma qualcosa di nuovo è ora accaduto; la possibilità di una più grande elaborazione mentale permette all'uomo un comportamento sempre più evoluto rispetto ai suoi antenati.

Vogliamo alludere allo sviluppo di una coscienza evoluta di sé e del suo ambiente.

La coscienza è, come abbiamo accennato prima, assieme alla capacità di inventare, ciò che probabilmente permette meglio di distinguere il regno umano da quello animale.

Non discuteremo ora come sia nata la coscienza, sul suo evolversi e, soprattutto, su che cosa sia la coscienza; torneremo sull'argomento alla fine di questo capitolo.

Che gli animali abbiano o non abbiano coscienza, anche se limitata, di sé è un argomento sul quale il meno che si possa dire è che esso non fa l'unanimità degli esperti.

Noi siamo convinti che anche gli animali abbiano una qualche forma di coscienza di sé, anche se in una forma che possiamo definire embrionale rispetto a quella umana.

Tale convincimento deriva semplicemente dall'evidenza che l'evoluzione è un fenomeno continuo, dalla prima protocellula fino ai nostri giorni; essa non ammette quindi soluzioni di continuità.

In base a tale fatto e facendo a ritroso il cammino della nostra evoluzione, appare altresì evidente che la coscienza di sé dell'uomo deve essersi presentata in una forma sempre più primitiva fino a confondersi con quella animale al momento della grande biforcazione tra scimmie e uomo.

A partire da quel momento, la coscienza di sé degli animali non sembra avere più subito evoluzione.

Il nostro uomo delle caverne quindi, come abbiamo detto, comincia a riflettere e ad avere coscienza di sé e del mondo circostante.

Egli osserva le pianure che lo circondano, gli alberi, le montagne, gli animali, il mare e tutto il resto in maniera totalmente nuova. Queste cose e animali infatti gli erano già familiari, ma egli li aveva sempre osservati in funzione di una qualche necessità immediata e istintiva.

Gli animali, ad esempio, li osservava prima o per difendersi, in caso di bestie feroci, o per cacciarli, nel caso di possibili prede.

Lo stesso per le acque di un fiume che avevano interesse solo per calmare la sua sete.

Adesso invece si sorprende a considerare per la prima volta il mondo che lo circonda non solo per soddisfare una immediata necessità, ma per se stesso, per la realtà che esso rappresenta.

Il salto qualitativo è colossale; esso rappresenta il passaggio tra uno stato puramente animale, basato cioè sull'istinto e la necessità, a uno stato umano, basato sulla riflessione e la coscienza di sé.

E riflessione e coscienza di sé portano inevitabilmente a porsi delle domande.

L'uomo comincia a porsi delle domande, anzi diremo LE domande, poiché non si tratta di domande qualsiasi alle quali è possibile rispondere con un po' di riflessione ed esperienza; ma si tratta di domande fondamentali, quelle domande, per intenderci, che nell'introduzione abbiamo definito come le Grandi Questioni (GQ).

Chi siamo? Da dove veniamo? Perché si muore? Che cosa rappresenta questo infinito universo che ci circonda?

E infine, la grande questione per antonomasia, quella che precede tutte le altre e dalla quale, in fondo, tutte le altre sono derivate: CHI o CHE COSA ha prodotto tutto questo?

Come sempre accade nella storia dell'uomo, il progresso e l'evoluzione non producono solo effetti positivi, ma sono spesso accompagnati da conseguenze indesiderate che rappresentano il prezzo che è stato necessario pagare per potere godere di quei benefici effetti.

Questo effetto perverso deve averlo subito anche il nostro uomo primitivo. Il nuovo benessere e la nuova vita più confortevole che l'intelligenza gli regala, ora egli in parte li paga con l'angoscia prodotta dalle Grandi Questioni.

In fondo l'angoscia esistenziale non è affatto nuova; essa è nata qualche decina (o forse centinaia) di migliaia di anni fa, con l'apparire nell'uomo della coscienza di sé.

Le Grandi Questioni hanno un aspetto particolare, che le differenzia nettamente da tutti gli altri tipi di domande che l'uomo si può porre in altri campi: esse non ci lasciano requie finché una qualche forma di risposta non sia stata ottenuta, sia essa razionale o irrazionale.

Ciò non accade normalmente per gli altri tipi di domande che usualmente ci poniamo.

Quando ci chiediamo, ad esempio, come funziona il motore della nostra auto o il nostro televisore o, andando ad argomenti più complessi, come funziona una centrale nucleare o un raggio laser, queste domande normalmente non ci angosciano.

Sappiamo infatti che se abbiamo la volontà, il tempo e le necessarie conoscenze tecniche, ci basterà ad esempio consultare un testo appropriato, e la nostra curiosità sarà appagata.

Se una o più di queste condizioni non sono invece soddisfatte, questo non ci porterà certamente verso stress psicologici, infatti per evitare l'angoscia l'importante non è necessariamente sapere, ma piuttosto il sapere di potere sapere.

Per le Grandi Questioni, invece, non è così; sappiamo, o comunque sentiamo di non potere sapere, di non potere avere una risposta chiara e definitiva, del genere di quelle che ci aspettiamo per gli argomenti prima citati.

E così, il nostro uomo primitivo si accorge che molte delle cose e degli avvenimenti che lo circondano sono ammantati da un mistero profondo quanto al loro significato e alla loro origine.

Egli va a caccia e si ciba delle carni degli animali uccisi, ma si chiede chi gli ha messo tutto questo a disposizione. Il sole si leva ogni mattina con incredibile regolarità e gli dà la luce e il calore di cui ha tanto bisogno; ma chi ha messo il sole lassù?

E poi vi sono le montagne, i vulcani, i fiumi, il mare, e il cielo notturno con tutti quei puntini luminosi che brillano. Tutto ciò alimenta e aumenta il suo sgomento.

Egli sa di essere spettatore e, a volte, utilizzatore di questo mondo che lo circonda, ma sente soprattutto di essere estraneo ad esso e alla sua essenza. Egli non è in alcun modo responsabile della sua esistenza.

Come conseguenza logica, quindi, qualcuno o qualcosa deve essere responsabile della sua esistenza, deve averlo creato.

Il ragionamento è fin qui perfettamente logico, non fa la minima grinza; 100.000 anni fa, come oggi, i concetti di creato e di creatura implicano l'esistenza di un creatore.

A questo punto si tratta quindi di definire questa Entità creatrice, di trovare questo Primo Responsabile di tutto ciò che ci circonda.

Bisogna dire che il nostro uomo primitivo non ha che l'imbarazzo della scelta.

Non abbiamo la benché minima idea di quali siano stati i primi oggetti adorati da quei nostri lontanissimi progenitori.

La ragione, molto semplice, è che non c'è oggi più alcuna traccia di quei primi culti; tutto è andato consumato e distrutto dal tempo.

È già cosa difficilissima ed estremamente rara rinvenire qualche reperto fossile che si riallacci a quei primi antenati;

basti pensare allo scalpore e all'enorme interesse scientifico destato dai ritrovamenti, ad esempio, del cranio di Lucy (vissuta presumibilmente un paio di milioni di anni fa) o dell'uomo di Neanderthal vissuto «solo» qualche centinaia di migliaia di anni fa.

Figurarsi quindi se sia possibile trovare qualche traccia di quei primissimi culti.

Possiamo solo fare delle supposizioni, basandoci anche sull'esperienza di certe tribù primitive ancora esistenti o sulla testimonianza dei primi esploratori che visitarono tribù primitive nei secoli passati.

Il sole, la luna, i vulcani, i fiumi, animali come elefanti, leoni ecc. sono certamente oggetti o esseri che, per la loro importanza nella vita quotidiana, per la loro funzione o per la paura che essi incutevano, possono benissimo essere stati considerati come i primi oggetti di culto.

Le prime notizie più precise su tale argomento si possono avere a partire dal momento in cui gli uomini iniziarono a seppellire i loro morti.

Seppellire i morti, preparando loro spesso anche una tomba, non indica solo il desiderio di preservare i corpi dei defunti dagli attacchi immediati dei predatori e degli agenti atmosferici. Indica anche il nascere di una credenza nell'aldilà, come lo prova il fatto che nelle tombe anche primitive si trovano quasi sempre anche suppellettili e altri manufatti.

Religione e credenza nell'aldilà sono essenzialmente indissolubili. Non vi è infatti religione che non preveda, in qualche modo, la sopravvivenza di qualcosa di noi al di là appunto della morte.

Una morte intesa come completo annullamento e scomparsa di ogni traccia di noi è un concetto che è insopportabile oggi come doveva esserlo per quei lontani antenati.

Viviamo una vita talvolta lunga o anche breve, durante la quale proviamo ogni sorta di gioie ma anche di angosce; alcuni di noi creano imperi o grandi opere d'arte, altri, la maggior parte, più semplicemente conducono una vita semplice e onesta, ma tutti, indistintamente un bel giorno, anzi un brutto giorno, devono lasciare tutto ciò per sempre.

Questo fatto produce nei più un'angoscia profonda dalla quale si può venir fuori solo a prezzo di dolorose rinunce o di altrettanto dolorosi compromessi.

Nel primo caso si annulla il problema, si decide cioè di non occuparsene più. Nel secondo caso si aderisce a una religione o se ne crea una nuova.

Ambedue le scelte, come abbiamo detto, sono molto dolorose, ma le loro conseguenze e il loro modo operativo, sono totalmente differenti.

Annullare il problema significa che, magari dopo una lunga e sofferta riflessione, si è arrivati alla conclusione che, per quanti sforzi si possano fare, la risposta alle Grandi Questioni è comunque preclusa all'uomo e che quindi, piuttosto che cedere alle sirene dell'irrazionale o di perdere la ragione in inutili tentativi di spiegazione, è più saggio abbandonare il problema irresoluto e non occuparsene più, almeno finché nuovi elementi razionali non vengano proposti.

Si tratta evidentemente di una scelta razionale e, come tale, essa merita il massimo rispetto.

La scelta è comunque dolorosa perché rappresenta pur tuttavia una rinuncia, peggio una rinuncia forzata. In molti casi essa può venire percepita come una sconfitta.

Come abbiamo più volte ricordato, le Grandi Questioni hanno di particolare la loro tenacità, il fatto cioè che esse ci si ripresentano continuamente appunto perché non sono state soddisfatte da una risposta chiara ed esauriente.

Nel caso della religione, il disagio deriva dal fatto di dovere abbandonare la via razionale, di dover cioè fare un compromesso con l'irrazionale.

Da notare che questo disagio nella maggior parte dei casi è solo relativo o del tutto inesistente poiché la religione non è stata una scelta cosciente e voluta ma è dovuta all'appartenenza a un dato gruppo, popolo o semplicemente famiglia.

Siamo tuttavia convinti che anche in questo tipo di credenti, specie se dotati di cultura e conoscenza, la piccola scintilla del dubbio debba talvolta accendersi e con essa il disagio prima ricordato debba fare la sua apparizione.

Comunque sia, la scelta religiosa ha l'innegabile vantaggio che il Rubicone dell'irrazionale debba essere valicato una sola volta nella vita; dopo, la via è tutta tracciata.

L'avere delegato, infatti, le risposte alle Grandi Questioni a un Essere superiore che ha tutto creato e che tutto regola, fa sì che tutta la nostra vita e la vita stessa di tutto l'universo divengano in pratica solo dettagli di implementazione.

L'Essere superiore è infatti, per definizione, ineffabile, nel senso etimologico che Egli non può essere descritto, e questa Sua caratteristica elimina d'un colpo solo la possibilità di un discorso sulla sua natura, ed è anche onnipotente, cioè Egli ha la possibilità di eseguire qualunque azione, e ciò elimina ogni possibile discorso sui suoi limiti.

L'esistenza di un Essere superiore permette di dare, finalmente, una risposta appropriata a tutte le Grandi Questioni.

Il problema della morte viene praticamente eliminato da quasi tutte le religioni semplicemente negandolo; una parte di noi, chiamata quasi sempre anima, non muore mai, è immortale come il suo Creatore.

Le modalità di questa vita ultraterrena cambiano evidentemente secondo la religione considerata.

In alcuni casi l'anima, in funzione del suo precedente comportamento sulla terra, viene punita con periodi più o meno lunghi di permanenza in luoghi terribili, o premiata permettendole subito di raggiungere stadi di altissima beatitudine e perfezione, spesso in presenza del Creatore supremo.

In altre religioni, l'anima ritenuta meritevole viene premiata con favori e piaceri molto più simili a quelli che fanno la felicità degli uomini sulla terra.

In altri casi ancora, l'anima si reincarna in un'altra persona o animale ecc.

Vi sono evidentemente altre innumerevoli varianti sul discorso dell'anima, in pratica tante quante sono le religioni oggi esistenti.

Per il momento desideriamo solo continuare il discorso prima interrotto sul lungo cammino del nostro uomo primitivo sulla via della conoscenza e... dell'immaginazione.

Come dicevamo prima, egli deve aver creduto in un

primo tempo che la causa e l'origine di tutto quel meraviglioso mondo che lo circondava, e che comunque era a lui estraneo, potesse essere individuata in una di quelle entità a lui ben note ma che, per la loro alta funzione o per la evidente forza dimostrata, incutevano in lui rispetto e timore: il sole, il vulcano, il leone, il grande fiume ecc.

Successivamente, lentamente, durante periodi che possiamo stimare in decine di migliaia di anni, le sue capacità intellettive si sono sviluppate; le dimensioni e la complessità del suo encefalo (Sagan) hanno raggiunto livelli tali da consentirgli ragionamenti e concettualizzazioni del tutto nuovi.

Egli incomincia quindi, dapprima confusamente ma poi sempre più chiaramente, a intuire la vera natura di quelle entità che aveva ritenuto fino ad allora avessero dei poteri soprannaturali. Egli infatti uccide il leone, scala la grande montagna, devia il corso del fiume ecc.: non possono quindi essere loro i Grandi Artefici di quel meraviglioso universo che lo circonda.

L'ultima entità, tra quelle citate, che ha resistito più a lungo a questa opera di demolizione dei miti, deve essere stata quasi certamente il sole, probabilmente perché la più inaccessibile alla diretta sperimentazione; tanto che il culto del sole è continuato anche in civiltà abbastanza recenti come quella egizia o, ancora più vicino a noi, fino a pochi secoli fa con la civiltà inca.

Caduto un mito, se ne deve subito inventare un altro. Le Grandi Questioni non lasciano tregua!

Messi quindi da parte i miti primitivi, perché non più credibili in quanto demistificati da una conoscenza e da un ragionamento sempre più affinati, bisogna ora trovare dei validi sostituti che non possano così facilmente essere smentiti.

E poiché tutto ciò che è visibile, e quindi accessibile alla sua nuova forza di conoscenza, può appunto essere demolito da una osservazione più acuta, al nostro antenato (non osiamo chiamarlo più uomo primitivo perché stiamo appunto entrando nella storia) non resta che rifugiarsi nell'invisibile.

I Grandi Artefici debbono quindi essere invisibili. Nascosti in luoghi inaccessibili e quindi al completo riparo dagli sguardi indiscreti dei comuni mortali, essi ne governano totalmente la vita e la morte secondo regole e schemi che variano enormemente da una cultura all'altra e che hanno come solo limite l'immaginazione di chi li ha inventati.

Si tratta in generale di religioni politeiste, composte da un gran numero di divinità, dove ogni divinità è preposta a una particolare attività umana o che comunque interessa l'uomo.

Vi è così spesso un dio della guerra, un dio dell'oltretomba, un dio o una dea della fertilità, una dea dell'amore ecc.

La rappresentazione che i nostri antenati si facevano di questi dei è delle più pittoresche.

In alcuni casi (Egizi) essi avevano sembianze per metà umane e per metà di vari animali come cane, scimmia, aquila ecc. Ognuno di essi ha, come abbiamo già detto, una precisa funzione sia per spiegare i fenomeni naturali sia per governare la vita e la morte degli uomini.

Vale per tutti l'esempio della dea Nut splendidamente illustrato nella tomba di Ramses VI. Con il suo corpo allungato inghiotte il sole alla sera per poi espellerlo la mattina e rende conto in tal modo dell'alternarsi del giorno e della notte.

Altre religioni più moderne, come quella greco-romana, preferirono raffigurarsi i loro dei con sembianze e comportamenti umani.

L'Olimpo era popolato da uno stuolo di dei e dee con a capo un dio supremo, Giove, che facevano il bello e il cattivo tempo, in senso vero e figurato, sulle povere attività umane.

L'antropomorfismo non si limitava alle sole sembianze umane, ma andava ben oltre fino a coinvolgere i sentimenti e i costumi; questi dei infatti avevano umori e amori come quelli degli uomini e anzi, molto spesso, partecipavano direttamente alle vicende umane prendendo posizione per quello o quell'altro eroe.

Questi dei e dee non disdegnavano accoppiarsi con normali esseri umani, dando così origine a un altro stuolo di esseri intermedi, chiamati semidei, le cui gesta hanno fatto la delizia dei nostri antenati e hanno anche fornito il materiale per la stesura delle più belle odi e poemi dell'antichità.

Anche in questo caso, come per la religione egizia, ogni dio o semidio era responsabile di una ben specifica attività e a lui bisognava rivolgersi con preghiere e offerte, se si voleva intraprendere questa o quella attività con le migliori probabilità di successo.

Così per gli affari di cuore ci si rivolgeva a Venere, mentre se si doveva intraprendere un viaggio per mare il «ministero» implicato era quello di Nettuno; la guerra poi era l'affare di Marte mentre Vulcano sudava infaticabilmente nelle viscere della terra fabbricando armi e così via.

Ci limitiamo volutamente a questi pochi esempi di religioni politeiste a noi più vicine sia perché esse sono altamente rappresentative delle epoche considerate, sia perché, anche se ci spostassimo di alcune migliaia di chilometri, il discorso qualitativo non cambierebbe: l'uomo durante la sua evoluzione si inventa il tipo di religione che meglio si confà alle sue conoscenze e al grado del suo sviluppo mentale.

A questo punto, e prima di trattare di periodi storici a noi ancora più vicini, desideriamo arrestarci un momento per fare alcune considerazioni su quanto detto, considerazioni che ci serviranno tra breve.

Oggi guardiamo spesso con condiscendenza e malcelata ironia a quei fatti e avvenimenti raccontatici dalla mitologia greca o romana, chiedendoci come abbiano potuto quei nostri antenati inventare e soprattutto credere simili sciocchezze...

Ad esempio come credere che su una montagna banale come il monte Olimpo, che chiunque avrebbe potuto facilmente scalare per osservare quello che realmente vi era (anzi, non vi era), potessero abitare una miriade di dei che governavano il mondo.

Come potevano i nostri antenati credere a profezie, auguri e oracoli che dovevano predire l'esito di un amore, di una missione o di un viaggio, senza rendersi conto che il meccanismo di validazione di tali profezie era sempre lo stesso: se la profezia si avverava, allora il dio o l'oracolo in oggetto confermavano la loro infallibilità; se la profezia, invece, non si realizzava, allora la colpa era dell'insufficiente numero o qualità dei sacrifici offerti, o di qualche altra grave mancanza del richiedente.

Queste e altre cose oggi possiamo chiederci sulle credenze dei nostri antenati, e sorridiamo.

E, perché noi oggi sorridiamo? Perché oggi sappiamo con certezza che si trattava di inezie, di pura invenzione che, in altre parole, non vi era l'ombra di un sospetto di verità in quelle credenze. I nostri antenati credevano in tutte quelle cose che nell'introduzione di questo libro abbiamo riassunto con la frase «l'asino che vola».

Quel che vogliamo mettere in evidenza è che a credere in quelle assurdità non erano solo gli strati meno colti ed evoluti della popolazione; oratori del calibro di Cicerone o Demostene, grandi condottieri come Giulio Cesare o Alessandro, celebri scienziati come Archimede o Euclide, tutti, chi più chi meno, credevano negli dei e, probabilmente, prima di intraprendere una delle loro importanti attività, sacrificavano ad essi, esattamente come faceva la donnetta del popolo per implorare il ritorno del figlio sano e salvo dalla guerra.

Questo ci ricorda e dà maggior forza all'argomento citato nell'introduzione a proposito della falsa autorità; il fatto che i grandi uomini citati credessero con grande fede all'esistenza degli dei non dà alcuna legittimità all'esistenza stessa di tali dei.

Non ci stancheremo mai di ripeterlo, nelle questioni di religione, come in generale nelle questioni in cui l'irrazionale gioca un ruolo essenziale, l'opinione e le credenze dei grandi hanno lo stesso valore di quelle delle persone più modeste.

Continuiamo ora a seguire il faticoso cammino del nostro antenato sempre alla ricerca di una risposta soddisfacente alle Grandi Questioni.

Siamo così arrivati ai tempi moderni, intendendo con questo termine gli ultimi due o tremila anni che ci interessano più da vicino.

I tempi moderni

Prima di addentrarci in questo delicato periodo vogliamo fare alcune considerazioni che ci permettano di mettere in evidenza ciò che vi è di essenziale in quanto detto finora.

Abbiamo esaminato rapidamente quello che deve essere accaduto durante un periodo di tempo relativamente breve, che possiamo stimare a circa 10.000 anni, ma che per noi sono importantissimi perché costituiscono quello che comunemente chiamiamo la nostra storia. Un periodo nel quale le considerazioni fatte hanno una certa probabilità di essere piuttosto corrette perché documentate in modo più o meno completo. Quali conclusioni si possono trarre da questa breve analisi?

Riducendo all'essenziale il percorso religioso del nostro antenato, si può dire che egli è passato, durante il periodo esaminato, da una credenza in oggetti inanimati o anche animali, a una adorazione di esseri che spesso rappresentavano un misto di inanimato e umano, per arrivare infine agli dei dell'Olimpo, con sembianze essenzialmente umane.

Una domanda essenziale che dobbiamo porci è la seguente: perché tutto ciò è avvenuto? Perché cioè l'uomo è passato nelle poche migliaia di anni considerati, volendo semplificare al massimo, da una adorazione del Sole a quella di Giove, e via via fino alle religioni moderne?

La risposta che più comunemente si dà a questo tipo di domande è che anche questo cambiamento nelle credenze religiose fa parte dell'evoluzione.

Si intende con ciò dire che, così come l'uomo progredisce passando da un comportamento quasi animalesco ad attitudini sempre più dominate da un'intelligenza progressivamente crescente, così anche nel campo delle Grandi Questioni egli si rende dapprima conto che il creatore e regolatore di tutto l'universo che lo circonda non può essere un oggetto inanimato come il sole, anche se così magnificamente splendente e dispensatore di vita e di calore, ma deve piuttosto somigliare, questo misterioso dio, a un essere umano, ma con caratteristiche e poteri infinitamente superiori.

Infine, più recentemente, anche queste credenze vengono abbandonate per dar luogo a religioni più consone ad aneliti di uguaglianza e di giustizia che l'uomo sente crescere con violenta e crescente insistenza dentro di sé.

Questo concetto esprime ciò che abbiamo detto prima, cioè che l'uomo si crea sempre una credenza adattata alla sua intelligenza e alle sue conoscenze attuali: poiché queste ultime non hanno mai cessato di progredire, anche le credenze religiose debbono essere cambiate perché ormai obsolete. In altre parole, allorché una religione si trova in stridente contrasto con i fatti e/o con l'intelligenza, deve essere sostituita da un'altra religione più in armonia con il contesto dei tempi e con il sentimento comune.

Ma cerchiamo di essere più precisi e poniamoci la domanda del perché le credenze religiose evolvono nel modo che conosciamo. Qual è cioè la relazione tra accrescimento della intelligenza e delle conoscenze ed evoluzione delle religioni.

Religione e termodinamica

Nel capitolo sul Solido Edificio abbiamo parlato di termodinamica e, più precisamente, abbiamo esposto il famoso Secondo Principio che tanta importanza riveste non solo nell'ambito piuttosto ristretto della scienza, ma anche, e soprattutto, nella nostra vita di tutti i giorni.

Vista la sua importanza e la generalità delle sue applicazioni, il Secondo Principio ha avuto un gran numero di enunciati. Uno di quelli che più ci interessano lega il Secondo Principio all'Entropia.

Abbiamo visto che, semplificando al massimo, esso esprime il concetto che in un sistema isolato (e anche l'universo nel suo insieme può essere considerato tale) le cose vanno sempre nella direzione di una semplificazione e di una diminuzione progressiva delle differenze.

In termini scientifici si dice che l'Entropia di un sistema isolato può solo aumentare.

Questa legge universale è ben espressa in termini popolari dal famoso detto che la natura aborrisce il vuoto e le differenze; il vuoto tende a essere riempito da qualcosa e le differenze tendono a scomparire.

Esempi di questa tendenza universale verso l'uniformità ne troviamo molti attorno a noi, spesso anche dove meno ce lo aspettiamo.

Ammirando infatti la catena delle Alpi con i suoi picchi e le sue montagne frastagliate e comparandola con una catena piatta come il Giura, abbiamo davanti a noi un meraviglioso esempio dell'azione del Secondo Principio.

Anche senza bisogno di un esame geologico, possiamo subito affermare che le Alpi sono una catena giovane rispetto al Giura. Se aspettassimo abbastanza a lungo, milioni di anni, vedremmo che anche le Alpi perderebbero le stupende cime che ne fanno il vanto, per divenire una piatta estensione di grosse colline, proprio come il Giura...

Sappiamo inoltre che il Secondo Principio definisce l'irreversibilità delle trasformazioni; ciò significa che non vi è alcuna probabilità di vedere un giorno il Giura arricchirsi di alte vette e profili frastagliati.

Così anche, se mettiamo in comunicazione tra di loro due recipienti, uno contenente un gas ad alta pressione e l'altro un gas a bassa pressione, vedremo sempre che il gas ad alta pressione passerà nell'altro a bassa pressione, finché le due pressioni si equivarranno. Mai e poi mai, per via naturale (sistema isolato) avverrà il contrario. Perfino il diavoletto di Maxwell ha dovuto arrendersi a questa evidenza.

Cerchiamo ora di affinare un po' questi concetti di azione del Secondo Principio e di irreversibilità.

Come molte leggi e principi di fisica, anche il Secondo Principio ha un valore statistico. Questo significa che la sua validità è provata con una probabilità che si avvicina in maniera asintotica all'unità, ma che non raggiunge mai tale valore.

Esiste cioè pur sempre una possibilità anche infima che in circostanze particolari tale principio possa non essere valido.

Consideriamo ad esempio il caso prima citato dei due recipienti contenenti gas a differenti pressioni e messi in comunicazione a mezzo di un piccolo orifizio.

Se esaminiamo quello che accade in maniera microscopica sappiamo che grazie al fatto che la densità dei due gas è differente, vi saranno molte più molecole del gas ad alta pressione a passare attraverso l'orifizio nel recipiente a bassa pressione, piuttosto che l'inverso.

È importante invece osservare che vi saranno comunque delle molecole del recipiente a bassa pressione che passeranno nel recipiente ad alta pressione; quante, non possiamo dirlo trattandosi appunto di un fenomeno statistico.

Sappiamo solo che esse saranno sempre (e possiamo ripetere l'esperienza il numero di volte che vorremo) in numero molto inferiore a quelle del recipiente ad alta pressione che seguiranno il cammino inverso.

Trattandosi di un fenomeno statistico, esprimibile quindi solo a mezzo di probabilità, vediamo invece che la probabilità che tutte le molecole contenute nel recipiente a bassa pressione passino nel recipiente ad alta pressione e che nello stesso tempo nessuna delle molecole del recipiente ad alta pressione passi in quello a bassa pressione non è nulla, anche se certamente essa è estremamente piccola.

Quanto minuscola tale probabilità possa essere, non possiamo dirlo. Dato il moto disordinato e casuale delle molecole, bisognerebbe calcolare la probabilità che tutte le direzioni di tale moto nel primo recipiente a un certo momento non puntino verso l'orifizio e che, contemporaneamente, tutte le direzioni delle particelle nell'altro recipiente puntino verso l'orifizio. Non so se questo calcolo sia mai stato tentato o anche se solo sia possibile.

Per certo siamo invece sicuri che la probabilità risultante deve essere molto piccola, quasi nulla; bisognerebbe certamente ripetere l'esperienza milioni di volte sulla terra e durante milioni di anni, per vedere l'evento realizzarsi.

In modo simile si può mostrare che la probabilità che uno stesso numero esca 100 volte di seguito alla roulette non è nulla, ma praticamente si avvicina allo zero.

In questo caso il calcolo si può fare facilmente e risulta che tale probabilità è di 1 su 10 seguito da 163 zeri: anche ammettendo di giocare con tutte le roulette esistenti al mondo contemporaneamente, non basterebbe tutta l'età dell'universo (15 miliardi di anni) per riuscire ad avere una simile chance!

Ciò non significa che si debba necessariamente attendere un tempo così lungo, trattandosi di fenomeni casuali, esso potrebbe anche avverarsi alla vostra prossima visita al casinò...

Eppure... eppure tali eventi praticamente impossibili in natura avvengono **e quindi l'impossibile può prodursi**.

L'esempio più evidente di questa affermazione è la nostra stessa presenza qui, ora.

La comparsa della vita sulla terra e la susseguente evoluzione che è proseguita fino a giungere alla presenza dell'uomo è certamente l'avvenimento che più contrasta con il Secondo Principio.

Si è passati quindi dalla materia inorganica, bruta e poco organizzata (alta Entropia) a forme di organizzazione sempre più perfezionate fino a giungere a quel meraviglioso strumento di ragionamento (bassa Entropia) che è il cervello dell'uomo.

Tale fatto non è necessariamente in contrasto con il Secondo Principio.

Questo principio è infatti universale, valido cioè per tutto l'universo: non è invece escluso che, localmente, in particolarissimi ed eccezionali casi, esso possa non avere agito, come appunto abbiamo visto nell'esempio dei due gas prima riportato.

Si tratta comunque di casi rarissimi, anche se questo della comparsa della vita per noi riveste una importanza del tutto particolare perché ci coinvolge direttamente (vedi capitolo I paragrafo relativo al Principio Antropico,).

La probabilità che ha la vita di comparire in un ambiente inanimato e ostile deve essere ancora più piccola di quella prima menzionata per il caso dei due gas: cioè molto vicina allo zero.

Incidentalmente, questo è l'argomento principale di quanti, uomini di scienza e non, sostengono la nostra unicità nell'universo, cioè che probabilmente il nostro è il solo posto dove la vita si sia sviluppata.

Infatti, anche ammettendo, come sembra possibile, l'esistenza di centinaia di miliardi di altri pianeti nell'intero universo, il loro numero resta sempre infinitamente più piccolo di quello che sarebbe necessario perché l'infima probabilità di comparsa della vita possa avere avuto una qualche opportunità di manifestarsi.

Tornando al Secondo Principio, possiamo comunque concludere affermando che, salvo i casi particolarissimi prima ricordati, esso agisce da sempre sull'evoluzione dell'universo e anzi guida tale evoluzione in modo costante e uniforme.

Esso agisce come un rullo compressore che tutto appiattisce e rende uniforme al suo passaggio.

Possiamo quindi coniare una espressione che ci sembra ben riassumere tale azione parlando di «Pressione del Secondo Principio».

A differenza della forza, che agisce in generale localmente e in modo specifico, la pressione ha un effetto uniforme su tutti gli oggetti sui quali essa agisce.

La Pressione del Secondo Principio permea tutto l'universo e agisce con continuità e costanza su tutti gli oggetti in esso contenuti, dalle galassie alle stelle, ai pianeti e, via via tutti gli oggetti che ci circondano.

Ebbene, noi pensiamo che questa pressione così universale e costantemente presente attorno a noi non possa non avere un effetto anche sugli esseri viventi e in particolare sull'uomo.

Naturalmente, ci si chiede subito in qual maniera il Secondo Principio possa avere agito sull'uomo e la sua evoluzione.

Ricordiamo che di evoluzione abbiamo parlato nel capitolo I. In tale occasione abbiamo riportato per sommi capi le varie fasi dell'evoluzione con i suoi tre meccanismi di duplicazione, mutazione e selezione naturale, meccanismi assolutamente ciechi e casuali ma capaci di portare, così come hanno portato, all'apparente miracolosa comparsa dell'uomo. Evidentemente la risposta non è facile, ma si possono fare delle ipotesi e vedere poi se qualche fatto esista per suffragarle.

Abbiamo visto prima che il Secondo Principio agisce come una sorta di pressione su tutti gli oggetti contenuti nell'universo.

È anche evidente che, trattandosi di una pressione che esiste dal primo istante (Big Bang), i suoi effetti sono certo cumulativi e debbono essere quindi integrati su lunghi periodi di tempo.

Ci appare infatti evidente che, se effetto vi è e vi è stato del Secondo Principio sugli esseri viventi, questo effetto non possa esplicarsi in altra maniera che sull'evoluzione e sui parametri che agiscono eventualmente su di essa.

Per far questo cerchiamo di capire come la pressione costante del Secondo Principio possa avere agito su ciascuno dei tre meccanismi dell'evoluzione prima menzionati: duplicazione, mutazione e selezione naturale.

La duplicazione è un fenomeno che si manifesta chiaramente in contrasto con il Secondo Principio: con il moltiplicarsi delle cellule la complessità aumenta e quindi, come abbiamo detto, l'Entropia diminuisce, appunto in contrasto con quanto voluto dal SP.

Anche se le nuove cellule create sono tutte identiche alla cellula madre, vi è tuttavia bisogno di maggior quantità d'informazione per descrivere un sistema multicellulare di quanta ne è necessaria per un sistema monocellulare.

Questa violazione del SP si può spiegare solo ammettendo che il meccanismo della duplicazione, questo programma che si è iscritto (non si sa bene come) nel DNA della cellula fino dai primi tempi, sia talmente potente e inattaccabile da resistere per più di un miliardo di anni alla pressione costante del SP.

Se consideriamo inoltre che la cellula per nutrirsi e moltiplicarsi deve trasformare una quantità adeguata di materiale inorganico, cioè disorganizzato, in materiale organico possedente quindi la straordinaria organizzazione di un essere vivente, ancora più straordinaria ci apparirà la vittoria sul SP.

Il Secondo Principio non sembra avere influito gran che sul processo di duplicazione. Opponendosi ad esso, ne avrà forse rallentato il corso, ma questo è impossibile da verificare.

Le mutazioni sono dovute, come abbiamo già visto, all'attacco senza soste che agenti esterni e interni hanno portato, e continuano a portare, alle cellule e che producono, in particolare, cambiamenti nel loro DNA.

Le cause esterne di queste mutazioni, che chiameremo con il termine generico di forze naturali, sono in generale le stesse che hanno prodotto i grandi cambiamenti morfologici sul nostro pianeta.

Infatti, i cambiamenti climatici, le glaciazioni, le tempeste solari e altro, sono ad esempio i principali responsabili dell'erosione delle montagne, delle tempeste e altri sconvolgimenti che hanno provocato l'arrotondamento delle scogliere, del raffreddamento progressivo del pianeta ecc., tutte azioni queste che vanno esattamente nella direzione voluta dal Secondo Principio, cioè un aumento globale dell'Entropia.

Ci si aspetterebbe quindi che queste stesse azioni debbano avere provocato sulle cellule lo stesso effetto, un effetto cioè di annientamento, di distruzione di questa massima organizzazione della materia rappresentata dalla materia vivente.

E invece no! Non solo le cellule non sono sparite, ma dopo ogni mutazione sono riapparse e si sono presentate più forti e meglio organizzate di prima!

Ciò è certamente dovuto all'azione del terzo meccanismo dell'evoluzione, cioè la selezione naturale.

Tale meccanismo infatti fa sì che, tra le innumerevoli mutazioni prodotte dall'attacco casuale degli agenti naturali, solo alcune di esse producano un migliore adattamento e quindi una sopravvivenza per le cellule che le hanno subite.

Perché ciò accada è evidentemente necessario che il numero di cellule presenti a un dato momento sia estremamente grande; se ciò non fosse, esse sparirebbero sotto l'effetto delle mutazioni che, nella stragrande maggioranza dei casi, essendo assolutamente casuali, potrebbero solo avere effetti distruttori.

Si arriva così a delineare la nozione di numero critico delle cellule presenti a un dato momento sulla terra: al di sopra di tale numero critico, le pochissime mutazioni positive per l'evoluzione permettono la sopravvivenza della specie. Al di sotto di tale numero critico invece, le mutazioni producono l'immancabile scomparsa della specie.

In definitiva, quindi, sembra evidente che le mutazioni e la selezione naturale abbiano potuto resistere durante milioni di anni all'assalto incessante e distruttore del Secondo Principio solo grazie al fatto che il numero di cellule e, successivamente di esseri biologici più complessi, presenti sulla terra sia stato sempre così elevato da raggiungere e sorpassare tale numero critico.

Quello che possiamo affermare con certezza è che l'evoluzione della vita sulla terra e, come conseguenza, la nascita e lo sviluppo del genere umano si sono effettuati fino a oggi, apparentemente a dispetto e in aperta contraddizione con la pressione livellatrice del Secondo Principio, che agisce con la forza distruttrice di un rullo compressore in tutti gli altri avvenimenti dell'universo.

Abbiamo usato di proposito l'avverbio «apparentemente» perché appunto vogliamo avanzare un'ipotesi che ci sembra almeno parzialmente contraddire la precedente asserzione sulla presunta inefficacia del SP sulla evoluzione dell'uomo.

Dall'apparizione della prima cellula fino alla comparsa dell'uomo l'evoluzione, grazie ai tre suoi meccanismi prima riportati, ha dunque prodotto esseri sempre più complicati e caratterizzati da una Entropia via via decrescente.

Tutto questo sembra chiaro per il periodo dell'evoluzione che si estende dalla nascita della prima cellula fino, e inclusa, alla maggior parte dell'evoluzione dell'uomo.

Cerchiamo di situare nel tempo gli avvenimenti che ci interessano.

Secondo le ipotesi più recenti, l'uomo è comparso sulla terra tra 3 e 4 milioni di anni fa.

Tale data indica tuttavia il periodo nel quale quei nostri lontani antenati cominciarono a mostrare delle caratteristiche morfologiche che li differenziavano dalle varie specie di scimmie allora esistenti e che cominciavano ad avvicinarsi alle nostre caratteristiche di genere umano.

Per avere degli uomini intelligenti, capaci cioè di costruire oggetti, armi o altri manufatti, bisognerà ancora aspettare alcuni milioni di anni.

Come abbiamo già fatto in altre parti di questo libro, noi fissiamo arbitrariamente la comparsa di questo nostro antenato intelligente a circa 100.000 anni fa.

Questo è il periodo in cui possiamo ammettere che l'uomo entri nel mondo del vero pensiero e delle idee.

I pensieri e le idee permettono ora all'uomo di entrare in un mondo a lui prima sconosciuto: quello dell'astrazione, della riflessione e della creazione. Incidentalmente facciamo notare che questo è anche il momento in cui l'uomo comincia a porsi le Grandi Questioni; ma di questo abbiamo già parlato ampiamente.

Secondo alcuni autori (Sagan...), tale evoluzione del pensiero sarebbe dovuta a uno sviluppo accelerato della corteccia cerebrale, sia dal punto di vista del numero di neuroni, sia dal punto di vista di una accresciuta complessità delle loro interconnessioni.

Qualunque ne sia la causa, il comportamento dell'uomo si allontana sempre più da quello animale.

Sentimenti come la giustizia, l'uguaglianza e la pietà fanno la loro apparizione in un mondo che ne era del tutto privo fino ad allora.

Nel mondo animale regna sovrana la legge del più forte; il leone sbrana e divora la gazzella senza provare alcun senso di pietà, né tantomeno si preoccupa di commettere un'azione ingiusta. Nel branco il più forte impone la sua legge e il suo predominio su tutti gli altri componenti che possono solo rispettarlo e obbedirgli.

Le femmine vengono conquistate a colpi di cornate e lotte feroci tra i contendenti ecc.

L'uomo nuovo, guidato da quelle nuove idee che si vanno sviluppando con sempre crescente intensità nella sua mente, sente invece che tutto ciò non è giusto e che deve quindi ribellarsi a questa legge atavica.

Non è giusto che l'uomo più forte imponga la sua volontà al più debole. Non è giusto che vi siano schiavi e padroni. Non è giusto che vi siano persone estremamente ricche mentre altre muoiono letteralmente di fame e così via.

Negli ultimi millenni le religioni più moderne che si sono via via affermate, professano e diffondono tali idee di uguaglianza e di giustizia tra gli uomini (non fare ad altri...).

Più recentemente, negli ultimi secoli tali idee sono anche state riprese da movimenti e da correnti politico-sociali (socialismo, comunismo...) a tal punto che oggi nessuno si sognerebbe di mettere in dubbio la loro validità e universalità. **Secondo la nostra visione anche questi movimenti sociali sono l'emanazione del Secondo Principio**.

Tranne che per gruppuscoli reazionari e praticamente marginali, le idee di uguaglianza, giustizia sociale, eradicazione della schiavitù sotto tutte le sue forme, lotta alla povertà, al razzismo e a ogni tipo di discriminazione, costituiscono la tela di fondo, il background di tutte le religioni moderne e di tutte le costituzioni degli Stati moderni.

La Dichiarazione Universale dei Diritti Umani, promulgata dalle Nazioni Unite, contiene in pratica questo principio generale di uguaglianza tra tutti gli uomini, declinato in tutte le possibili accezioni e circostanze.

Tale principio è oggi universalmente accettato e forma, possiamo dire, un cardine della nostra società, a tal punto che, come avviene per la maggior parte delle abitudini umane, si è portati a pensare che tale principio sia innato nell'uomo e quindi naturale.

Abbiamo però già visto che ciò è falso, basti pensare alle enormi disuguaglianze esistenti nei secoli scorsi e ancor più nei passati millenni, per comprendere che non vi è nulla di innato e che si tratta quindi di un altro aspetto dell'evoluzione.

Solo che ora si tratta di evoluzione delle idee e del pensiero umano, argomento molto più complicato del precedente.

Nel capitolo I abbiamo riportato, anche se per sommi capi, la teoria dell'evoluzione. Come si è visto essa si basa su fatti e ipotesi che, anche se non provati sperimentalmente (è praticamente impossibile verificare tutta la teoria dell'evoluzione in laboratorio), si presentano tuttavia con un carattere di plausibilità sufficiente per renderla credibile.

In altre parole, anche se non certa, essa è altamente probabile.

Le difficoltà aumentano in modo sostanziale quando si vuole investigare sull'evoluzione del pensiero.

Si tratta infatti di rispondere a una domanda fondamentale: che cosa guida e orienta l'evoluzione del pensiero umano?

Per i credenti, a qualunque religione essi appartengano, la risposta è semplice e chiara: questa evoluzione è dovuta alla volontà di un Dio, che, nei suoi imperscrutabili disegni, ha anche quello di guidare il cammino e l'evoluzione dell'uomo verso un supposto traguardo di perfezione.

Tale spiegazione evidentemente non ci può soddisfare, per cui dobbiamo cercare quali influenze esterne possano avere avuto e hanno un'azione sullo sviluppo del pensiero umano.

Parliamo di influenze necessariamente esterne poiché non possiamo immaginare nessun altro tipo di azione che non venga dall'esterno.

Il sentimento di uguaglianza (che rappresenta l'aspetto più visibile di questa evoluzione del pensiero, almeno nei tempi più moderni) non può essere innato poiché appunto vi è stata un'evoluzione, né tanto meno può venire dall'interno, poiché non vi è nulla che possa generarlo.

Esso deve essere quindi prodotto da influenze esterne all'uomo, proprio come avviene per l'evoluzione dei suoi caratteri fisici.

Come prima ipotesi si potrebbe immaginare che questo sentimento di uguaglianza l'uomo lo percepisca e quindi lo faccia suo dal mondo che lo circonda.

L'universo animale e, più distante, quello vegetale, costituiscono certamente le parti dell'universo a noi più vicine, sia geneticamente, sia fisicamente.

Abbiamo invece visto che in tale universo la nozione di uguaglianza e di fraternità è totalmente assente. Ciò è vero nel mondo animale ma anche in quello vegetale. Basta osservare infatti come in una foresta tropicale gli alberi più forti e più robusti soffochino e distruggano tutte le altre piante nel loro anelito verso la luce del sole.

Non è quindi da un tale universo fatto di prepotenza e ingiustizia che l'uomo può avere preso lo spunto per l'apparire di un qualunque sentimento di uguaglianza.

Un'altra ipotesi sembra più ragionevole, quella cioè che il sentimento di uguaglianza sia uno degli strumenti dell'evoluzione, come prima descritta, atti a favorire la sopravvivenza della specie.

Il ragionamento è il seguente: il sentimento di uguaglianza tra gli uomini, e i sentimenti annessi di fratellanza, il rispetto per l'altro, il rifiuto del razzismo, tendono a ridurre i conflitti e quindi, in definitiva, le lotte sanguinose che hanno da sempre decimato il genere umano.

Ad esempio, nella storia recente non si è mai visto un periodo di più di sessanta anni, durante il quale nessuna guerra di dimensioni mondiali sia scoppiata.

In definitiva dunque, il sentimento di uguaglianza favorisce la sopravvivenza di un maggior numero di individui umani rispetto a quello che sopravviverebbe se tale sentimento non esistesse.

E questo è proprio uno dei meccanismi fondamentali dell'evoluzione.

Tale ipotesi è certamente affascinante e più plausibile della precedente sulla vicinanza con il mondo animale; tuttavia essa non ci sembra la buona e ciò principalmente per due ragioni.

La prima è che permettendo la sopravvivenza di un maggior numero di individui, sopravvivono anche un gran numero di individui deboli e malati, e ciò è in aperto contrasto con le leggi dell'evoluzione sulla sopravvivenza dei più adatti.

La seconda ragione è che per milioni di anni gli uomini si sono scannati tra di loro senza alcun ritegno e che ciò non ha minimamente impedito alla specie di sopravvivere e di evolvere.

Dobbiamo quindi cercare altrove le cause di questo apparire recente del sentimento di uguaglianza.

Noi pensiamo che l'evoluzione del pensiero umano durante gli ultimi millenni e specialmente negli ultimi secoli, evoluzione che si è manifestata in particolare con la nascita e lo sviluppo di religioni e movimenti sociali improntati all'uguaglianza e alla giustizia tra gli uomini, è dovuta all'azione incessante, costante e senza tregua del Secondo Principio della Termodinamica.

Come abbiamo visto, il Secondo Principio non è riuscito a impedire l'evoluzione dell'uomo, per le ragioni che abbiamo esposto prima. Esso ora prende la sua rivincita con la sua azione livellatrice sul pensiero umano.

Evidentemente ci si pone subito la domanda di come un principio di fisica, che può quindi agire su oggetti fisici, possa avere una qualunque azione sul pensiero dell'uomo.

Questa domanda non ha evidentemente un senso per chi crede che il pensiero umano, la mente, sia un qualcosa di trascendente, di impalpabile, che non fa parte del mondo fisico ma che è parte integrante dell'anima.

Noi non siamo di questa opinione: siamo profondamente convinti che, per quanto complessi e intricati possano essere i circuiti attraverso cui il pensiero si manifesta, si tratta comunque e pur sempre di fenomeni fisici.

Ci vorranno probabilmente decenni, forse secoli di ricerca prima di avere una risposta soddisfacente e completa sul funzionamento di questo meraviglioso strumento che è la mente umana, ma non abbiamo dubbi che alla fine risulterà che essa è costituita, come tutto il resto dell'universo, da molecole, da atomi, da elettroni, protoni ecc., disposti in configurazioni complesse e con tali interconnessioni che oggi non riusciamo neppure a immaginare.

Trattandosi quindi di strutture fisiche, esse saranno state e sono accessibili all'azione del Secondo Principio.

La maniera, gli strumenti utilizzati dal Secondo Principio per realizzare questa sua azione sul pensiero umano non ci sono evidentemente noti, poiché, come detto, abbiamo solo una pallida idea dell'organizzazione funzionale della mente, a maggior ragione non possiamo sapere come il SP possa agire su di essa. Si può però arrischiare qualche ipotesi.

A differenza di tutti gli altri organi del corpo umano, la cui evoluzione può essere sempre ricondotta allo schema prima esposto, il cervello si è evoluto e si evolve certamente ancora secondo due entità separate.

La prima concerne il cervello propriamente detto, cioè l'insieme del centinaio di miliardi di cellule neuronali che lo compongono con tutti i suoi complessi circuiti di interconnessione.

Per questo organo, semplificando al massimo il ragionamento, si può ancora ammettere che la sua evoluzione sia avvenuta attraverso lo schema proposto, cioè seguendo il cammino delle tre fasi di duplicazione, mutazione e selezione naturale.

Durante le ultime decine (o centinaia) di migliaia di anni, sembra che l'evoluzione sia soprattutto dovuta a uno sviluppo eccezionale della corteccia cerebrale cioè di quella parte più esterna del cervello, contenente le circonvoluzioni e che sembra essere la sede principale dell'organizzazione del pensiero umano.

Questo organo, il cervello, possiamo considerarlo come il supporto necessario alla formazione del pensiero: utilizzando il linguaggio internazionale dei computer, si può parlare di «hardware».

Questo supporto, questo hardware, per quanto complesso e meravigliosamente organizzato esso sia, non servirebbe a nulla se su di esso non si iscrivesse quell'insieme di direttive che guidano ogni attività umana e che chiamiamo in generale il pensiero.

La seconda è la sede dei pensieri e, in generale, di tutte le attività che presiedono e guidano il funzionamento dell'uomo, ed è comunemente designata come la mente.

Utilizzando ancora il linguaggio dei computer, possiamo parlare di «software».

Supporto-hardware e mente-software sono intimamente legati e indispensabili l'uno all'altra. Un software anche se estremamente sofisticato non può esprimersi senza un adeguato hardware, e viceversa, un hardware anche molto complesso, da solo non serve a niente.

Cercare di individuare il cammino e le cause dell'evoluzione di questa seconda entità, la mente, non è certo cosa facile.

Per avventurarci su questa difficoltosa via, vogliamo prima fare alcune considerazioni per meglio chiarire le relazioni esistenti tra hardware e software.

Il software si chiama così «soft» perché è morbido, plasmabile, adattabile (dal programmatore) in modo tale che esso possa far eseguire all'hardware un certo numero di azioni prestabilite.

Questa «morbidezza» è tale solo durante la fase di programmazione, una volta installato nella memoria del computer esso diventa hardware, come tutti gli altri componenti del computer.

Il software infatti si è trasformato in una serie di piccoli domini polarizzati in modo da rappresentare ognuno lo zero o l'unità, che sono i componenti del linguaggio binario del computer.

Ripetiamolo quindi, al momento dell'esecuzione il

software non esiste più. Vi è solo dell'hardware. Ciò non significa affatto che durante l'esecuzione i singoli bit di informazione non possano essere cambiati di valore, cioè da uno divenire zero e viceversa.

Questo può accadere anche molto spesso; il comportamento di molti programmi può ad esempio venire modificato da avvenimenti esterni cui il computer stesso è collegato tramite appropriati sensori.

Abbiamo oggi una conoscenza ancora molto primitiva del funzionamento della nostra mente, in particolare non sappiamo bene su quale meccanismo sia basata la memoria.

Quello che invece appare evidente è che, sia essa basata su fenomeni elettrici, sia essa dovuta a microscopici scambi di sostanze chimiche, sia essa di altra natura, è certamente di origine fisica e come tale accessibile e modificabile dal mondo esterno.

Fin dalle prime origini dell'uomo, alcuni milioni di anni fa, la nostra mente, cioè l'insieme dei nostri pensieri e della nostra memoria, ha sempre reagito agli stimoli provenienti dai nostri cinque sensi.

Durante la maggior parte di questo lungo periodo di tempo, la nostra mente ha analizzato in modo molto semplice, più o meno in modo animale, gli stimoli esterni provenienti dai cinque sensi per decidere come meglio orientare le nostre azioni e con uno scopo quasi sempre immediato.

In periodi più recenti, l'incredibile sviluppo delle nostre capacità mentali ha portato anche come conseguenza un nuovo modo di pensare molto più complesso e sofisticato e che, soprattutto, spesso non ha bisogno dell'apporto immediato del contributo dei cinque sensi.

Possiamo infatti utilizzare a fondo la nostra mente, pur restando in completo isolamento, senza aver cioè bisogno di alcun apporto del mondo esterno.

È così che vengono scritte le più grandi opere letterarie, che vengono elaborate teorie scientifiche, che vengono sviluppate invenzioni, che vengono realizzate opere d'arte ecc. Ed è anche in questo modo che l'uomo riflette sui problemi religiosi e sociali.

Questa attività, diciamo autarchica, della mente viene

comunemente indicata come «creazione», intendendo con ciò esprimere il concetto di un'attività quasi soprannaturale della mente che non ha bisogno di contatti con il mondo esterno e che quindi «crea» nel significato etimologico del verbo.

Abbiamo già detto che non crediamo affatto a tale accezione comune del pensiero umano e che quindi non si tratta affatto di creazione, ma semplicemente di elaborazione.

Qualunque pensiero, anche il più complesso e il più sublime, deve necessariamente fare riferimento a oggetti, immagini, concetti e idee già esistenti nella nostra mente che sono stati immagazzinati, registrati nella nostra memoria in circostanze passate.

La mente poi, attingendo a questa spesso enorme massa di informazioni presente nella nostra memoria, la elabora opportunamente e, se tale informazione è sufficiente, può generare nuove teorie o opere d'arte senza aver bisogno di un contatto immediato con il mondo esterno.

Alla domanda poi della ragione per cui non tutti, pur avendo le stesse informazioni nella propria memoria, elaborino la Teoria della Relatività o scrivano la *Divina Commedia*, la risposta è molto semplice: la mente umana, pur essendo molto simile nel suo funzionamento e nella sua struttura tra i diversi individui, conserva tuttavia in una piccola percentuale una diversità tra uomo e uomo che si può realizzare in particolari funzionalità.

Alcuni uomini possono quindi avere una particolare propensione e facilità per un potere di sintesi che si manifesta con una nuova teoria scientifica, partendo spesso da dati che erano già noti a tutti.

Altri hanno la facoltà di esprimere in maniera poetica e sublime pensieri e sensazioni che tutti sentiamo ma in modo superficiale e incompleto e che, soprattutto, non riusciamo a esprimere.

Ma, ripetiamolo, si tratta pur sempre e solo di una particolare e casuale organizzazione di cellule nervose.

Anche la formazione e lo sviluppo del pensiero religioso e del pensiero sociale non possono sfuggire a questa regola.

Negli ultimi tempi, cioè per le religioni negli ultimi millenni e per il sociale negli ultimi secoli, religioni e pensiero sociale si sono orientati nella direzione che, riassumendo, si può identificare in un sentimento di uguaglianza tra tutti gli uomini e in una idea di giustizia che sono divenuti indissolubili.

Per quanto detto prima, questo sentimento, per formarsi, deve attingere a sorgenti esterne all'uomo che sono accessibili ai nostri cinque sensi o che si sono iscritte nella nostra memoria durante tutta una vita.

Se la memoria, o almeno una parte di essa, è ereditaria allora questo sentimento si tramanda e si amplifica con le generazioni.

Ma anche se ciò non fosse vero, basterebbe che le condizioni che generano o hanno generato questo sentimento perdurino perché esse formino come una persistente memoria collettiva.

In altre parole vogliamo dire che l'uomo ha realizzato, grazie al progredire delle sue capacità mentali, che l'uguaglianza è come una costante della natura e che è quindi cosa naturale accettarla.

Si potrebbe a questo punto obiettare che, essendo il mondo animale a noi più vicino fisicamente e anche intellettualmente, sarebbe forse stato più naturale prendere come esempio il comportamento di tale mondo ma, come sappiamo, in tale mondo regna tutt'altro che l'uguaglianza.

Pensare questo sarebbe dimenticare che l'uomo, dal momento che ha cominciato a evolversi intellettualmente, ha in tutti i modi cercato, con le sue idee e con il suo comportamento, di scrollarsi di dosso le sue origini, tacciando di comportamento animale tutte le sue pulsioni e i suoi istinti giudicati come i più bassi.

Basti a tale proposito pensare all'orrore che la teoria di Darwin generò (e continua ancora a generare) negli strati benpensanti, scientifici e no, della popolazione. Il solo pensiero che l'uomo potesse discendere dalla scimmia faceva inorridire!

Sarebbe quindi stato impossibile per l'uomo considerare il comportamento animale come un esempio su cui basarsi per le sue ipotesi religiose e sociali.

Eliminato il mondo animale come sorgente di ispirazione, non resta che tutto il resto dell'universo, e noi abbiamo visto che esso è in tutte le sue manifestazioni impregnato del Secondo Principio e della sua azione livellatrice.

In conclusione siamo convinti che l'uomo negli ultimi millenni si diriga verso un ideale di uguaglianza e di giustizia solo perché vi è spinto in maniera inesorabile dal Secondo Principio della Termodinamica.

I grandi profeti delle varie religioni moderne e i grandi pensatori e teorici del socialismo non sono altro che canalizzatori e rivelatori di questa forza immanente che ci circonda. La loro presenza ha certamente accelerato la diffusione di queste idee, ma dobbiamo ammettere che anche se essi non fossero esistiti questo anelito di uguaglianza si sarebbe comunque manifestato, solo forse un po' più tardi.

Dobbiamo quindi arrenderci a questa dolorosa e poco romantica evidenza: l'ineffabile senso di giustizia e di uguaglianza che tutti sentiamo come innato in noi, non è altro che una conseguenza della continua azione del Secondo Principio.

Prima di terminare questo paragrafo, vorremmo citare un altro fatto concernente le grandi religioni oggi esistenti che, a nostro avviso, è anch'esso dovuto alla pressione del Secondo Principio.

Vogliamo alludere al monoteismo che è comune a quasi tutte le grandi moderne religioni.

Il passaggio dal politeismo, cioè adorazione di molti dei, al monoteismo, cioè credenza in un unico Dio, è proprio quel che sembra un'azione del Secondo Principio; aumentare l'Entropia riducendo le differenze e quindi la quantità d'informazione necessaria a descrivere un sistema, in questo caso il numero di divinità componenti una religione.

Attraverso gli imperscrutabili labirinti del nostro sistema nervoso, come abbiamo già prima ipotizzato a proposito delle idee di uguaglianza e giustizia, il Secondo Principio ha inesorabilmente fatto trionfare la semplicità delle religioni monoteiste rispetto alla complessità di quelle politeiste.

Incidentalmente facciamo notare che questa azione di «semplificazione» esercitata dal SP, non si limita certo alle religioni, ma essa coinvolge anche la politica.

Nel corso degli ultimi secoli, e più marcatamente in questi ultimi anni, si è assistito e assistiamo alla fusione di molti Stati, piccoli e grandi, in Federazioni, Unioni o comunque nuovi Stati più grandi: esempio ne sono gli Stati Uniti d'America, l'Italia e, più recentemente, l'Unione Europea.

Si può obiettare che esistono anche esempi contrari, cioè Stati unitari che si sono suddivisi in Stati più piccoli: ad esempio l'Unione Sovietica, la Iugoslavia o la Cecoslovacchia.

Bisogna però notare che in quasi tutti questi casi la frattura è avvenuta perché questi Stati in origine erano stati costruiti artificialmente in virtù di trattati e comunque con l'uso della forza: quando la scelta è libera, è la tendenza alla fusione o alla federazione che predomina... proprio come vuole il Secondo Principio!

Un'ultima considerazione merita il fenomeno della globalizzazione: uno dei suoi aspetti più salienti è quello della diffusione di popoli ad alta densità demografica e a basso tenore di vita, verso paesi più ricchi e meno popolati. Come non vedere in tale fenomeno un chiaro riferimento alla diffusione, più volte citata, di un gas da un recipiente ad alta pressione verso uno a pressione inferiore?

Terminiamo così questo paragrafo dedicato all'evoluzione delle religioni che forse alcuni avranno trovato troppo lungo.

Vogliamo tuttavia ricordare che questo libro è basato su elementi scientifici e razionali, non potevamo quindi non dire il nostro punto di vista su un fenomeno totalmente irrazionale quale la religione.

Ognuno di noi poi resterà con il proprio punto di vista; noi non desideriamo convincere nessuno, ma esponiamo solo la nostra opinione.

Mi si permetta tuttavia di esprimere su tale argomento un ultimo commento che è anche vagamente polemico.

Nelle discussioni e diatribe tra credenti e non credenti, quando non si faccia la guerra e non ci si scanni per questioni religiose, si termina quasi sempre con una mutua ammissione secondo la quale religione e ragione (vedi scienza) viaggiano su livelli diversi e quindi quest'ultima non potrà mai dimostrare la falsità della prima.

In linguaggio calcistico, ciò equivale a dire match nullo, 0 a 0 o 1 a 1.

Dissentiamo fortemente da questo risultato che tende a mettere sullo stesso livello le due tesi.

Quando due persone, una credente e una non credente, discutono di religione, l'essenza delle argomentazioni, ridotte ai minimi termini e utilizzando un'immagine a noi cara, è la seguente: il credente dice «io credo nell'asino che vola», e il non credente risponde «io non ci credo».

Da notare che il non credente non dice, ad esempio, «io non credo nell'asino che vola perché sono gli ippopotami che volano».

Egli solo rifiuta semplicemente l'irrazionale, senza esprimere un'altra ipotesi irrazionale. Non credo quindi che i due ragionamenti si possano mettere sullo stesso piano, parlando quindi di match nullo... A buon intenditore...

Nascita delle religioni moderne

Nel precedente paragrafo abbiamo visto perché, a nostro avviso, le religioni si sono evolute in una certa direzione, grazie anche alla pressione costante e immanente del Secondo Principio.

Vediamo ora di analizzare, per quanto possibile, il processo della nascita delle religioni, o almeno di alcune di esse.

Tale analisi risulta evidentemente estremamente difficoltosa per le religioni più antiche, mancano infatti in tal caso i reperti e i riferimenti storici sufficienti a descrivere tale fenomeno.

È già spesso difficile conoscere di molte religioni antiche i riti e le credenze, figuriamoci poi se si volesse anche risalire alle origini.

Perché ad esempio i Greci e i Romani credevano agli dei dell'Olimpo e gli Egizi adoravano uno stuolo di esseri metà uomini e metà animali?

In molti casi è lecito immaginare che una religione rappresenta una qualche evoluzione di un'altra religione preesistente, e alla quale essa si sostituisce perché meglio si adatta ai progressi e ai mutati costumi del popolo che la professa.

La ricerca delle origini di una religione ci riporta quindi, nella maggior parte dei casi, a una religione precedente, e così via senza mai potere risalire alle condizioni iniziali.

Ci si potrebbe quindi cimentare in teorie e supposizioni svariate che avrebbero solo in comune l'imprecisione degli argomenti utilizzati e quindi l'assoluta inattendibilità delle conclusioni.

Inoltre c'è da osservare che un tale sforzo d'indagine e di ricerca può avere una ragione solo nel caso si volesse scrivere un trattato sulla storia delle religioni.

Il nostro scopo è del tutto differente. Noi vogliamo solo discutere se nelle religioni esaminate vi sia qualcosa di attendibile oppure no. Nel caso quindi delle religioni del passato questo discorso non ha evidentemente senso perché quelle stesse religioni sono state classificate come false per il fatto stesso che sono scomparse.

È quindi molto più utile e interessante che limitiamo le nostre considerazioni alle religioni più moderne, sia perché le conosciamo meglio, sia perché le loro origini sono meglio note e in alcuni casi anche storicamente documentate.

Vogliamo evidentemente alludere alle tre religioni oggi più largamente diffuse che sono l'Ebraismo, il Cristianesimo e l'Islamismo.

Queste religioni hanno in comune il fatto di essere monoteiste, e di essere delle religioni rivelate; ciò significa che, secondo il credo di tali religioni, Dio sarebbe stato in contatto con alcuni eletti e avrebbe trasmesso loro (rivelazione) dei messaggi da divulgare successivamente ai rispettivi popoli.

Queste tre religioni hanno inoltre in comune il fatto di avere la stessa origine, l'Ebraismo, da cui le altre due derivano e se ne separano.

Ci proponiamo ora di trattare brevemente soltanto tre singoli aspetti, ma fondamentali, di tali religioni:

1) i riscontri storici;

2) le manifestazioni soprannaturali;

3) eventuali differenze con altre religioni preesistenti o contemporanee.

Prima di continuare ci sembra però necessario discutere le finalità di questa anche se breve trattazione.

Come abbiamo già detto in varie occasioni, il nostro scopo non è certo quello di fare una crociata anti religiosa, cercando di convincere i credenti a non credere... Sappiamo benissimo che la religione è una questione di fede e che altre persone ben più preparate di noi hanno tentato questa strada senza risultati apprezzabili.

Riteniamo anche che avere una fede religiosa può essere molto utile in diverse circostanze della vita.

Il mondo è oggi popolato da alcuni miliardi di persone che credono nelle tre religioni citate, altri miliardi di persone che credono in altre religioni, e poche centinaia di milioni di persone (immaginiamo) che non credono né nelle une né nelle altre.

Da tempi immemorabili e fino ai nostri giorni, grandi pensatori, scienziati, filosofi, famosi predicatori ecc. hanno tentato e tentano ancora di convertire altre persone in un senso o nell'altro, cioè i credenti a non credere e i non credenti a credere... senza gran risultati, visto che ancora oggi il senso di spiritualità, il desiderio cioè di credere in qualcosa di soprannaturale che ci domina e ci sovrasta, è più forte che mai.

Il nostro scopo è molto più modesto,desideriamo solo dimostrare in maniera semplice e perciò più convincente che tutte le manifestazioni religiose, soprattutto quelle ritenute soprannaturali, possono avere, e quindi hanno, una spiegazione razionale e quindi vera.

Usando un linguaggio più scientifico, ricordiamo (Rasoio di Occam) che quando di un fatto apparentemente inspiegabile o comunque complesso, si trova una spiegazione razionale e plausibile, in mancanza di altre valide e razionali tesi contrarie, questa spiegazione deve essere considerata quella buona con un altissimo grado di probabilità.

Riscontri storici

Il testo fondamentale e di riferimento per tutte e tre le religioni in oggetto è certamente la Bibbia.

Come si sa la Bibbia non è composta da un unico libro, ma è una raccolta di ben 66 libri diversi, scritti da circa 40 autori. La maggior parte di essa è stata scritta durante più di mille anni e sembra che le prime Scritture datino di più di 3000 anni.

La Bibbia è composta dal Vecchio e dal Nuovo Testamento. Il primo, come dice il nome stesso, descrive i fatti più antichi a partire dalla creazione dell'universo, mentre il secondo concerne essenzialmente la vita e la predicazione di Gesù.

Il Corano è il testo più recente rispetto agli altri due. Esso fu scritto tra il 620 e il 630 della nostra era e contiene il racconto di quello che Dio avrebbe detto al Profeta Maometto, fondatore dell'Islam.

Come si vede, i fatti che ci interessano si svolgono durante un periodo di tempo superiore a 2500 anni e affondano le loro radici in epoche in cui non è facile districare storia da leggende...

Il Vecchio Testamento, nella Genesi, narra della creazione dell'universo e della terra, racconta della cacciata di Adamo ed Eva dal Paradiso, della Torre di Babele, e arriva al primo vero importante personaggio che è Abramo, considerato il capostipite del popolo ebreo (circa 2000 a.C.).

Malgrado una dettagliatissima descrizione della genealogia di Abramo, nessun riscontro storico è possibile.

Per quel che riguarda il diluvio universale, sembra che una grande catastrofe di questo tipo sia anche riportata in scritti di altri popoli contemporanei.

Non è quindi da escludere che un'inondazione, magari di proporzioni fuori dal comune, si sia prodotta in quelle regioni (Medio Oriente, Mesopotamia...) dando origine a questa leggenda.

Non bisogna infatti dimenticare che il termine «universale» evidentemente si riferisce, in ogni epoca, al mondo conosciuto dai contemporanei, quindi all'epoca presumibile dei fatti (più di 4000 anni fa), tale termine doveva applicarsi al mondo conosciuto di quei tempi.

Segue, nell'Esodo e successivamente nel Levitico e in altri libri, la narrazione delle peregrinazioni del popolo ebraico che, lasciato l'Egitto (1400 a.C.?) e sotto la guida di Mosè, inizia il suo lungo cammino in cerca della terra promessa. Anche durante questo periodo i riscontri storici sembrano mancare del tutto.

Intorno al 1000 a.C. viene fondata Gerusalemme e, sotto Salomone, viene costruito il Tempio.

I primi riscontri storici (cioè fatti storici confermati anche da altre fonti) probabilmente risalgono al 587 a.C., quando Nabucodonosor, re di Babilonia, conquista Gerusalemme, distrugge il Tempio e deporta gli Ebrei schiavi a Babilonia.

In seguito Ciro permette agli Ebrei di tornare a Gerusalemme, ed essi ricostruiscono il Tempio e le mura della città (520-450 a.C.).

Le notizie storiche contenute nel Vecchio Testamento si arrestano all'incirca a questo periodo.

Come si vede, i riscontri storici sono davvero esigui, ma ciò è comprensibile dati i tempi assai remoti cui si riferiscono i racconti biblici.

Quello che si può contestare senza ambiguità è il racconto contenuto nella Genesi sulla creazione del mondo e dell'uomo. Secondo tale racconto il mondo fu creato circa 6000 anni fa e con esso anche l'uomo che venne inoltre creato (Adamo ed Eva) come esso si presenta oggi.

Sappiamo con certezza che l'universo ebbe origine circa 15 miliardi di anni fa e l'uomo è il frutto di una evoluzione durata milioni di anni.

Si tratta quindi non di piccole discrepanze, ma vi sono in gioco parecchi ordini di grandezza.

Un altro episodio della Bibbia che certamente non trova alcun riscontro storico è quello di Noè e del diluvio universale.

Tale episodio dovrebbe essere accaduto più di 4000 anni fa (ben prima cioè di Abramo).

In quell'epoca i continenti erano certamente abitati da varie popolazioni e nessuna di esse scomparve per effetto di tale diluvio.

Come abbiamo già detto, si trattò probabilmente di un fenomeno locale che, date le conoscenze del tempo, assurse nella leggenda a catastrofe universale.

Alla stessa maniera nessun credito si può dare all'episodio della torre di Babele che con il suo crollo generò, secondo la Genesi, la separazione tra i vari popoli che non si capirono più tra di loro.

Indipendentemente da ogni possibile riscontro storico (che non esiste), è evidente che nessuna costruzione umana, oggi e a maggior ragione a quel tempo, può essere innalzata tale che, crollando, possa produrre una tale separazione tra i popoli.

A parte questi e pochi altri episodi, dei quali possiamo chiaramente negare l'autenticità, gli altri racconti biblici si presentano con caratteristiche che li rendono più credibili, o almeno possibili.

La fuga dall'Egitto (a parte, evidentemente, l'episodio dell'apertura delle acque del Mar Rosso), il lungo peregrinare del popolo ebraico alla ricerca della terra promessa, la lunga enumerazione dei re e dei fatti salienti della storia di questo popolo, non si prestano a critiche severe per cui, in mancanza di altri riscontri storici, possiamo anche ammettere che essi siano avvenuti come descritto nella Bibbia.

Dobbiamo anzi aggiungere che, in alcuni casi, fatti ritenuti in passato come una pura invenzione biblica, sono stati più recentemente confermati da ritrovamenti archeologici o da altri riscontri storici, come l'esistenza di Sodoma e Gomorra che è stata evidenziata nel secolo scorso da ritrovamenti sulle rive del Mar Morto o sotto le sue acque.

Possiamo in definitiva affermare che, ove non parli di avvenimenti impossibili o soprannaturali, e in mancanza di altre notizie storiche, la Bibbia può anche essere considerata come un testo storico.

Differente è il contesto storico per quel che riguarda i fatti raccontati nei Vangeli.

Tali fatti si svolgono durante un periodo di tempo relativamente corto di circa 30 anni (rispetto ai 2000 e più anni del Vecchio Testamento) e in tempi molto più vicini a noi e quindi meglio documentati.

Vari scrittori e storici vissero in quel tempo i quali documentarono gli avvenimenti del I secolo in terra di Palestina; citiamo, tra i più conosciuti, Tacito e Plinio.

Ricordiamo in particolare Flavio Giuseppe che scrisse,

tra l'altro, una storia del popolo ebraico fino al 70 d.C., epoca della seconda distruzione del Tempio. Egli racconta con dovizia di particolari episodi a lui più vicini (seconda metà del I secolo d.C.), come ad esempio la spettacolare descrizione della presa di Massada da parte dei Romani.

Vari tentativi sono stati fatti in passato per cercare di trovare negli scritti di tali autori riscontri storici alla figura di Gesù.

In due passaggi dell'opera di Flavio Giuseppe si trovavano delle frasi che facevano appunto un chiaro riferimento a Gesù in maniera diretta o indiretta.

Purtroppo la maggior parte degli storici è oggi concorde nell'affermare che tali passaggi sono dei falsi, probabilmente introdotti nell'opera di Flavio Giuseppe dai primi cristiani nel tentativo di dare un riscontro storico alle descrizioni dei Vangeli.

Un altro possibile riscontro storico si sperò potesse venire dai famosi rotoli del Mar Morto.

Nel 1947 alcuni pastori trovarono in una grotta nei pressi di Qumran, sulle sponde del Mar Morto, una serie di giare contenenti dei rotoli di pergamena coperti di scritti, che gli storici fanno risalire al I secolo della nostra era.

Tali rotoli raccontano della vita e delle attività di un popolo chiamato gli Esseni che visse sulle rive del Mar Morto, appunto nel I secolo.

Questi preziosi rotoli sono oggi conservati e studiati nel Museo d'Israele a Gerusalemme.

Visto l'estremo stato di degrado di essi, l'interpretazione degli scritti riportati è delle più ardue.

Alcuni anni fa fece scalpore la notizia che in uno di tali rotoli fossero stati scoperti dei passaggi che confermavano alcuni scritti di uno dei Vangeli.

Di tale notizia non si è più parlato negli anni seguenti, per cui è lecito immaginare che si trattasse di una falsa speranza.

In definitiva si può quindi affermare che le sole informazioni esistenti su Gesù e la sua predicazione sono quelle contenute nei Vangeli.

A questo punto sorge spontanea la domanda del perché

nessuno storico di quel periodo faccia cenno ai fatti narrati nel Vangelo che per noi tutti sono di una immensa importanza.

Questa domanda ne fa sorgere naturalmente un'altra sulla validità storica del racconto evangelico.

Cioè, senza entrare ancora in merito al lato soprannaturale dei fatti narrati, si può essere certi dell'esistenza stessa storica di Gesù come narrata nei Vangeli?

Noi crediamo di sì, anzi aggiungiamo che non vi può essere nessun dubbio sul fatto storico narrato nei Vangeli. Vediamo perché.

Esistono una decina di Vangeli oggi conosciuti: quattro sono quelli ufficiali, accettati dalla Chiesa, mentre un'altra mezza dozzina sono detti apocrifi, cioè non accettati ufficialmente.

Le ragioni di questa scelta da parte della Chiesa non sono molto chiare, probabilmente i quattro Vangeli canonici sono quelli che meglio esprimono il ruolo della Chiesa stessa e del Papa come unici depositari e continuatori del pensiero cristiano.

Inoltre spesso nei Vangeli apocrifi si trovano situazioni e descrizioni che mal si accordano con l'iconografia ufficiale.

Ad esempio, nel Vangelo detto di Pietro, si descrive il piccolo Gesù come un bimbo spesso cattivo e crudele che usa i suoi poteri soprannaturali in modo anche violento per punire i suoi coetanei.

Tutti i Vangeli furono scritti durante la seconda metà del I secolo.

Gli autori non furono quindi testimoni oculari dei fatti narrati, ma li appresero verbalmente, possibilmente anche da testimoni oculari.

La tradizione orale, come si sa, perde di valore e di credibilità quanto più grande è il numero di generazioni che si tramandano tale informazione.

Avviene infatti che a ogni passaggio di informazione tra una generazione e la seguente, il narratore o ha dimenticato un qualche particolare o, magari inconsciamente, aggiunge qualche particolare per rendere più attendibile il racconto.

In tal modo si può dire che dopo una decina di generazioni il racconto si trasforma in una leggenda che, magari, ha comunque un qualche fondamento di realtà.

Questo però non accade nel nostro caso; gli autori dei Vangeli attinsero il loro racconto da persone che vissero in tempi abbastanza vicini ai fatti narrati.

Si tratta quindi di una tradizione orale della prima o della seconda generazione che possiamo definire come molto attendibile.

Inoltre esistono almeno una decina di Vangeli: essi furono scritti da persone diverse e in modo indipendente l'una dall'altra.

Tutti questi Vangeli raccontano tutti, magari con differenze minori nel testo, fondamentalmente la stessa storia: un profeta visse e predicò in Galilea e a Gerusalemme nella terza decade del I secolo. Egli inoltre fu condannato sotto Ponzio Pilato e crocifisso sul Golgota.

Se vi fosse un solo Vangelo che narrasse tali fatti, in mancanza di altri riscontri storici, si avrebbe ragione di dubitare di tale racconto.

Ma è praticamente impossibile dubitare di dieci autori indipendenti che raccontano la stessa storia.

Possiamo quindi concludere che, a nostro avviso, non è possibile avere nessun fondato dubbio sull'esistenza storica di Gesù.

Ma allora, ci si chiede subito, perché nessuno storico contemporaneo ne parla?

La risposta è, a nostro avviso, molto semplice.

A quell'epoca vi erano in Palestina molti predicatori e profeti che affermavano di parlare in nome di Dio, e che dovevano sicuramente avere un certo seguito.

Il fatto era quindi una cosa comune e, comunque, non tale da suscitare l'interesse particolare di uno storico. Anche le crocifissioni dovevano essere fatti abbastanza consueti.

Inoltre sembra evidente che le folle che lo ascoltavano non dovevano essere, in quei primi tempi, oceaniche o comunque tali da superare quello che noi chiameremmo oggi un fatto di cronaca.

Fu solo dopo la sua morte che il messaggio di Gesù, per

il suo altissimo contenuto morale e per la chiara scissione che esso portava rispetto al pensiero corrente, si diffuse con l'ampiezza che noi oggi conosciamo.

Egli predicava amore, uguaglianza e fratellanza... come appunto il Secondo Principio indica.

Per tale ragione degli altri predicatori suoi contemporanei non ne è rimasto nulla, mentre il suo messaggio si è tramandato e amplificato nei secoli.

La terza religione monoteista di cui ci occupiamo è relativamente più giovane rispetto alle altre due, perché fu fondata circa 1400 anni fa da Maometto (570-632) che ne è anche il Profeta.

Secondo la tradizione, Maometto discende direttamente da Abramo: questi ebbe un figlio, chiamato Ismaele, e dalla sua discendenza, circa 2600 anni dopo, nacque Maometto.

È interessante, a questo punto, notare come le tre grandi religioni monoteistiche di cui trattiamo, hanno tutte la stessa origine.

Non solo, ma anche molti dei profeti del Vecchio Testamento sono riconosciuti come tali dalle tre religioni, e inoltre gli Islamici (ma non gli Ebrei) riconoscono Gesù come un Profeta, evidentemente non come figlio di Dio.

Maometto nacque alla Mecca nel 570 e ivi visse per i primi cinquant'anni della sua vita.

Secondo la tradizione coranica, Abramo, ispirato da Dio, aveva fatto costruire alla Mecca un edificio chiamato Kàbah dove era custodita la famosa pietra nera, una pietra di origine celeste.

Inoltre Dio aveva ordinato ad Abramo di indire un pellegrinaggio annuale alla Mecca per venerare la pietra nera.

Con il passare dei secoli questa tradizione fu abbandonata e anzi gli abitanti della Mecca presero ad adorare idoli venuti da altri paesi. La Kàbah venne quindi abbandonata e cadde in rovina.

Per circa 40 anni il Profeta visse una vita abbastanza normale: nato povero, sposò una donna più anziana di lui e molto ricca, il che gli permise anche di aiutare molti membri della sua famiglia.

Egli era ricordato come uomo giusto e onesto e gli vennero affidati anche incarichi di notevole responsabilità, come ad esempio la ricostruzione della Kàbah.

Maometto amava molto riflettere e meditare: per far questo spesso si ritirava, anche per lunghi periodi, in una grotta sui fianchi di una montagna, nei pressi della Mecca.

Durante una di queste meditazioni, secondo il Corano, gli apparve l'Arcangelo Gabriele che gli parlò dicendogli che egli era stato prescelto da Dio per trasmettere la sua parola agli uomini.

Tornato a casa piuttosto scosso da quanto accadutogli, egli raccontò l'episodio alla sua famiglia e ai suoi fedeli i quali trascrissero tutto.

Le apparizioni continuarono e furono fedelmente trascritte, formando così il primo nucleo del Corano.

Il numero di discepoli crebbe rapidamente e nacque così questa grande religione che è l'Islam, nome che letteralmente significa assoggettamento ad Allah.

Occorre notare che secondo l'interpretazione più ortodossa, il Corano fu interamente scritto da Maometto sotto diretta dettatura di Dio, mentre molti interpreti meno rigidi ritengono che esso possa essere stato oggetto di aggiunte e modifiche anche fino a due secoli dopo la morte del Profeta.

Il diffondersi di questa nuova religione non era evidentemente visto di buon occhio dagli altri Meccani che erano divenuti politeisti e idolatri e quindi rapidamente entrarono in conflitto con la nuova religione professata da Maometto.

L'opposizione si fece via via più veemente e culminò con una congiura per uccidere il Profeta.

Maometto però venne a conoscenza della congiura e decise di fuggire dalla Mecca insieme ai suoi più fedeli seguaci.

Si rifugiò a nord della Mecca in un'oasi chiamata Yathrib dove poi si stabilì definitivamente.

Yathrib divenne poi Medina (la Città Illuminata) e fu il centro d'irraggiamento dell'Islam.

Poco dopo il suo arrivo a Medina, Maometto ricevette un'altra delle sue rivelazioni che gli dava il permesso di combattere per difendere la sua fede.

Cominciò quindi una lunga guerra (o guerriglia) contro

i politeisti della Mecca che, infine, si concluse nel 630 con un attacco più poderoso e la conquista della città.

Due anni dopo il Profeta moriva a Medina tra le braccia della sua giovane moglie Aisha che egli aveva sposato quando essa aveva solo nove anni.

Questa, in breve, la storia del Profeta creatore dell'Islam. I fatti riportati nel Corano sulla vita e le azioni di Maometto sembrano essere confermati, almeno nelle grandi linee, da altri autori, come ad esempio i famosi volumi Al-Bukhari che narrano la storia islamica fin dagli inizi.

Anche per questa religione, quindi, non abbiamo alcuna difficoltà ad accettare che i fatti non soprannaturali raccontati nel Corano siano realmente avvenuti, almeno nelle loro linee generali.

In conclusione possiamo dire che alcuni fatti raccontati nei libri sacri delle tre religioni di cui ci occupiamo sono confermati da altre fonti, mentre molti altri fatti, anche se non confermati storicamente, si presentano tuttavia come credibili; usando un linguaggio più prudente, possiamo dire che non vi sono ragioni sufficienti per affermare che essi non siano accaduti, almeno nelle grandi linee, come descritti nella Bibbia e nel Corano.

Manifestazioni soprannaturali

Evidentemente in una religione quel che conta non è il fatto storico in se stesso, ma piuttosto il messaggio morale e religioso propagato che è spesso accompagnato da quelle che possiamo, in generale, chiamare manifestazioni soprannaturali.

Si tratta di apparizioni divine, di miracoli, di levitazioni di santi, di ascesa ai cieli, di comunicazioni divine dirette o durante il sonno a profeti, santi uomini ecc.

Davanti a questi racconti si resta evidentemente sconcertati e, per uno spirito scientifico e razionale, è molto forte la tentazione di negare tutto in blocco dicendo che tutti questi fatti sono semplicemente antiscientifici e quindi non possono essere mai accaduti.

Sarebbe infatti molto facile obiettare, ad esempio, che la

levitazione non può avvenire perché non si può spiegare quale forza possa produrla e da dove provenga l'energia ad essa necessaria; allo stesso modo non si può immaginare che il Mar Rosso sia stato aperto per permettere agli Ebrei di sfuggire agli inseguitori egizi, semplicemente perché l'energia necessaria a una tale operazione sarebbe immensa e non si capisce da dove essa potesse provenire; o ancora non si può far risuscitare un uomo morto da un bel po' semplicemente perché i suoi circuiti nervosi sono distrutti rapidamente dopo l'arresto del cuore ecc.

Questo tipo di ragionamento può venire esteso evidentemente a tutti i miracoli e fatti soprannaturali narrati nelle Sacre Scritture e quindi il discorso per un razionalista finirebbe lì.

Ma questo tipo di argomentazione scientifica non ci porterebbe molto lontano.

Un asserto fondamentale della religione è infatti che fede e scienza viaggiano su linee parallele e su mondi totalmente separati che non debbono necessariamente incontrarsi.

Il nostro mondo scientifico e razionale usa la scienza per spiegare i vari fenomeni della natura e la ragione per analizzarli.

La fede invece considera che esiste un mondo soprannaturale dove le leggi della fisica non sono valide e dove tutto può accadere.

Aggiungiamo che, come detto fin dalle prime pagine di questo libro, l'esistenza di questo secondo universo soprannaturale viene largamente giustificata dallo stato primitivo della nostra scienza e, in particolare, dalla sua incapacità a dare risposte soddisfacenti alle Grandi Questioni.

Il ragionamento è in fondo molto semplice: poiché la scienza non può rispondere alle questioni fondamentali che tutti ci poniamo, queste risposte debbono esistere in un mondo al di fuori e non accessibile alla scienza stessa.

È quindi totalmente inutile e ingiustificato volere cercare una spiegazione scientifica ai fatti soprannaturali.

Per essere quindi credibili, bisogna usare soprattutto la semplicità, il buon senso, la ragione e la logica.

Per far questo vogliamo prima enunciare alcune regole abbastanza generali che si applicheranno via via nel contesto di quanto esporremo.

Rasoio di Occam

Abbiamo già parlato di questo criterio di selezione dicendo che esso non è altro che una formulazione dotta del semplice buon senso che impone di scegliere la risposta più probabile e meno artificiosa, tagliando appunto con un rasoio tutto ciò che non si trova nei fatti conosciuti o è frutto di interpretazioni personali.

Vogliamo ora dare una formulazione differente a tale principio in modo che esso meglio esprima i concetti che esporremo.

Diciamo che quando di un fatto o avvenimento apparentemente inspiegabile si danno delle interpretazioni di ordine soprannaturale, ma di questo fatto o avvenimento si può dare anche un'interpretazione assolutamente naturale, quest'ultima ipotesi è senza dubbio, e di gran lunga, da preferire alle altre.

Quando poi di interpretazioni naturali ve ne fossero più di una, allora la preferenza per queste ultime sarebbe obbligatoria; credere caparbiamente all'interpretazione soprannaturale diviene in questi casi paragonabile al credere al famoso asino che vola, più volte menzionato in questo libro.

Rivisitazione dell'avvenimento soprannaturale

Come abbiamo visto, i fatti raccontati dai Testi Sacri prima ricordati, avvengono in un lontano passato che si estende, grosso modo, durante 2 o 3 mila anni, cioè dal 1000-2000 a.C. a circa il 600 d.C.

Poiché il carattere soprannaturale dei fatti che ci interessano non cambia molto durante questi anni e allo scopo di semplificare il nostro discorso, diciamo che essi avvennero tutti circa 2000 anni fa, salvo ad essere più precisi per casi ben specifici.

Per cercare di dare un giudizio il più oggettivo possibile

ai fatti soprannaturali narrati nei Testi Sacri, ci proponiamo di utilizzare un metodo che ci pare corretto e appropriato, quello della rivisitazione.

Rivisitare significa rivedere, analizzare e approfondire il fatto soprannaturale narrato esaminandolo in dettaglio e tenendo conto soprattutto del bagaglio culturale, delle conoscenze e del mezzo sociale in cui il fatto soprannaturale si è prodotto e viene in seguito narrato.

Utilizzeremo più precisamente due tipi distinti di rivisitazione basati su due contesti differenti: la rivisitazione contemporanea e la rivisitazione moderna.

La **rivisitazione contemporanea** consiste nell'immaginare di trasportare noi stessi indietro nel tempo a 2000 anni fa, in modo da poter essere testimoni dei fatti narrati, o almeno di raccogliere la narrazione di prima mano da testimoni oculari.

In questo primo tipo di rivisitazione i fatti avvengono realmente nell'epoca e nel contesto nei quali essi vengono raccontati nei Testi Sacri. Noi invece saremo solo dei testimoni, senza alcuna possibile azione sui fatti, ma dotati del nostro bagaglio di conoscenza, metodi di indagine e scienza maturati durante 2000 anni.

Nella **rivisitazione moderna**, invece, immaginiamo che gli stessi fatti soprannaturali avvengano ai nostri giorni e che ne siamo testimoni o che essi ci vengano raccontati da testimoni oculari.

I due metodi sono chiaramente differenti, ma complementari.

Nel primo caso infatti potremo solo cercare di spiegare i fatti soprannaturali narrati basandoci sulle nostre conoscenze attuali di usi e costumi di questi popoli di 2000 anni fa e tale conoscenza è necessariamente frammentaria e incompleta.

Nel secondo metodo, invece, le nostre interpretazioni saranno molto più solide e circostanziate. Possiamo infatti perfettamente dire che cosa accadrebbe se tali fatti accadessero o fossero raccontati oggi.

Con tali premesse, passiamo ora a trattare di alcuni dei

fatti soprannaturali narrati nei Libri Sacri o avvenuti in tempi anche recenti, raggruppandoli per categorie.

1) Voci, rivelazioni, apparizioni, visioni
Questi argomenti hanno in comune il fatto che (salvo rarissime eccezioni come quella, ad esempio, dei tre pastorelli di Fatima) le voci, le rivelazioni e le apparizioni sono annunciate da una singola persona.

Non vi è quindi, in generale, nessun'altra persona che possa confermare in maniera solida e circostanziata i fatti proclamati dalla persona oggetto del fenomeno.

Prima di passare a discutere su quali possano essere le spiegazioni di tali fenomeni, desideriamo far notare che, almeno nei paesi più progrediti, non si dà in generale gran credito alle affermazioni fatte da una sola persona.

Si può credere a tali affermazioni o per ragioni di fiducia personale, o per fede, o perché esse confermano una qualche credenza personale o appartenenza a un partito o religione: ma, in maniera oggettiva, razionale e, diciamo, legale, nessuno dà credito, lo ripetiamo, alle affermazioni provenienti da una sola fonte e non comprovate da solide verifiche.

Nessun tribunale al mondo condannerebbe un uomo sulla base di una sola testimonianza.

Nel mondo scientifico, quando un ricercatore afferma di avere fatto una scoperta importante, quest'ultima non è accettata come vera se prima non vi è la conferma di un certo numero di altri ricercatori.

Potremmo continuare con gli esempi, ma preferiamo concludere dicendo che se, nei casi citati, tutti facenti parte del nostro mondo reale, è inammissibile credere ciecamente alle affermazioni di un singolo, a maggior ragione trattandosi di casi e fatti dall'apparenza soprannaturale, la prudenza e lo scetticismo debbono almeno essere raddoppiati d'intensità.

Dobbiamo quindi chiederci a questo punto quali spiegazioni si possano dare ai fenomeni soprannaturali citati; non basta infatti dire che non vi si può credere perché essi sono riportati da persone singole e quindi poco credibili.

Bisogna anche cercare, ove possibile, di identificare

delle cause razionali, logiche e quindi credibili a fatti apparentemente soprannaturali.

Pensiamo anzitutto che dovremmo escludere l'impostura e l'imbroglio, non già che essi non siano certamente stati utilizzati in passato come nel presente per spacciare per fatti soprannaturali le invenzioni di persone perverse o anche criminali.

Pensiamo tuttavia che per quel che concerne le religioni in oggetto, l'altissimo contenuto morale del messaggio riportato e spesso le conseguenze fisiche e morali che i latori di tali messaggi hanno dovuto sopportare, ci permettono di escludere tale ipotesi.

In altre parole, gli imbroglioni e impostori sono sempre esistiti, oggi come ieri, ma di essi non ci occupiamo.

Udire **voci** è un fenomeno abbastanza comune, sia nel passato come nel presente.

Alludiamo evidentemente a quel fenomeno per cui una persona asserisce che qualcuno le stia parlando, mentre di tutta evidenza ciò non sta avvenendo.

Poiché il fenomeno non è raro anche oggi, vediamo quali sono le interpretazioni più probabili che ad esso si danno.

Le spiegazioni che oggi si danno di tale fenomeno sono tutte di ordine psico-patologico.

La più nota di esse si riferisce a una particolare forma di psicosi grave, chiamata schizofrenia, una delle cui manifestazioni è appunto quella da parte del paziente di udire delle voci che gli ordinano di fare tale o tale altra azione o gli comunicano messaggi specifici.

Il paziente riferisce di udire realmente e distintamente una o più voci che gli parlano e quindi crede ciecamente in esse.

Il contenuto del messaggio trasmesso può variare grandemente da caso a caso.

Nei casi più benigni, le voci gli fanno credere che egli è latore di messaggi divini di bontà, da trasmettere e propagare, o di essere stato inviato sulla terra per salvare il mondo ecc.

In altri casi, molto più pericolosi, le voci gli fanno credere che egli è colpevole di tutti i mali del mondo e che quindi merita solo la morte; purtroppo in alcuni casi, egli esegue questo ordine e si suicida.

In altri casi ancora le voci gli fanno credere che qualcun altro è colpevole di colpe gravissime e deve quindi morire; anche in questi casi alcune volte il paziente esegue l'ordine e può anche uccidere.

Le allucinazioni uditive possono far parte di un quadro tipicamente psichiatrico, ma possono anche manifestarsi in persone perfettamente sane sottoposte a particolari situazioni di stress o condizioni di vita particolari, come dopo un prolungato digiuno, periodi di disidratazione o di lungo isolamento.

Poiché la fisiologia umana non è certo cambiata negli ultimi 2000 anni, è lecito dedurre che udire delle voci nel senso riportato era cosa abbastanza comune allora come lo è oggi.

Solo che 2000 anni fa non si aveva la minima idea che ciò potesse essere l'effetto di un disturbo e si tendeva quindi a credere a quello che tali persone raccontavano, specie se le persone in oggetto possedevano anche notevoli doti di comunicazione e di carisma.

Come già accennato, accade anche oggi nei casi che abbiamo classificato più benigni, che un paziente affermi di udire delle voci che lo investono di rivelazioni divine o addirittura di essere egli stesso di origine divina venuto sulla terra per salvare gli uomini.

Trattandosi di voci che hanno tutta l'apparenza del reale (ricordiamo che abbiamo escluso, a priori, i casi di mistificazione), il nostro soggetto vi aderisce profondamente e con fede illimitata; egli quindi andrà in giro a propagare il messaggio così ricevuto.

Le conoscenze psichiatriche che noi oggi abbiamo, impediscono che questi fatti siano presi sul serio.

Resta sempre una piccola frangia di creduloni che grideranno al miracolo, che crederanno quindi alle supposte voci e che quindi... fonderanno una setta.

Ma si tratta in genere di fenomeni marginali che interessano, per fortuna, un numero molto ristretto di persone.

Appare invece chiaro, evidente, ragionevole e razionale sostenere che tali fenomeni avvenuti certamente nei tempi passati dovevano avere tutt'altro impatto sui contemporanei che non avevano evidentemente le nostre conoscenze mediche.

Per un qualche disturbo ancora non bene identificato, le voci sono generate nel cervello del paziente e percepite direttamente dal suo orecchio: il paziente non fa distinzione tra le voci reali e le voci false, generate dalla sua infermità.

Evidentemente, i sostenitori del carattere soprannaturale delle voci potrebbero a questo punto obiettare che è appunto l'intervento divino a far generare le voci nel cervello.

Questa ipotesi potrebbe essere presa in seria considerazione se le voci avessero sempre un carattere benefico o, in generale, fossero portatrici di un messaggio celeste. Abbiamo invece visto che così non è: le voci sono spesso portatrici di messaggi negativi o di distruzione, fino a condurre, in casi estremi, al suicidio o all'omicidio.

Allora chi genera queste voci: il diavolo o qualche altra potenza occulta?

Come abbiamo detto all'inizio di questo paragrafo, quando di un fatto che si pretende soprannaturale si trova almeno una spiegazione razionale chiara e semplice e che si adatta perfettamente ai fatti riportati, non vi può essere ombra di dubbio che questa spiegazione debba essere accettata come vera.

Bisogna quindi arrendersi all'evidenza: tutti quei personaggi che udivano delle voci riportati nei vari Testi Sacri, e così via via nei secoli, passando per la Pulzella d'Orleans fino ai nostri giorni, si trovavano certamente in una delle condizioni psico-patologiche menzionate.

Nello stesso contesto allucinatorio sono anche da ascriversi fenomeni di **rivelazioni**, **apparizioni** e **visioni**.

Anche questi fenomeni infatti hanno in comune con le voci il fatto di accadere a una singola persona o, molto più raramente, a un gruppo di persone.

Le rivelazioni si manifestano, in generale, secondo due varianti: la prima è quella delle voci, di cui ci siamo già occupati.

Nella seconda variante, la rivelazione avviene durante il sonno. Si tratta quindi di un sogno al quale la persona in oggetto dà spesso un significato soprannaturale. È quindi Dio, o un santo o ancora un altro personaggio di rilievo nella religione considerata che gli appare in sogno per comunicargli la rivelazione che egli dovrà diffondere al popolo.

Spesso il significato del sogno non è così diretto e lo stesso autore del sogno o chi per lui si incaricherà di dare ad esso una interpretazione appropriata.

L'interpretazione dei sogni è materia di studio e di disquisizioni dottissime tra esperti e il meno che si possa dire è che non vi è unanimità nelle conclusioni.

Come si sa Freud, fondatore della psicoanalisi, tra le altre cose, ha formulato una teoria abbastanza coerente di questa particolarissima attività della nostra mente.

Molti vi credono ciecamente, altri ne dubitano e non saremo certamente noi a dare un giudizio su questo particolare e scivolosissimo argomento.

Ciò che invece è certo, e su cui tutti, credenti o no nella interpretazione psicoanalitica dei sogni, è che in essi non vi è nulla di soprannaturale o di trascendente.

Si tratta di un'attività della nostra mente che, durante il sonno, in assenza del controllo vigile della coscienza, ci fa vivere delle situazioni particolari.

Il sogno viene comunque generato nei meandri della nostra mente. Come nel caso delle voci, i meccanismi di tale formazione non sono ancora totalmente chiari, ma non vi è dubbio che la sua sorgente si trovi in una qualche regione del nostro cervello.

Si può quindi arrivare alla stessa conclusione di prima, cioè che, se questi fenomeni esistono oggi come dovevano esistere ieri, non si può per ieri dare una spiegazione differente da quella che ne diamo oggi.

Apparizioni e visioni si presentano talvolta con un quadro più complesso dei fenomeni prima discussi.

In altre parole accade spesso che durante una visione o un'apparizione si odano anche delle voci e si ricevano delle rivelazioni.

Le apparizioni possono manifestarsi durante il sonno, e

allora vale quanto detto prima a proposito dei sogni. Invece i Testi Sacri fanno spessissimo riferimento ad apparizioni miracolose in pieno giorno e a persone perfettamente sveglie.

Questi fenomeni, che accadono con relativa frequenza anche oggi, vengono comunemente etichettati anch'essi con il nome di allucinazioni visive.

Le allucinazioni visive possono essere dovute a molteplici cause. Le più comuni e anche ben note e documentate sono l'uso di sostanze allucinogene o, in taluni casi, l'abuso di alcol.

Un'altra categoria di fenomeni, chiamati illusioni, può essere provocata in modo artificiale per mezzo della suggestione o dell'ipnosi da maghi e illusionisti.

Vi sono ad esempio illusionisti da teatro che riescono a fare vivere come vere a una intera platea di centinaia di persone, situazioni, spesso anche angosciose, provocate solo dalla loro potente forza ipnotica.

Si racconta che, durante una di tali esibizioni in cui il mago aveva fatto credere alla platea che il teatro stava per essere inondato, uno degli spettatori che aveva la moglie incinta, spaventato, sparò alcuni colpi di pistola per interrompere l'esperimento.

Tutto ciò mostra quanto intensa possa essere la forza di una suggestione indotta.

Per varie e ovvie ragioni non crediamo che le apparizioni di cui ci stiamo occupando possano far parte di questo tipo di fenomeni, almeno nella loro grande maggioranza.

Cause di allucinazioni visive possono anche essere lunghi periodi di digiuno, specie se in luoghi molto caldi dove la sete e la conseguente disidratazione possono avere effetti disastrosi su organismi già indeboliti.

Pensiamo appunto che queste ultime siano da proporsi come le cause più probabili dei fenomeni di apparizione e di visioni di diversi asceti riportate nei vari Testi Sacri, ma che avvengono anche in tempi molto più vicini a noi.

A questo punto desideriamo fare una breve digressione e utilizzare un altro argomento per mostrare chiaramente che in tutti questi fenomeni supposti soprannaturali non vi sono invece che manifestazioni del tutto naturali e spiegabili in modo semplice e razionale.

Vogliamo quindi controbattere una possibile osservazione che qualcuno potrebbe avanzare, cioè che, malgrado tutti questi fenomeni descritti possano avere una spiegazione semplice e naturale, cionostante in quei precisi casi riportati nelle Scritture niente può escludere che esse siano state manifestazioni soprannaturali.

Un avvenimento soprannaturale, sia che si tratti di voci o di apparizioni celesti o di altro, è sempre accompagnato da uno o più messaggi da trasmettere al popolo.

Data l'eccezionalità dell'avvenimento, sarebbe logico attendersi che anche il contenuto di tali messaggi sia di tipo eccezionale, tale almeno da confermare l'origine soprannaturale dei fatti riportati.

In altre parole, tale messaggio dovrebbe contenere ad esempio una profezia che si realizzi infallibilmente alla data annunciata, o informazioni della più alta importanza che la persona in oggetto non poteva assolutamente possedere al momento dei fatti, oppure ancora concetti o teorie assolutamente incompatibili con le conoscenze della persona ecc.

Per utilizzare un esempio volutamente iperbolico, se un pastorello del centro dell'Africa, dopo una apparizione, venisse a espormi la Teoria della Relatività, resterei sconcertato da un simile fatto e probabilmente passerei il resto della mia vita a cercare di comprendere come ciò sia potuto accadere...

Invece, nulla di tutto questo è riportato essere avvenuto nelle apparizioni di cui stiamo parlando.

Si tratta in generale di messaggi dal contenuto spesso confuso, senza alcun riferimento preciso a cose, persone o avvenimenti perfettamente identificabili; in definitiva la cui banalità è sconcertante.

Fra tutti vogliamo ricordare il caso di una apparizione famosissima, e che è a noi più vicina e quindi più verificabile: vogliamo citare le apparizioni di Fatima.

Nel 1917, tre pastorelli del villaggio sperduto portoghese di Fatima, affermarono di vedere in più occasioni (crediamo sei o sette) una figura di donna in bianco, la Signora in bianco come essi la chiamarono, che, sospesa sopra un cespuglio parlò loro con dolcezza e fece loro anche delle rivelazioni.

Il caso di Fatima è molto interessante per più di una ragione. Anzitutto le apparizioni sono viste da tre testimoni, anziché da una sola persona, come nella maggior parte di apparizioni soprannaturali riportate nei Testi Sacri.

Vi è poi l'età giovanissima dei pastorelli. La più anziana aveva 12 anni al momento dei fatti. Ora è cosa ben nota che i bambini hanno una immaginazione fervidissima e inventano spesso fatti e avvenimenti incredibili. Niente di tutto ciò avvenne a Fatima: le autorità religiose, sempre molto prudenti e sospettose in presenza di supposti fatti straordinari, interrogarono i bambini a più riprese e con le buone e anche con le cattive cercarono di far loro ammettere di aver mentito.

Malgrado queste fortissime pressioni i tre pastorelli non cambiarono di una virgola il loro racconto.

Intanto la notizia delle apparizioni si diffondeva ed erano sempre più numerosi i fedeli presenti nel luogo delle apparizioni nel giorno stabilito di ogni mese.

Inutile dire che nessuno, tranne i tre pastorelli, vide mai nulla, a eccezione dell'ultima apparizione, la settima. A questa apparizione, alla quale i tre pastorelli non poterono partecipare, erano presenti, sembra, alcune migliaia di persone. Alcuni presenti e anche alcuni giornali locali riferirono di strani fenomeni atmosferici e di ancor più misteriosi movimenti del disco solare.

Inutile dire che, a parte i presenti, nessuno notò nulla di strano nel comportamento del sole anche a poca distanza dal luogo del miracolo, cosa confermata dal locale ufficio meteorologico.

In seguito le autorità religiose decisero che la Signora in bianco era la Madonna e che le sue apparizioni erano da annoverarsi tra i miracoli riconosciuti dalla Chiesa.

Abbiamo già parlato di fenomeni di allucinazione collettiva che potrebbero applicarsi sia alla settima apparizione che coinvolse una notevole folla, sia alle apparizioni precedenti che coinvolsero i tre pastorelli.

Si potrebbe anche parlare di allucinazioni di una sola dei

tre fanciulli, la più anziana, che poi avrebbe potuto plagiare gli altri due più piccoli, facendo loro ripetere quello che lei affermava di aver visto...

Non vogliamo tuttavia insistere su questo argomento perché possiamo solo avanzare ipotesi; preferiamo invece soffermarci sui messaggi delle apparizioni, perché in questo caso abbiamo documenti ben precisi.

Come è noto, la Signora in bianco comunicò ai tre pastorelli sostanzialmente tre messaggi da trasmettere agli uomini, ma disse anche che tali messaggi non dovevano essere trasmessi subito ma che bisognava aspettare un certo numero di anni prima di renderli pubblici.

Per tale ragione i tre messaggi furono subito chiamati i tre segreti di Fatima.

Passarono gli anni e due dei pastorelli morirono di febbre spagnola, mentre la terza si ritirò in un convento, dove è morta recentemente.

Inutile dire che intanto la curiosità e, in genere, l'attesa e la febbre per conoscere il contenuto di quei segreti crebbe a dismisura.

Ciò ci sembra naturale, visto che, come abbiamo detto prima, tutti, credenti e meno credenti, immaginavano segreti importantissimi e strabilianti, a misura di quanto strabilianti erano state le apparizioni.

Finalmente nel 1941 (da notare, ben 24 anni dopo le apparizioni!), sotto la pressione delle autorità religiose, la sopravvissuta suor Lucia si decise a scrivere di suo pugno il contenuto dei tre segreti.

Essa disse anche che, per volere della Madonna, i primi due potevano essere rivelati subito, mentre per il terzo bisognava ancora aspettare parecchi anni (dopo il 1960): il mondo non era ancora pronto a ricevere il terzo segreto!

Ed ecco il contenuto dei tre segreti.

Nel primo segreto la Signora in bianco mostra ai tre pastorelli una visione apocalittica dell'inferno.

Fuoco, fiamme, oli bollenti sono solo alcune delle pene mostrate, il tutto inferto da orribili diavoli con sembianze metà umane e metà bestiali. L'unica maniera per evitare tale orrendo castigo è il pentimento e l'espiazione delle terribili colpe del genere umano. «Pentimento, pentimento», urlano i diavoli...

Questa visione terribile dell'inferno fa parte costantemente dell'iconografia cristiana da circa 2000 anni... basta guardare un dipinto di Bosch o leggere Dante...

Tale visione dell'inferno era quindi molto comune ovunque nel mondo cristiano... ed era certamente conosciuta anche da tre pastorelli ignoranti del profondo Portogallo nel 1917.

Il secondo segreto è essenzialmente dedicato alla Russia. La Russia atea e comunista si convertirà solo se essa verrà consacrata al cuore immacolato di Maria.

Ricordiamo a questo punto che i segreti furono trasmessi ai tre pastorelli durante le apparizioni nel 1917, ma che suor Lucia li ha messi per iscritto solo nel 1941. Se essa avesse descritto questo secondo segreto nel 1917, si resterebbe evidentemente perplessi: come poteva essa sapere che la Russia avrebbe dovuto convertirsi in futuro essendo diventata nel frattempo atea e mangiapreti?

Il periodo tra il 1917 e il 1941 è proprio l'epoca in cui la Russia diventa per il mondo occidentale lo spauracchio e l'origine di tutti gli incubi. Le più orrende nefandezze, vere o presunte, sono attribuite a questo regime comunista e senza Dio; ricordiamo che circolavano persino voci, credute da molti vere, secondo le quali i russi mangiavano i bambini...

Ci sembra evidente che questo terrore del mondo comunista, che era comune in tutto il mondo occidentale, ma che era divenuto un vero incubo per il mondo cristiano, si sia certamente trasmesso anche attraverso le mura del convento dove viveva suor Lucia e le abbia quindi dettato il contenuto del secondo segreto.

Come si vede, anche in questo caso, niente che non sia compatibile con lo spirito,le conoscenze e le credenze di una pastorella ignorante del profondo Portogallo.

Il terzo segreto si presenta come il meno chiaro dei tre.

Ricordiamo anzitutto che esso fu divulgato solo dopo circa 40 anni rispetto agli altri due (1984). Durante tutto questo periodo evidentemente furono proposte le illazioni più disparate, visto che come sempre il mistero dell'attesa aumenta a dismisura la curiosità e la fantasia. Si parlava di fine del mondo, di arrivo dell'antipapa, di guerre e catastrofi a venire per punire il genere umano ecc.

Anche in questo caso la delusione al momento della lettura del terzo segreto è stata immensa.

Si descrive uno strano scenario di campi di battaglia inondati di sangue dove sembrano combattere preti e soldati. Campeggia sopra tutti la figura di un uomo vestito di bianco che cade trafitto dalla spada di un soldato.

Come sempre eserciti di interpreti hanno cercato delle spiegazioni profonde a questa visione, specie per identificare la figura dell'uomo in bianco. In un primo tempo si pensò fosse l'Arcivescovo di Leiria, ma la interpretazione finale è che si tratta del Santo Padre Giovanni Paolo II.

L'interpretazione più recente anzi è che la scena riferita nel terzo segreto sia il tentativo di assassinio perpetrato sul Santo Padre da un estremista turco nel 1985. Per eliminare l'evidente contraddizione che nella scena riportata l'uomo in bianco muore trafitto dalla spada del soldato, si è deciso che all'ultimo momento è stata la mano della Madonna a cambiare la traiettoria della pallottola che, altrimenti, sarebbe stata mortale...

Come si vede non vi è nulla di trascendente nei tre segreti di Fatima, in ogni modo nulla di paragonabile a quello che una spasmodica attesa durata più di un cinquantennio poteva lasciar immaginare: la delusione è quindi totale... almeno per gli spiriti anche solo leggermente razionali.

Lo stesso in pratica avviene per tutti gli altri casi riportati di apparizioni seguiti da rivelazioni.

L'ultimo fatto soprannaturale trattato in questo gruppo concerne le estasi.

Durante questo fenomeno il soggetto in questione si trova in uno stato di trance beata nel quale abitualmente afferma di avere delle visioni; si tratta per lo più di visioni e di immagini che si riferiscono al Paradiso, spesso in presenza del Padre Eterno e di una coorte di angeli e di santi.

Anche in questo caso, in generale, le immagini sono quelle classiche, immagazzinate nella mente di ogni buon credente come iconografia religiosa ancestrale.

La psichiatria moderna classificherebbe senza dubbio questi fenomeni nella categoria delle manifestazioni di carattere isterico, che si possono produrre anche in soggetti di genere maschile.

A questa categoria di disturbi appartengono anche quei casi di cosiddetta possessione del demonio.

Il soggetto, spesso in preda a violente convulsioni e sbavamenti vari, urla e si agita inveendo contro i presenti, ma soprattutto proferendo orrende bestemmie e imprecazioni contro la Chiesa e i suoi rappresentanti.

Purtroppo rattrista vedere che anche la Chiesa considera in alcuni casi come reale questa possessione del demonio e invia i famosi esorcisti, proprio come faceva nel buio periodo del Medioevo, e organizza anche corsi universitari per esorcisti.

In passato si usava spesso con questi soggetti un metodo che era drastico e anche violento: si assestavano infatti al malcapitato indemoniato un paio di solenni schiaffoni che, si dice, in alcuni casi potevano anche farlo rinsavire. Oggi, più civilmente, lo si affida alle cure psichiatriche.

2) Profezie

La capacità di predire il futuro è stata ed è tuttora una pratica molto comune e le persone che la praticano sono comunemente dette profeti.

Secondo il Corano (che considera anche Gesù come un profeta, venuto ad annunciare la venuta del vero Profeta) si possono annoverare nel passato più di 140.000 profeti!

Non abbiamo la minima idea se tale numero straordinario corrisponda al vero, ma è certo che profetizzare è stata da sempre una pratica molto diffusa.

Per chiarire il discorso sulle profezie e sgombrare il campo da possibili errori o interpretazioni, desideriamo anzitutto definire che cosa noi intendiamo per profezia.

È molto semplice: per noi una profezia è una previsione su un fatto o avvenimento che riguarda il futuro, che sia chiara, precisa e circostanziata. In parole ancora più chiare, bisogna che la profezia riporti con precisione quando il fatto avverrà, come esso si manifesterà, chi o che cosa saranno coinvolti ecc., cioè tutti quegli elementi che permetteranno, quando il fatto avvenisse nel futuro, di affermare senza ombra di dubbio che si trattava proprio di ciò che era stato annunciato nella profezia.

Ora è facile dimostrare che in tutte le profezie fatte nel passato, diciamo proprio in tutte, non vi è nemmeno l'ombra di un sospetto che queste condizioni si siano manifestate.

Si tratta sempre di profezie il cui contenuto è fumoso e impreciso, che si possono applicare a centinaia di casi possibili e che solo una volontà e una credenza irrazionali possono riferire a un evento ben preciso.

Anche a costo di apparire irriguardosi verso gli esegeti delle profezie religiose, non possiamo evitare di fare un paragone tra queste ultime e le famose profezie di Nostradamus.

Nelle sue famose Centurie, Nostradamus, usando un linguaggio contorto, astruso e diciamo chiaramente incomprensibile, chiaro (forse) solo a lui, proferisce centinaia di sedicenti profezie per fatti che dovrebbero accadere nei secoli futuri.

Il linguaggio è così (volutamente?) astruso che ogni profezia si può applicare a un gran numero di casi; ed è infatti quello che è avvenuto dato che dal XVI secolo a oggi Nostradamus è riuscito a far scorrere fiumi d'inchiostro sull'interpretazione delle sue Centurie.

Come sempre accade in questi casi, quando cioè si fanno centinaia (o forse migliaia) di profezie, in qualche caso sporadicamente i fatti sembrano dar ragione, in maniera spesso anche convincente, alle previsioni. Tale è il caso, ad esempio, della morte del re Enrico II, trafitto da una lancia di legno durante un torneo cavalleresco, le cui modalità erano contenute, in maniera abbastanza chiara, in una delle profezie di Nostradamus.

Se un cacciatore spara ciecamente con la sua doppietta un gran numero di colpi verso il cielo, prima o poi colpirà un qualche povero uccello di passaggio... ciò non significa affatto che egli abbia mirato bene...

Tutte le profezie contenute nei Testi Sacri sono di questo tipo, cioè sono descritte in modo così confuso e in termini così generali che solo la fantasia, la buona volontà(!) e la fede dei cosiddetti interpreti possono trovare in esse riferimenti a fatti ben precisi.

L'argomento spesso usato per giustificare un linguaggio così chiaramente fumoso è che chi ha scritto quelle profezie doveva evidentemente adattarsi alle conoscenze dei contemporanei e non poteva quindi esprimersi in termini chiari e precisi su questioni e fatti spesso di un futuro lontano: un argomento questo che lascia libero sfogo a qualunque interpretazione.

Per mettere in evidenza quanto detto sulle «libere interpretazioni» che si danno a passi dei Testi Sacri per spacciarli come profezie, riportiamo per prima una decina di queste interpretazioni citate nell'autorevole sito Christian.Answers.net insieme ai testi originali dai quali tali interpretazioni sono dedotte; non si tratta in questi casi di profezie, ma esse rendono conto di quel che intendiamo quando parliamo di esegesi dubbia.

Come si sa, la Bibbia non solo contiene migliaia di profezie di vario tipo, ma essa contiene anche molte, se non tutte le leggi della fisica e le scoperte scientifiche che sono state fatte qualche migliaio di anni dopo...

Esempio 1
La rotondità della terra (Isaia 40:20)

Il passo in questione dice: «Egli siede sopra la volta del mondo, da dove gli abitanti sembrano cavallette. Egli stende il cielo come un velo, lo spiega come una tenda dove abitare».

Esempio 2
L'estensione quasi infinita dell'universo sidereo (Isaia 55:9)

Il passo in questione dice: «Quanto il cielo sovrasta la terra, tanto le mie sovrastano le vostre vie, i miei pensieri sovrastano i vostri pensieri».

Esempio 3
La legge della conservazione della massa e dell'energia (2 Pietro 3:7)

Il passo in questione dice: «Ora, i cieli e la terra attuali sono conservati dalla medesima parola, riservati al fuoco per il giorno del giudizio e della rovina degli empi».

Esempio 4
Il ciclo idrologico (Ecclesiaste 1:7)

Il passo in questione dice: «Tutti i fiumi vanno al mare, eppure il mare non è mai pieno; raggiunta la loro meta, i fiumi riprendono la loro marcia».

Esempio 5
Il vastissimo numero delle stelle (Geremia 33:22)

Il passo in questione dice: «Come non si può contare la milizia del cielo né numerare la sabbia del mare, così io moltiplicherò la discendenza di Davide, mio servo, ed i Leviti che mi servono».

Esempio 6
La legge dell'Entropia progressiva (Salmo 102: 25-27)

Il passo in questione dice: «Io dico: mio Dio, non rapirmi a metà dei miei giorni; i tuoi anni durano per ogni generazione. In principio tu hai fondato la terra, i cieli sono opera delle tue mani. Essi periranno, ma tu rimani, tutti si logorano come veste, come un abito tu li muterai ed essi passeranno».

Esempio 7
L'importanza suprema del sangue nei processi vitali (Levitico 17:11)

Il passo in questione dice: «Poiché la vita della carne è nel sangue. Perciò vi ho concesso di porlo sull'altare in espiazione per le vostre vite; perché il sangue espia in quanto è la vita».

Esempio 8
La circolazione atmosferica (Ecclesiaste 1:6)

Il passo in questione dice: «Il vento soffia a mezzogiorno, poi gira a tramontana; gira e rigira e sopra i suoi giri il vento ritorna».

Esempio 9
Il campo gravitazionale (Giobbe 26:7)

Il passo in questione dice: «Egli stende il settentrione sopra il vuoto, tiene sospesa la terra sopra il nulla».

Credo che le precedenti citazioni non hanno bisogno di alcun commento.

Tornando alle profezie, che come detto sono migliaia, non ci è possibile chiaramente contestarle tutte.

Prendiamo quindi come esempio una, anzi alcune, delle più conosciute perché esse ci sembrano ben paradigmatiche. Consideriamo dunque alcune delle profezie di Daniele, perché si ritiene che esse annuncino, con circa mezzo millennio di anticipo, la venuta di Gesù. Daniele faceva parte del popolo ebraico durante la cattività in Babilonia, dopo la prima distruzione del Tempio di Gerusalemme. Durante questo periodo egli ebbe parecchie visioni e fece anche delle profezie.

Quella che ci interessa (Daniele 9) pare sia stata esternata intorno al 538 a.C. Essa dice, tra l'altro:

> [...]
> [24] Settanta settimane sono fissate
> per il tuo popolo e per la tua santa città
> per mettere fine all'empietà,
> mettere i sigilli ai peccati, espiare l'iniquità,
> portare una giustizia eterna,
> suggellare visione e profezia e ungere il Santo dei Santi.

[25] Sappi e intendi bene,
da quando uscì la parola
sul ritorno e la ricostruzione di Gerusalemme
fino a un principe consacrato,
vi saranno sette settimane.
Durante sessantadue settimane
saranno restaurati, riedificati piazze e fossati,
e ciò in tempi angosciosi.
[26] Dopo sessantadue settimane,
un consacrato sarà soppresso senza colpa in lui;
il popolo di un principe che verrà
distruggerà la città e il santuario;
la sua fine sarà un'inondazione e, fino alla fine,
guerra e desolazioni decretate.
[27] Egli stringerà una forte alleanza con molti
per una settimana e, nello spazio di metà settimana,
farà cessare il sacrificio e l'offerta;
sull'ala del tempio porrà l'abominio della
desolazione
e ciò sarà sino alla fine,
fino al termine segnato sul devastatore
[...]

Inutile dire che molto si è discusso su questo testo per cercare di dargli una chiara spiegazione profetica su fatti che si sono puntualmente verificati.

Il testo sembra in realtà alludere chiaramente a un Unto, o consacrato da Dio (in altre parole, un Messia), che sarebbe arrivato e sarebbe stato ucciso 70 settimane dopo il ritorno degli Ebrei a Gerusalemme.

Inoltre durante queste 70 settimane l'intera Gerusalemme con il suo tempio sarebbero stati ricostruiti.

Il punto più controverso è il significato che si debba dare alla menzione delle settimane.

Notiamo anzitutto che il testo, come sempre, non è affatto chiaro con queste prime sette settimane dopo le quali arriverebbe un primo Unto, seguite da 62 settimane di ricostruzione (incidentalmente 62 più 7 non fa 70, ma consideriamo questo come un dettaglio...), dopo le quali arriva l'Unto considerato come il Messia. Tuttavia tralasciamo queste difficoltà e concentriamo la nostra attenzione sulle 70 settimane.

Un periodo di 16 mesi sembra invero troppo breve per la ricostruzione di una città compreso il suo grandioso tempio, anche se, a onor del vero, sembra che il nuovo tempio sia stato già edificato nel 516 a.C. cioè solo dopo meno di 4 anni (520 a.C.) dacché Dario aveva permesso agli Ebrei con un editto di effettuare la ricostruzione.

Comunque poi la profezia non si sarebbe avverata perché sappiamo che dopo quei 16 mesi fatidici nessun Unto era arrivato per confermarla: gli esegeti dovevano quindi trovare un'altra interpretazione.

L'esegesi è la dottrina che interpreta, nel nostro caso, le Sacre Scritture. Le regole che definiscono (in maniera piuttosto arbitraria, diciamo noi) come l'esegesi debba interpretare le Scritture sono contenute in un'altra dottrina, chiamata ermeneutica.

Nel caso che ci interessa, l'ermeneutica ha deciso che nell'interpretazione delle Sacre Scritture, e in particolare nelle profezie, quando è fatta menzione di un giorno, si debba intendere in realtà un anno.

Che questa interpretazione non sia valida in generale per la totalità della Bibbia è comunque cosa evidente e accettata universalmente: ad esempio nessuno sostiene che la creazione del mondo (Genesi) si sia svolta durante sette anni, anziché sette giorni.

Per quel che concerne le profezie, l'ermeneutica sostiene che risulta evidente dal contesto stesso di molte profezie che i profeti intendano anni quando parlano di giorni.

L'esempio più comune che viene portato a sostegno di questa tesi, è un brano di una visione profetica di Ezechiele (Ezechiele 4) in cui si chiede appunto al profeta di espiare le iniquità della casa di Israele:

[...]

[4] Mettiti poi a giacere sul fianco sinistro e sconta su di esso la iniquità d'Israele. Per il numero di giorni in cui giacerai su di esso, espierai le sue iniquità: [5] io ho computato a

te gli anni della sua espiazione come un numero di giorni. Per centonovanta giorni tu espierai le iniquità degli Israeliti.

[6] Terminati questi, giacerai sul fianco destro e sconterai l'iniquità di Giuda per quaranta giorni, computando un giorno per ogni anno.

[...]

Si chiede quindi al profeta di restare legato a un tavolaccio per ben 230 giorni, cibandosi inoltre quasi di niente, come descritto in dettaglio nel seguito della visione, non riportato qui.

La frase su cui poggia maggiormente l'interpretazione ermeneutica è quell'ultima «computando un giorno per ogni anno».

Ora, ci sembra già impossibile che un uomo possa sopravvivere per ben 230 giorni a quel tipo di supplizio, ma solo pensare che questo possa estendersi per 230 anni sembra addirittura inimmaginabile.

Eppure il significato della frase sembra talmente evidente: Ezechiele deve espiare le colpe del popolo di Israele e di Giudea con una pena di un giorno per ogni anno durante il quale l'iniquità è durata.

In nessun modo si può quindi affermare che quando si parli di giorni debba intendersi anni...

È evidente che se si interpretano i giorni come anni la profezia dice che 490 anni (o 483 calcolando solo 69 settimane) dopo che gli Ebrei ebbero il permesso di ricostruire la città (Artaserse 457 a.C.?), la città sarebbe stata ricostruita e il Messia sarebbe arrivato: le cifre, come si vede, all'incirca tornano.

Facciamo tuttavia osservare che se 70 settimane (fatte di giorni) sembrano un po' poche per ricostruire Gerusalemme, mezzo millennio sembra decisamente un periodo spropositato; in mezzo millennio in genere intere civilizzazioni sono comparse e scomparse...

Inoltre la domanda che sorge spontanea è chiedersi come mai, se l'avvento del Messia è così chiaramente indicato in questa profezia, gli Ebrei che sono i principali esegeti delle Scritture, non vi hanno mai creduto?

Vi è tuttavia un altro argomento che ci fa dubitare ancora di più della profezia e dello strano computo dei giorni in anni.

Si tratta di un'altra profezia dello stesso Daniele (Daniele 8) che viene meno citata... forse per non mettere in difficoltà la veridicità della precedente. Essa dice:

[...]

[13] Udii un santo parlare e un altro santo dire a quello che parlava: «Fino a quando durerà questa visione: il sacrificio quotidiano abolito, la desolazione dell'iniquità, il santuario e la milizia calpestati?». [14] Gli rispose: «Fino a duemilatrecento sere e mattine: poi il santuario sarà rivendicato».

[26] La visione di sere e mattine, che è stata spiegata, è vera. Ora tu tieni segreta la visione, perché riguarda cose che avverranno fra molti giorni.

[27] Io, Daniele, rimasi sfinito e mi sentii male per vari giorni; poi mi alzai e sbrigai gli affari del re: ma ero stupefatto della visione perché non la potevo comprendere.

[...]

Questa profezia sarebbe stata scritta nel 551 a.C. «nel terzo anno di Baldassarre»: quindi né se si considerano 2300 giorni, né se si considerano gli anni (si giunge al 1746) si arriva a una data che abbia un qualche particolare significato (a parte, forse, per i Mormoni che, con qualche leggera acrobazia nelle date, avrebbero identificato in quella data la morte del loro fondatore).

Inoltre Daniele parla chiaramente di sere e mattine che sembra un inequivocabile riferimento a un giorno vero (di 24 ore).

Ci si può chiedere a questo punto se le versioni che abbiamo oggi di queste profezie, e in generale delle Sacre Scritture, siano identiche ai loro originali, visto che tanto tempo è passato.

A differenza dei Vangeli, dei quali abbiamo delle copie

di solo una trentina di anni successive alle prime stesure, le prime copie certe che possediamo del Vecchio Testamento risalgono a circa il 900 d.C.

Ciò significa che quello che noi oggi leggiamo è stato riscritto pazientemente da eserciti di scribi durante 1500 anni.

È cosa ben nota che le trascrizioni della Bibbia venivano eseguite con regole strettissime e sotto la sorveglianza di ministri del culto inflessibili. Tuttavia facciamo notare che 1500 anni sono tanti e non ci sentiamo di escludere che piccole modifiche siano state introdotte involontariamente... o anche, in qualche caso, volontariamente, per meglio adattare i testi ai fatti.

L'esempio più perfetto di duplicazione che la natura stessa ci presenta è senza dubbio quello della duplicazione dell'elica DNA durante la mitosi della cellula. Eppure sappiamo che anche in questa perfetta duplicazione piccoli errori di trascrizione si insinuano, come lo prova, purtroppo, il fatto che noi stessi invecchiamo e poi moriamo. Se la natura commette dei simile errori, si può quindi escludere che gli scribi copiatori non ne abbiano mai commessi?

Vogliamo terminare questo paragrafo sulle profezie, facendo osservare che, come annunciato nella premessa, abbiamo solo utilizzato argomenti molto semplici di buon senso e di razionalità, gli unici capaci di discutere sull'irrazionale.

Non abbiamo mai fatto riferimento alla scienza, per la quale le profezie sono semplicemente impossibili, come vedremo nel capitolo dedicato al tempo.

3) Miracoli

Le Scritture delle tre religioni di cui ci stiamo occupando riportano un numero molto rilevante di miracoli, o presunti tali, attribuiti o all'azione diretta di Dio o di persone dotate evidentemente di poteri soprannaturali.

Tali fatti, avvenuti in tempi molto lontani e di cui spesso, anzi quasi sempre, manca una qualunque possibilità di verifica o di riferimenti diversi da quelli riportati dalle Scritture stesse, sono evidentemente molto difficili da validare e si possono solo avanzare ipotesi razionali per trovar loro una spiegazione. Per nostra fortuna, i miracoli continuano ad essere proclamati anche in tempi a noi contemporanei o comunque più vicini, e questo ci permette un approccio un po' meno dubbio.

Come abbiamo già fatto a proposito delle profezie, vogliamo anche in questo caso utilizzare una *boutade* per mettere in chiaro quello che noi intendiamo per miracolo; anche se si tratta di una *boutade*, essa ha il merito di evitare ogni dubbio o fraintendimento su quel che segue.

Per noi i miracoli sono fatti realmente eccezionali, che non possono avere, così come descritti, alcuna spiegazione scientifica; per distinguerli dagli altri, che potrebbero avere una spiegazione scientifica, li etichettiamo come miracoli di prima categoria.

Continuando con la nostra *boutade*, diciamo che compirebbe un miracolo di tale tipo, ad esempio, qualcuno che capovolgesse la torre Eiffel facendola poggiare sulla punta, oppure qualcuno che facesse scomparire una montagna...

Se fossi testimone di un tale avvenimento, come abbiamo già detto, credo che abbandonerei ogni altra attività, dedicando la mia vita allo studio di un tale fatto eccezionale.

Per (mia) fortuna tali fatti oggi non accadono... così continueremo a scrivere questo libro.

I miracoli che si presentano oggi alla nostra osservazione sono tutti, diciamo tutti, della seconda categoria, miracoli cioè che si prestano sempre a una spiegazione razionale, come vedremo.

Questo stesso fatto è a nostro avviso estremamente importante e dovrebbe farci riflettere.

Tutti i miracoli della prima categoria sono riportati nei Testi Sacri e sono avvenuti in tempi sempre assai lontani.

Ciò appare subito assai sospetto. Qualunque sia lo scopo di un miracolo, perché essi non si producono anche oggi?

La risposta che viene spontanea è anche troppo facile: perché se un simile fatto eccezionale accadesse oggi, o venisse comunque raccontato da qualcuno, si nominerebbe subito una commissione di esperti che esaminerebbe in dettaglio e scientificamente ogni aspetto e circostanza presentati, e presto o tardi si troverebbe una spiegazione razionale.

Questo del resto accade continuamente, anche se non si tratta di miracoli propriamente detti, ma comunque di fatti eccezionali. Vogliamo alludere a tutti quei casi di rapimenti da parte di extraterrestri, di persone che riescono con il solo potere mentale a spostare oggetti o a piegarli, di oggetti fatti passare attraverso pareti solide, di materializzazioni di ectoplasmi o altro ecc.

In tutti questi casi, quando gli autori di tali presunti fatti eccezionali sono stati sottoposti a serie indagini scientifiche (ad esempio Randi et alii). l'impostura è regolarmente stata messa in evidenza.

Come dicevamo prima, sarebbe troppo lungo enumerare tutti i miracoli di questa prima categoria riportati nei Testi Sacri delle tre religioni considerate. Per cui ne ricorderemo solo alcuni... non c'è che l'imbarazzo della scelta.

Nel Vecchio Testamento ricordiamo per cominciare il racconto stesso della Creazione riportato nella Genesi; Mosè che apre le acque del Mar Rosso, Giosuè che ferma il sole, Dio che scende ripetutamente a parlare con il popolo ebreo in un carro di fuoco la cui descrizione dettagliata ricorda stranamente un'astronave, Sara tramutata in statua di sale perché si è voltata a guardare la distruzione di Sodoma ecc.

Nel Nuovo Testamento sono riportati parecchi miracoli di Gesù: la resurrezione di Lazzaro (morto già da giorni), la trasformazione dell'acqua in vino, la moltiplicazione dei pani e dei pesci ecc. e, soprattutto, la Resurrezione.

Facciamo notare che, mentre i fatti miracolosi del Vecchio Testamento sono in genere riportati in uno solo dei 66 testi che lo compongono e quindi sono stati probabilmente scritti da uno solo dei circa 40 autori presunti, così non è per il Nuovo Testamento.

In questo caso infatti, come sappiamo, vi sono quattro Vangeli ufficiali e ancora una mezza dozzina di Vangeli apocrifi che riferiscono più o meno gli stessi fatti.

Si potrebbe quindi pensare a prima vista che questo confermi la validità dei fatti miracolosi riportati.

In realtà così non è; ciò sarebbe vero se gli autori dei Vangeli fossero stati testimoni oculari dei miracoli. Sappiamo invece che i Vangeli furono scritti parecchi decenni dopo gli avvenimenti della vita di Cristo. Si tratta quindi di un *relata refero* cioè di notizie riportate da persone che, a loro volta, le hanno udite da altri, e così via; dato l'intervallo di tempo trascorso, possiamo stimare quindi che almeno due generazioni siano passate tra i fatti reali e il loro racconto agli evangelisti. Durante tale intervallo di tempo si è quindi costituita nella allora molto ristretta comunità cristiana una versione unitaria dei fatti accaduti, che sono quindi riportati dai vari evangelisti in modo quasi identico.

Nel Corano, a parte la dettatura stessa fatta da Dio, non appaiono racconti di miracoli del tipo di quelli descritti finora: forse l'unica eccezione è il racconto di una avventura del Profeta bambino, quando fu avvicinato da due strani personaggi che, dopo avergli estratto il cuore, ne eliminarono un grumo nero dal suo interno e poi rimisero tutto a posto...

Gli esegeti del Corano, anche moderni, insistono invece sul fatto che Maometto avrebbe descritto in dettaglio funzioni e funzionalità del corpo umano con una conoscenza impossibile ad aversi circa 1400 anni fa. Questo fatto sarebbe dunque un miracolo da ascrivere a un intervento divino.

Cercare di dare oggi, a più di 2000 anni di distanza, una interpretazione soddisfacente e razionale dei miracoli del primo tipo riportati nei due Testamenti non è evidentemente cosa facile. Non si tratta infatti dello stesso tipo di fenomeni prima esaminati, come rivelazioni, profezie ecc.

La ragione principale di tale difficoltà risiede nel fatto che per questi ultimi, accadendo essi praticamente identici anche ai nostri giorni, è stato possibile individuare una interpretazione razionale e soddisfacente.

I miracoli del primo tipo invece, come abbiamo già detto, non avvengono più ai nostri giorni e dobbiamo quindi fidarci di racconti vecchi di 2000 anni, spesso attinti a una unica fonte (la Bibbia) o a fonti facenti capo probabilmente a una unica sorgente.

In queste condizioni la tentazione è grande di contestare tutto in blocco e affermare che evidentemente si tratta di fabulazioni di persone animate da grande ed evidente misticismo ma creduloni e ignoranti.

L'argomento fondamentale a sostegno di un tale possibile ma drastico atteggiamento è quello che abbiamo già esposto prima: il fatto cioè che tali tipi di miracoli che abbiamo classificato come appartenenti alla prima categoria (cioè che, se verificati, non possono essere spiegati né razionalmente, né scientificamente), avvengono e sono riportati solo in un passato lontano dove ogni seria verifica è praticamente impossibile.

Come per miracolo (è il caso di dirlo) essi non sono più riportati in tempi più moderni, fino a scomparire del tutto in tempi contemporanei: e ciò appare già come un fatto estremamente sospetto.

Qualunque sia o possa essere lo scopo di un miracolo (non vogliamo certo entrare nella imperscrutabilità dei disegni divini), sembra comunque evidente che un miracolo della prima categoria avrebbe oggi un impatto infinitamente superiore sulla fede e sulle credenze di quanto ne abbiano fatti accaduti 2000 anni fa.

Malgrado questa circostanza, che ci sembra evidente, di miracoli della prima categoria non ve ne è oggi neppure l'ombra. Torneremo tra breve sull'argomento.

Un atteggiamento meno drastico ci porta a utilizzare argomenti più razionali e basati sul buon senso.

Uno di tali argomenti è certamente quello di vedere se, nel mondo contemporaneo ai fatti narrati nelle Sacre Scritture, esistevano altri tipi di miracoli del primo tipo, e quali essi fossero.

A quell'epoca, contemporaneamente alle poche migliaia di quei primi cristiani, esistevano due popoli, i Greci e i Romani (per limitare il nostro discorso), composti da alcuni milioni di esseri che, nella stragrande maggioranza, credevano agli Dei dell'Olimpo.

Questi Dei compivano continuamente miracoli del primo tipo: uomini trasformati in animali o in piante, battaglie le cui sorti erano decise da questo o quel Dio, esseri umani resi invulnerabili perché immersi in qualche fonte miracolosa, Giove che prende varie sembianze per godere delle grazie di qualche bella donna ecc.

Tutti questi fatti soprannaturali riportati negli scritti greci e romani hanno evidentemente tutte le caratteristiche per essere considerati come miracoli del primo tipo, cioè assolutamente inspiegabili scientificamente.

Essi hanno quindi la stessa forma dei miracoli riportati nelle Scritture.

Desideriamo inoltre ricordare che la popolazione dei primi cristiani, quelli cioè che avrebbero dovuto assistere ai miracoli menzionati nei Vangeli, ammontava probabilmente a poche migliaia di persone, costituite essenzialmente da pastori e pescatori certamente ignoranti e creduloni.

Allo stesso modo, possiamo considerare che gli Ebrei contemporanei dei fatti miracolosi riportati nella Bibbia non dovessero ammontare che a poche decine di migliaia di persone, forse qualche centinaio di migliaia: anch'essi erano composti nella stragrande maggioranza, e con qualche rara eccezione riportata nelle Scritture, da pastori e comunque da gente molto semplice.

Al contrario, i Greci e i Romani vissuti durante i secoli in cui la religione dell'Olimpo regnava, debbono essere stati in numero notevolissimo, probabilmente varie decine di milioni di persone, forse anche più.

In seno a tale popolazione nacquero e vissero anche gran parte dei geni che l'umanità abbia mai partorito.

Per intenderci, si tratta di quelle persone che hanno scritto l'*Anabasi*, il *De Rerum Natura*, le *Odi*, il *De Bello Gallico*, l'*Iliade* e l'*Odissea*...; si tratta di quelle persone che hanno calcolato il diametro della terra guardando il sole riflesso in un pozzo, che hanno calcolato con grande approssimazione il pi greco, che hanno inventato l'ottica, che hanno calcolato con precisione il moto delle stelle ecc.

Ebbene, molti di questi uomini, umili o geniali, hanno creduto per secoli indistintamente, o quasi, agli Dei dell'Olimpo e quindi ai miracoli che essi compivano.

Poi, lentamente, la religione dell'Olimpo perse vigore fino a scomparire del tutto, soppiantata essenzialmente dal Cristianesimo e agli Dei e ai loro miracoli nessuno credette più.

Sorge quindi a questo punto spontanea una domanda: perché noi oggi non crediamo più a quei miracoli che hanno rappresentato per milioni di esseri intelligenti e colti il fondamento della loro religione, e dobbiamo invece credere ai fatti miracolosi raccontati nella Bibbia da uomini in genere umili e incolti?

La risposta che si dà comunemente a questa domanda è semplice e senza ambiguità: perché quelle manifestazioni miracolose credute dai Greci e dai Romani facevano parte di una religione che si è dimostrata falsa e i cui Dei non sono mai esistiti.

Al contrario, i fatti miracolosi riportati nella Bibbia sono autentici perché emananti senza dubbio dal vero Dio in cui tutti dobbiamo credere.

Questo tipo di risposta è a nostro avviso errata poiché essa si basa su un profondo malinteso che consiste nel fatto che, parlando di religione e di miracoli, si sono interscambiati gli effetti con le cause.

Le tre religioni prese in considerazione basano il loro credo sull'esistenza di un unico Dio (chiamato Jahvé, Dio o Allah), creatore dell'universo che ha stabilito le regole di comportamento che gli uomini devono rispettare per accedere alla beatitudine eterna (che si presenta in forme differenti secondo i giudeo-cristiani e i musulmani).

I miracoli, cioè le manifestazioni soprannaturali secondo le quali questo Dio si manifesta ogni tanto agli uomini, non sono, strettamente parlando, necessari all'esistenza stessa della religione. La religione dovrebbe e potrebbe esistere anche senza miracoli.

I miracoli si presentano come un effetto importante ma non necessario della religione: la religione quindi esiste per se stessa e rappresenta la causa prima per cui i miracoli avvengono e questi ultimi rappresentano quindi uno dei suoi effetti.

Noi invece sosteniamo esattamente il contrario: la religione esiste oggi e sopravvive soprattutto, e forse soltanto, perché i fatti soprannaturali riportati nelle Scritture sono ritenuti veri dai suoi fedeli.

Senza questa manifestazione diretta della presenza e onnipotenza di Dio che sono i miracoli, le tre religioni in oggetto, e anche molte altre, sarebbero già scomparse da tempo.

Se Mosè non avesse ricevuto le tavole della legge direttamente da Dio, se egli non avesse aperto le acque del Mar Rosso, se Dio stesso non fosse sceso ripetutamente sul suo carro di fuoco a parlare con il popolo ebreo, se Giosuè non avesse fermato il sole e non vi fosse stata la caduta della manna... pensiamo che oggi non vi sarebbero più molti Ebrei sulla terra.

Allo stesso modo, se Gesù non avesse camminato sulle acque, non avesse fatto risuscitare Lazzaro, non avesse trasformato l'acqua in vino e, soprattutto, non fosse risorto..., siamo convinti che oggi anche la sua memoria sarebbe scomparsa.

Lo stesso vale anche per l'Islam: se i Musulmani non fossero convinti che Maometto ricevette gli insegnamenti del Corano direttamente da Allah (fatto quindi soprannaturale e miracoloso) durante il sonno o durante i suoi ritiri sulla montagna, siamo certi che neanche la religione musulmana esisterebbe più.

I credenti, per essere rassicurati nella loro fede, hanno bisogno di questo contatto diretto con Dio che sono i miracoli.

Immaginiamo, anche per un solo istante che, ad esempio, Gesù avesse fatto la sua predicazione senza l'ausilio dei miracoli. Immaginiamo che egli avesse affermato non già di essere il figlio di Dio e di parlare quindi in suo nome, ma semplicemente che credeva di interpretare la volontà divina, senza avere mai avuto alcun contatto con il Creatore. Immaginiamo inoltre che egli non avesse fatto nessun miracolo, non fosse risorto e avesse basato quindi la sua predicazione solo su una sua personale e incrollabile fede.

In tali condizioni il meraviglioso messaggio di amore e di uguaglianza che egli portava non sarebbe bastato certamente a creare una nuova religione. Egli non sarebbe stato probabilmente crocifisso, ma, come già detto, di Cristiani non ve ne sarebbe oggi neanche l'ombra.

Detto questo, torniamo ora a esaminare la situazione esistente circa 2000 anni fa, quando cioè si trovavano a convivere due diverse visioni religiose, quella cioè degli Dei dell'Olimpo e quella giudeo-cristiana.

Ambedue basavano il loro credo su un numero grandissimo di miracoli del primo tipo o comunque fatti di origine soprannaturale.

Abbiamo anche detto che non vediamo alcuna differenza formale tra i fatti miracolosi attribuiti agli Dei dell'Olimpo e quelli riportati nelle Sacre Scritture: tutte e due le categorie fanno parte di quelli che abbiamo definito come appartenenti al primo tipo di miracoli.

Risulta quindi evidente che, se non si crede ai primi, non si debba neanche credere ai secondi.

E non vale più l'affermazione che ai secondi si deve credere perché essi fanno parte di una religione vera: questo argomento sarebbe valido se la religione giudeo-cristiana (causa) potesse essere giudicata vera indipendentemente dai miracoli (effetto).

Crediamo invece di avere dimostrato prima con argomenti sufficienti che ciò non è vero e che, anzi, è vero esattamente il contrario: le religioni giudeo-cristiane sono considerate vere e hanno avuto una così grande diffusione proprio grazie ai fatti soprannaturali da esse riportati.

Nel periodo di tempo di cui ci occupiamo, circa 2000 anni fa, quindi le due religioni si trovavano in assoluto stato di parità.

La religione politeista degli Dei dell'Olimpo aveva convinto i Greci e i Romani durante più di mille anni della sua veridicità perché la gente credeva realmente a tutti quei fatti miracolosi che si raccontavano, così come la religione ebraica prima e cristiana dopo hanno avuto un così largo seguito perché i fedeli vedevano confermate le loro credenze da un gran numero di fatti miracolosi.

Come abbiamo già detto, il miracolo, questo contatto diretto con Dio, è una condizione necessaria perché la gente sia rassicurata di essere nel giusto cammino.

Evidentemente si tratta di una condizione necessaria, ma non sufficiente, come dimostra il fatto che gli Dei dell'Olimpo sono scomparsi, mentre le altre due, anzi tre religioni, considerando anche l'Islam, sono sempre vive e hanno un grandissimo numero di fedeli.

Ciò è dovuto al fatto che la coscienza umana si è evoluta con i tempi e una religione deve anche trovare eco e risonanza nel sentimento comune che tale evoluzione comporta.

Il politeismo degli Dei dell'Olimpo aveva evidentemente fatto il suo tempo e non era più credibile.

I suoi Dei erano troppo numerosi e troppo simili agli uomini con le loro beghe e le loro passioni; ma, soprattutto, essi non portavano quel magnifico messaggio di uguaglianza, di bontà e di giustizia trasmesso dall'unico Dio delle religioni monoteiste. E questa è, a nostro avviso, la via imposta dal Secondo Principio.

Passiamo ora a discutere dei miracoli ai giorni nostri, o comunque in periodi da noi non troppo lontani.

Abbiamo affermato più di una volta che di miracoli del primo tipo oggi non ne avvengono più, e abbiamo anche affermato che questo fatto ci pare già profondamente sospetto.

Vogliamo chiarire subito questo concetto, anche perché esso sembra contrastare con l'esperienza quotidiana nella quale spesso sono appunto riportati miracoli del primo tipo.

Evidentemente oggi non avvengono aperture del Mar Rosso e nessuno risuscita persone morte da una settimana o cammina sulle acque... Le cronache riportano però molto spesso fatti che, anche se non così appariscenti, rientrano in quelli che abbiamo definito come miracoli del primo tipo, cioè assolutamente inspiegabili.

Vogliamo alludere alle varie statue di Madonne che piangono o lacrimano sangue, a famosi padri molto venerati che avrebbero posseduto il dono dell'ubiquità, all'intervento della Madonna che avrebbe deviato la traiettoria della pallottola destinata al Santo Padre ecc.; abbiamo solo l'imbarazzo della scelta.

Ricordiamo tuttavia che nella definizione che abbiamo prima dato di miracoli del primo tipo abbiamo introdotto, e non a caso, la frase condizionale «se verificati».

Nei fatti straordinari avvenuti 2000 anni fa, evidentemente tale verifica è impossibile, e abbiamo quindi dovuto utilizzare altri argomenti per sostenere la nostra tesi secondo cui tali fatti, almeno come esposti, non sono mai avvenuti.

Per quel che riguarda i tempi moderni invece tale verifica

è non solo possibile, ma necessaria e deve essere la più rigorosa e circostanziata possibile.

Tuttavia tale verifica non sempre è possibile e, in pratica, ci si trova di fronte a tre casi.

1) La verifica è stata fatta con tutto il rigore prima menzionato e, in tutti i casi, una spiegazione possibile e razionale del presunto fatto soprannaturale è stata trovata.

Un primo esempio in tale categoria è quello che abbiamo riportato nell'introduzione, a proposito della Sindone di Torino.

Malgrado la prova inconfutabile della sua falsa attribuzione, fatta usando il C14, ed eseguita da tre indipendenti e prestigiosi Istituti scientifici, molti si ostinano a considerarla come il vero sudario di Gesù.

Numerosi altri casi di falsi miracoli sono riportati nella letteratura specializzata.

Ad esempio, in *Looking for a miracle*, l'autore (J. Nickell) descrive vari casi, in molti dei quali egli ha direttamente investigato, di statuette che piangono, di immagini sacre che trasudano sangue, di misteriose impronte impresse con il fuoco ecc.

In tutti i casi dove un'analisi scientifica e rigorosa è stata possibile si è sempre trovata una spiegazione razionale: in alcuni casi si è trattato di fatti naturali mal interpretati, in altri di frode pura e semplice.

2) La verifica non è possibile per varie ragioni.

Questo è ad esempio il caso del sangue di San Gennaro: infatti una verifica seria imporrebbe di rompere le fiale ed effettuare una analisi chimica e fisica del materiale in esse contenuto, il che è impossibile.

Ricordiamo a questo proposito che un gruppo di ricercatori di una università italiana (L. Garlaschelli et alii) è riuscito a produrre una sostanza scura che in condizioni normali si presenta solida, ma diventa liquida quando la si agiti, anche leggermente, proprio come il presunto sangue delle due ampolle.

3) La verifica è stata impedita.

Questo è il caso di tutti quegli avvenimenti soprannaturali proclamati da persone che poi non accettano di sottoporre se stessi o gli oggetti o le circostanze attinenti al miracolo alle rigorose verifiche che vengono loro richieste.

Casi classici di questa categoria sono le innumerevoli statue di Madonne e santi che lacrimano sangue. Una verifica rigorosa vorrebbe che tale sangue venisse confrontato con quello di tutte le persone che hanno avuto a che fare con il fenomeno, in modo da scoprire a chi esso appartiene.

La maggior parte delle persone rifiuta un tale test, e i credenti continueranno a pensare quindi che si tratti di un vero miracolo.

È evidente che delle tre categorie prima riportate, solo la prima ci interessa, cioè quella dei miracoli del primo tipo che sono stati verificati: lo ripetiamo, nessun miracolo moderno rientra in questa categoria.

In conclusione, possiamo quindi affermare che né nel passato, né nel presente sono mai esistiti o esistono miracoli verificati appartenenti al primo tipo.

Prima di passare ai miracoli del secondo tipo riportati in tempi moderni, vorremmo soffermarci brevemente a discutere di possibili miracoli riportati tra i due periodi considerati, cioè antico e moderno.

Abbiamo usato, per semplicità, una definizione di antico di circa 2000 anni fa, ma ricordiamo che tale periodo in realtà include circa 3000 anni di storia cioè dal 2000 a.C. al 1000 d.C., in modo da coprire i fatti salienti delle tre religioni monoteistiche considerate.

Ci si può quindi chiedere che cosa sia accaduto nel periodo di tempo intercorrente tra questa data simbolica da noi fissata a 2000 anni fa e oggi.

In realtà tale lungo periodo è anch'esso denso di presunti miracoli come apparizioni soprannaturali, levitazioni di santi, guarigioni miracolose ecc. Purtroppo però per tutti questi casi riportati non vi è mai uno straccio di prova o di verifica che possa definirsi imparziale secondo i criteri da noi utilizzati.

Siamo quindi costretti a classificare questi fatti presunti soprannaturali nella stessa categoria di quelli riportati 2000 anni fa, cioè non attendibili.

Il discorso cambia invece, anche se leggermente, quando vogliamo esaminare fatti avvenuti in tempi a noi più vicini, cioè durante gli ultimi secoli.

Per tali fatti, in alcuni casi, esistono infatti documentazioni e testimonianze che, anche se non possono considerarsi completamente attendibili, non possono neanche essere classificate come puro frutto di fantasie.

Fra tutti vogliamo ricordare un miracolo, chiaramente del primo tipo, avvenuto nel XVII secolo, del quale si è parlato molto recentemente e che, secondo i credenti, presenta argomenti inoppugnabili sulla sua autenticità.

Tale miracolo ha la particolarità che, a differenza di quasi tutti gli altri avvenuti nel passato, per esso esiste una documentazione valida. Vogliamo descrivere il famoso **miracolo della gamba di Calanda**.

Raccontiamo brevemente questa storia, mettendo in evidenza i punti che ci sembrano sospetti.

Calanda è una cittadina spagnola che si trova in Aragona, non lontano da Valencia e da Saragozza.

Nel 1637, il giovane Miguel di 23 anni, nato e sempre vissuto a Calanda, si reca da un suo parente in un villaggio non troppo lontano sul mare.

Lì è vittima di quello che noi oggi chiameremmo un grave incidente stradale: un carro lo investe, stritolandogli in malo modo la gamba destra.

Subito soccorso, è trasportato nel vicino ospedale di Valencia, dove resta in osservazione per ben 5 giorni, come risulta dai registri dell'ospedale.

Visto che le cure prodigate a Valencia sembrano infruttuose, il quinto giorno Miguel si lega la gamba fratturata alla coscia (!) e decide di recarsi a Saragozza dove vi è un ospedale molto conosciuto e attrezzato. Il viaggio (ben 300 km!!) viene effettuato a piedi o su carri di passaggio e dura 55 giorni!

Primo punto molto sospetto: sembra infatti impossibile che si possa effettuare un viaggio così lungo con una gamba in quelle condizioni. In 55 giorni infatti sembra logico attendersi o che la gamba vada in cancrena o, se le condizioni di quest'ultima non erano così disastrose, che le ossa avrebbero anche potuto saldarsi da sole, anche se in modo non perfetto!

Da notare che, durante il suo viaggio da Valencia a Saragozza, Miguel non si ferma a Calanda, che è sulla via e dove sarebbe logico chiedere aiuto e conforto alla famiglia, forse non voleva farsi vedere in quello stato... comunque è importante rilevare quindi che a Calanda nessuno lo vede con la gamba rotta.

Arrivato all'ospedale di Saragozza, i chirurghi decidono che la gamba è perduta e gliela amputano poco sotto il ginocchio. La parte di gamba amputata è quindi interrata nelle vicinanze dell'ospedale.

Di questa sua permanenza nell'ospedale di Saragozza non vi è alcuna traccia scritta perché gli archivi dell'ospedale bruciarono durante un successivo incendio.

Terminato il periodo di convalescenza, a Miguel, ormai definitivamente minorato, non resta che iniziare a chiedere l'elemosina intorno alle chiese di Saragozza e dintorni. Pare anzi che abbia anche ricevuto una specie di patente di mendicante, che in qualche modo ufficializzava questa sua attività.

Nei processi che seguiranno, molti testimonieranno di averlo visto così mendicare.

Nel marzo del 1640, Miguel finalmente decide di tornare a Calanda e va ad abitare nella casa dei suoi genitori. Per rendersi utile in qualche modo egli aiuta nei lavori dei campi durante circa due settimane; pochissime persone quindi a Calanda lo videro nel suo stato di storpio.

La sera del 29 marzo in casa della famiglia di Miguel era ospite un soldato (non meglio identificato in seguito). Vista l'estrema povertà della famiglia, si decise di dare al soldato la coperta abitualmente utilizzata nella notte da Miguel. A quest'ultimo invece si diede il mantello del padre.

Secondo punto sospetto: se, come noi crediamo, Miguel si legava la gamba alla coscia durante il giorno per poi distenderla durante la notte, questo artifizio non poteva rivelarsi quando egli dormiva da solo e utilizzava una coperta per coprirsi durante la notte. Esso invece divenne visibile quando fu costretto a dormire nella stessa stanza dei genitori e si coprì con un mantello corto.

Al mattino i genitori, svegliatisi, videro con grande sorpresa che da sotto il mantello di Miguel uscivano due gambe, e non una sola...

Da qui si può immaginare il trambusto, l'emozione, le grida al miracolo ecc. che ne seguirono.

La mattina dopo le autorità religiose, avvertite del fatto straordinario, fecero venire un notaio da un paese vicino, che fece le prime indagini e redasse un rapporto abbastanza dettagliato. Di tale rapporto una copia è giunta fino a noi.

Questo è l'argomento fondamentale di chi crede nel miracolo: il documento notarile sembra infatti inoppugnabile. È facile vedere che non è così.

Se il notaio avesse potuto verificare, di persona, l'assenza della gamba prima del miracolo e quindi la sua miracolosa ricrescita, questo sarebbe stato allora un argomento inoppugnabile. Invece il notaio, evidentemente, può solo certificare che Miguel ha due gambe e può solo raccogliere le testimonianze di quanti dicono di averlo visto monco: come si vede, le due situazioni sono profondamente differenti.

Le prime parole che Miguel pronunciò, quando i suoi genitori entrarono nella sua stanza furono: «Perdonatemi!».

Terzo punto estremamente sospetto: questo grido del cuore sembra senza alcun dubbio un'ammissione di colpevolezza. Egli infatti chiede perdono ai suoi genitori per averli ingannati per tanto tempo, facendosi credere monco, mentre in realtà ha finto per più di due anni.

Ogni altra interpretazione ci pare in contrasto aperto con il principio del Rasoio di Occam, e quindi con la logica e il buon senso!

La parte ricresciuta della gamba si presentava magra, più corta dell'altra, fredda, livida e come tumefatta, con le dita del piede rattrappite, tanto che Miguel deve fare parecchi giorni di esercizio per ritrovare un uso quasi normale di tale gamba.

Quarto punto molto sospetto: la gamba si presenta quindi esattamente come si presenterebbe una gamba che viene piegata e legata dietro la coscia durante il giorno, per poi essere distesa durante la notte per riattivare in qualche modo la circolazione.

La notizia del miracolo si diffonde evidentemente rapidamente finché arriva anche agli orecchi dell'Inquisizione, che in quei tempi agiva in Spagna, come altrove.

Il Tribunale nominato decide quindi di fare un processo in piena regola; una copia di tali atti è giunta fino a noi. Questo è l'altro argomento principale dei credenti nel miracolo: l'Inquisizione infatti si attivava molto anche a smascherare i falsi miracoli e i suoi processi avevano fama di essere severissimi contro i mistificatori.

Vengono allora chiamate a testimoniare moltissime persone che avevano visto Miguel mendicare sia a Saragozza (per quasi due anni), sia a Calanda (durante i pochi giorni passati dopo il suo arrivo) e che confermano di averlo visto monco.

Ciò non ci sorprende poiché, come detto, secondo noi Miguel mendicava con una gamba ripiegata e legata alla coscia.

Non risulta che qualcuno abbia messo una mano sotto il pantalone di Miguel per verificare se la gamba vi fosse oppure no...

Secondo notizie dell'epoca, si va anche a cercare, nei pressi dell'ospedale di Saragozza, la gamba amputata di Miguel e non la si trova.

Quinto punto sospetto: a meno che la gamba non fosse stata interrata in un posto speciale e con un grosso cartello indicante «qui giace la gamba amputata di Miguel», sembra impossibile che si potesse ricercare seriamente una gamba amputata due anni prima. L'ospedale doveva avere, come in genere accadeva, un fosso in un suo giardino, dove gettare i resti delle operazioni chirurgiche, magari poi ricoprendoli di calce viva e di terra. Non vi è quindi nessuna possibilità che, dopo due anni, si possano trovare altro che resti di ossa. Affermare quindi che non si sia trovata la gamba di Miguel, può solo far sorridere...

Più seria e da prendere quindi in maggior conto, è la testimonianza del medico e altro personale ospedaliero venuti a testimoniare.

Molte di queste persone affermavano che credevano di riconoscere Miguel, senza peraltro esserne sicuri.

Il chirurgo affermò invece di riconoscere senza dubbio in Miguel la persona cui aveva amputato una gamba due anni prima.

Facciamo qualche breve riflessione.

L'ospedale di Saragozza era, a quei tempi, un centro di cure molto rinomato, la cui fama trascendeva i confini della città e anche di tutta l'Aragona. Vi affluiva quindi un gran numero di malati da tutte le regioni circostanti.

Molti di questi dovevano essere quelli che necessitavano di un trattamento chirurgico e di amputazione, dato che i tempi non erano certo scevri di pericoli e di incidenti sul lavoro o altro.

L'identificazione dei pazienti che accedono in ospedale è oggi abbastanza sicura.

Malgrado ciò, anche oggi le cronache riportano con una certa frequenza casi di scambi di persone, per cui qualcuno viene operato per errore all'organo sbagliato... con conseguente processo...

Un sistema di registrazione degli ingressi esisteva certamente anche a Saragozza: purtroppo, come abbiamo detto, tutto andò praticamente distrutto in un incendio successivo nel 1808, sicché non abbiamo nessuna prova scritta dell'ingresso di Miguel in quell'ospedale.

Ammettiamo comunque che al momento del processo tale registrazione dovesse esistere. Ciò non sembra risultare dal processo: ma se tale registrazione era stata fatta a Valencia, in un piccolo ospedale, ci pare logico supporre che essa sia stata fatta anche nell'importante ospedale di Saragozza.

Questo fatto appare molto anomalo, dato che la documentazione scritta della presenza di Miguel, contenente gli atti chirurgici eventualmente effettuati, sarebbe stata per il tribunale un argomento ben più importante di qualunque testimonianza umana.

A questo punto vogliamo presentare un'ipotesi (da notare, non la sola possibile) su come probabilmente andarono le cose.

Ammettiamo due fatti che ci sembrano accertati.

Miguel si recò realmente all'ospedale di Saragozza (probabile registrazione).

La gamba di Miguel, come risulta dagli atti, presentava, oltre alle condizioni prima descritte, anche una cicatrice all'altezza della supposta amputazione.

Sesto punto sospetto: facciamo notare che tale cicatrice sembra difficilmente conciliabile con l'ipotesi del miracolo: non vediamo infatti perché un miracolo dovrebbe conservare una cicatrice... A tale proposito osserviamo che nella sentenza dell'Arcivescovo di Saragozza attestante l'avvenuto miracolo, quasi la metà del testo è dedicata a fornire le ragioni, che per noi hanno tutta l'aria di giustificazioni, del perché Dio non avesse compiuto un miracolo totale, restituendo cioè a Miguel una gamba perfetta.

La cicatrice all'altezza della frattura sembra indicare che, comunque, Miguel subì una qualche operazione chirurgica. Si può allora ipotizzare che i chirurghi non abbiano amputato l'arto, ma abbiano fatto un intervento per ridurre in qualche modo la frattura: non crediamo che, anche 400 anni fa, i medici fossero lì sempre e solo pronti con la sega per amputare...

Potrebbe anche darsi che tale operazione sia stata effettuata addirittura a Valencia e che poi Miguel sia stato mandato a Saragozza per consultare medici più esperti.

Il fatto più importante del processo è rappresentato dalla testimonianza del chirurgo che effettuò l'amputazione, e che riconobbe formalmente Miguel.

Ricordiamo tuttavia che due anni sono passati e che durante tale periodo, forse decine, se non centinaia, di amputazioni debbono essere state effettuate in quell'ospedale.

Sembra quindi possibile che il chirurgo possa avere sbagliato, soprattutto se, come ipotizzato, Miguel subì realmente un'operazione in quell'ospedale.

Si potrebbe fare anche un'altra ipotesi, diciamo, un po' più subdola.

Del chirurgo in questione non si sa praticamente nulla, tranne forse il nome. Nulla è detto infatti sulla sua personalità, sulle sue abitudini e credenze ecc.

Supponiamo allora che egli, come la maggior parte dei suoi conterranei e contemporanei, fosse molto religioso e credente e che quindi il fatto stesso di essere testimone in un processo così importante di «miracolizzazione» lo abbia influenzato notevolmente e suggestionato.

Egli potrebbe in tal caso, magari involontariamente, aver fatto qualche compromesso con la sua memoria, oppure abbia voluto dare un piccolo aiuto al riconoscimento del miracolo.

Comunque sia, alla fine del processo, il miracolo fu riconosciuto ufficialmente ed ebbe grandissima risonanza, a tal punto che il re di Spagna stesso volle incontrare Miguel e baciargli la gamba miracolata.

Come si vede quindi, anche il miracolo di Calanda, malgrado la sua notevole documentazione storica, non può essere considerato come un miracolo del primo tipo accertato e provato.

Esso deve quindi essere classificato allo stesso modo dei miracoli prima menzionati e avvenuti in un passato più remoto.

Passiamo infine a trattare dei cosiddetti miracoli del secondo tipo: definiamo così tutti quei miracoli e fatti soprannaturali proclamati che possono avere una spiegazione scientifica, o comunque razionale.

Evidentemente non consideriamo tutti quei casi, molto numerosi, in cui la parola miracolo è utilizzata come sinonimo di fortuna...

Ad esempio, quando in seguito a un grave incidente che ha fatto molte vittime o quando si scampa fortunosamente a un grave pericolo, si ode dire dai sopravvissuti che è avvenuto un miracolo, è chiaro che si intende con ciò esprimere il fatto di essere stati oggetto di una grande fortuna. Anche se, come spesso accade alle persone credenti, nelle stesse circostanze esse affermano di avere visto apparire l'immagine di un qualche santo o di tale o talaltro padre miracoloso, il discorso non cambia di molto.

La stragrande maggioranza dei miracoli del secondo tipo concerne le guarigioni miracolose. Persone affette da mali giudicati inguaribili, ottengono una remissione della malattia e spesso anche la completa guarigione.

Escludiamo evidentemente a priori quei casi in cui la non

guaribilità o comunque l'estrema gravità della malattia non sono state ufficialmente riconosciute, e i numerosi (per fortuna) casi di diagnosi sbagliata. Bisogna anche escludere quei casi, molto comuni, in cui la guarigione miracolosa viene proclamata e poi a un attento esame si scopre che il miracolato seguiva anche un intenso trattamento medico, per cui non si può éscludere che la guarigione sia stata dovuta a un effetto, magari con tempi e modalità finora ignorati, delle cure mediche stesse.

Resta pur tuttavia un gran numero di casi, riconosciuti e certificati dai medici curanti, nei quali la malattia sembra guarire spontaneamente.

Nella maggior parte di questi casi, essendo i nostri paesi piuttosto religiosi, si grida al miracolo, magari attribuendolo all'intervento di tale o talaltro santo. Il corpo medico, più scientificamente e anche più prudentemente, parla di guarigioni inspiegabili.

La medicina ha compiuto negli ultimi secoli, ma soprattutto durante gli ultimi decenni, dei progressi spettacolari che hanno consentito, tra l'altro, di curare e debellare malattie prima ritenute inguaribili.

La medicina però non è una scienza esatta ed è sempre in continua evoluzione. Le conoscenze dei processi fisici e biologici del corpo umano progrediscono continuamente, ma sono ben lungi dal fornire un quadro completo del funzionamento di questa meravigliosa macchina che è il nostro corpo: credo non sia arrischiato affermare che ancora il più resta da scoprire.

È ben nota la correlazione e l'influenza tra lo stato psichico e quello fisico. Non vogliamo parlare qui degli aspetti legati semplicemente alla suggestione ma di una probabile correlazione di tipo biologico. Si è constatato, ad esempio, che degli stati depressivi importanti possono favorire la comparsa di diverse malattie. Il meccanismo in causa agirebbe attraverso una diminuzione delle difese del nostro sistema immunitario. Si è addirittura postulata una relazione tra la comparsa di certi tumori e particolari situazioni di depressione e di prostrazione.

A proposito di certe guarigioni inspiegabili ed etichettate come miracoli, perché non si potrebbe ipotizzare allora che l'arresto della malattia potrebbe essere determinato da un aumento delle difese immunitarie dell'organismo?

L'aumento delle difese immunitarie potrebbe essere dovuto a sua volta alla situazione di eccitazione ed esaltazione psichica che si verifica in molte persone che nei luoghi di pellegrinaggio si trovano sicuramente in condizioni psicologiche molto particolari.

In tali condizioni ci pare plausibile che guarigioni spontanee e inspiegabili possano avvenire senza per questo turbare i fondamenti scientifici della medicina.

Solo che, come abbiamo già detto, quando tali avvenimenti accadono in paesi essenzialmente religiosi e soprattutto cristiani, allora si grida al miracolo.

Sarebbe a questo punto interessante avere una qualche statistica che metta a confronto i casi di guarigioni inspiegabili avvenute in paesi di religione cristiana con quelli che certamente accadono nel resto del mondo.

Che si tratti infatti di semplici guarigioni inspiegabili o di miracoli, ci sembra estremamente improbabile che essi avvengano solo in un certo tipo di paesi...

Non crediamo purtroppo che una simile casistica esista o, almeno, non ne siamo a conoscenza.

Un'altra osservazione evidente è che, in genere, il numero di guarigioni «miracolose» riportate in molti luoghi di pellegrinaggio è inferiore al numero delle cosiddette guarigioni spontanee. Ad esempio, nel caso di Lourdes, si sa che sugli oltre 100 milioni di infermi che vi si sono finora recati, solo 65 casi sono stati riconosciuti dalla Chiesa come miracoli; cioè meno di uno su 1 milione, mentre le guarigioni spontanee verificate sembrano essere dell'ordine di uno su 10.000 casi.

Per terminare questo paragrafo, desideriamo citare un'osservazione fatta da Emile Zola durante una sua visita a Lourdes. Il celebre scrittore notò la stranezza del fatto che nella grotta delle apparizioni vi fossero, come ex voto, soltanto delle stampelle e nessuna protesi...

La parabola del pastorello

Vogliamo concludere con una parabola che chiameremo la parabola del pastorello. Come si sa, la parabola ha un significato simbolico: prendendo lo spunto cioè da un fatto o spesso fatterello raccontato, essa contiene un messaggio di significato ben più generale.

La nostra parabola, come tutte le esperienze immaginate che abbiamo usato in questo libro, è inoltre del tipo valido, ciò significa che anche se il fatto in sé non è mai accaduto, niente impedisce che esso possa essersi verificato.

Trasportiamoci quindi con la mente nella Roma antica, ad esempio nel periodo del suo massimo splendore, circa 2000 anni fa.

Immaginiamo che Roma si stia apprestando a muovere guerra ai terribili barbari del Ponto Eusino, mandando contro di essi un potente esercito guidato dal celebre condottiero Caio Alcisto.

Il Senato si è quindi riunito in seduta speciale per dibattere del fondamentale argomento di come propiziarsi gli Dei per il buon esito di questa spedizione.

Ricordiamo che il Senato racchiude le più eccelse vette della nobiltà, del pensiero filosofico, della letteratura, della scienza ecc. dell'Impero Romano.

Esso rappresenta quindi quella che oggi definiremmo l'intellighenzia di Roma: per la nostra parabola a noi interessa soprattutto che esso per estensione rappresenti anche tutto il popolo romano.

Alcuni senatori sostengono che si debba immolare un gregge intero di 100 pecore, mentre altri vorrebbero immolare cento buoi... vi sono poi altri senatori che pensano sarebbe meglio innalzare un tempio... e così via.

Supponiamo ora che a un certo momento arrivi al Senato un povero e ignorante pastorello dell'Apulia che afferma di avere delle rivelazioni importantissime da fare a quell'emerito consesso.

Nella realtà dubitiamo fortemente che gli sarebbe permesso di parlare. Ammettiamo però che in un momento di estrema generosità e condiscendenza, gli permettano di esprimersi.

Il povero e ignorante pastorello dell'Apulia fa allora un breve discorsetto che suona all'incirca così:

«Illustri Senatori, voi state animatamente discutendo su quali azioni propiziatorie debbano essere effettuate perché gli Dei siano benevoli durante la spedizione contro i barbari. Io desidero solo informarvi che tutti i vostri discorsi e le profonde dissertazioni non hanno sostanzialmente alcun senso per il semplice fatto che gli Dei non sono mai esistiti e che essi non esistono altro che nella vostra fervida immaginazione».

Non osiamo immaginare quello che potrebbe essere accaduto al povero pastorello. Probabilmente e nella migliore delle ipotesi, sarebbe stato buttato a calci fuori dal Senato, nella peggiore potrebbe essere stato messo a morte.

Noi sappiamo oggi che il povero pastorello dell'Apulia aveva ragione e che i Senatori di Roma, che annoveravano tra di loro le più eccelse vette nel campo del sapere, e che rappresentavano milioni di Romani che governavano quasi tutto il mondo allora conosciuto, ebbene essi avevano torto e semplicemente stavano farneticando intorno al famoso... asino che vola. *Mutatis mutandis*, ci sembra che la situazione oggi sia la stessa.

Non è certo perché vi sono alcuni miliardi di persone che credono fermamente in una data religione che essa abbia conquistato un qualche crisma di autenticità.

Tutte le religioni, tutte, nessuna esclusa, 3000 anni fa così come oggi, nascono perché l'uomo ha un bisogno fondamentale, diremmo quasi straziante, di dare una qualche risposta alle Grandi Questioni.

È evidente che, in una tale situazione di stress psicologico, di vuoto esistenziale, l'uomo è sempre incline a dare credito alle affermazioni di qualcuno che proclama di essere in contatto con Dio e di riportarne la parola.

Specie se questo qualcuno è dotato di notevole carisma e si fa portatore di idee nuove che vanno nel senso dell'evoluzione naturale del pensiero.

Abbiamo fatto osservare che in tutte le attività umane nelle quali si debbano giudicare delle affermazioni di qualunque tipo, fatte da singoli individui o da piccoli gruppi di individui, vige la regola fondamentale che tali affermazioni debbano essere comprovate da prove certe, verificate e inoppugnabili.

Questa è la regola fondamentale che si applica nei tribunali, nei consessi scientifici e anche nella nostra vita comune di tutti i giorni.

Nel caso di fatti miracolosi e soprannaturali narrati nelle varie religioni, questo tipo di prova è sempre mancato, 3000 anni fa come oggi.

Come abbiamo già detto, il passato ci tramanda, in vari campi, racconti e leggende che vengono considerati tali perché è impossibile trovare il minimo riscontro valido.

Al giorno d'oggi, quando cioè i fatti proclamati come soprannaturali potrebbero essere investigati, e lo sono stati in molti casi, la prova inconfutabile della loro autenticità è sempre mancata.

In conclusione, bisogna arrendersi all'evidenza: si può credere in conseguenza di un atto di fede ma, di grazia, si eviti di parlare di prove!

Dai tempi più remoti fino a oggi gli avvenimenti del nostro mondo si sono succeduti in un modo che appare all'evidenza governato solo dalla legge del caso: guerre, distruzioni, violenze di ogni tipo verso i più deboli, ingiustizie, malattie e torture sono state inflitte al genere umano, il tutto in alternanza con periodi di serenità, di benessere e di gioia.

In questo evolversi delle vicende umane è impossibile individuare un qualche disegno superiore o un qualche intervento di ordine soprannaturale. Ma vi è di più.

La storia delle religioni è costellata anch'essa da orrendi misfatti alternati a pagine di altissimo contenuto morale; basti pensare alla vergogna dell'Inquisizione o alle stragi fatte spesso in nome di Dio e dall'altra parte ai meravigliosi messaggi d'amore, fratellanza, giustizia e perdono trasmessi dalle religioni.

Ai nostri giorni inoltre si assiste a una interpretazione ancora più rigida del presunto messaggio divino per cui le più orrende stragi, i più efferati delitti vengono compiuti in nome di Dio.

Noi pensiamo che tutto avviene come per tutte le altre

vicende umane, in un modo governato dalla pura legge statistica del caso.

La risposta alle Grandi Questioni non può essere ricercata nelle religioni; essa deve essere ricercata altrove.

Desideriamo fare ancora un'ultima considerazione.

La credenza in una qualsiasi religione con un Dio ineffabile e onnipossente, a nostro avviso, non può purtroppo essere considerata in alcun modo una risposta alle Grandi Questioni.

Oggi non possiamo affermare come Dante «state contente, umane genti, al quia».

Per qualunque persona dotata di un minimo di razionalità si pongono infatti immediatamente le domande sull'essenza di questo Dio: come può Esso esistere da sempre? In che modo è stato creato? Come può essere onnipossente? ecc.

Queste domande, come si vede, sono dello stesso tipo di quelle che ci siamo già posti sull'origine dell'Universo e che abbiamo chiamato le Grandi Questioni. La credenza nel Dio delle religioni porta infatti solo a un cambiamento di contesto: da un contesto fisico a uno metafisico.

In definitiva, il nostro legittimo desiderio di conoscenza non ha fatto il benché minimo progresso.

Oggetti Irrazionali (2)

Anima, libero arbitrio e coscienza di sé

Questi tre soggetti sono evidentemente e indissolubilmente legati tra di loro; non si può quindi trattare di uno di essi senza fare riferimento agli altri due.

Si tratta inoltre di argomenti molto complessi, la cui trattazione, anche modesta, richiederebbe tempi e spazi di scrittura difficilmente conciliabili con i limiti e gli scopi di questo libro.

Ci limiteremo quindi solo a sfiorare tali argomenti, fornendo comunque quegli elementi essenziali che ci permetteranno di formulare, come sempre, in modo chiaro e inequivocabile, il nostro punto di vista.

Ci scusiamo comunque per essere costretti a utilizzare

un linguaggio molto semplice ed essenziale. Cominciamo con una breve presentazione di questi tre soggetti.

Per **anima** si intende in generale qualcosa di ineffabile e di impalpabile che guiderebbe tutte le funzioni superiori della nostra mente.

È l'anima che guida la nostra mente nelle sue scelte, nelle azioni che la mente fa eseguire al nostro corpo e quindi in definitiva, tutte le azioni coscienti.

Essa non è composta di materia e non appartiene quindi al nostro mondo fisico: essa appartiene al mondo soprannaturale e ha quindi la stessa essenza divina.

Una sua caratteristica fondamentale è di essere immortale, di sopravvivere cioè alla nostra morte fisica.

In quasi tutte le religioni, il fine ultimo dell'anima è quello di ricongiungersi, con modalità varie, con il suo creatore.

Il **libero arbitrio** è una facoltà dell'anima, e quindi dell'uomo, di sfuggire alla legge fondamentale della fisica che vuole che un effetto sia sempre preceduto da una causa.

Una sua definizione infatti potrebbe essere quella della facoltà umana di decidere in ogni circostanza in tutta libertà, senza cioè che vi sia necessariamente una qualunque causa che giustifichi tale decisione.

Come si vede anche in questo caso ci troviamo nel mondo puramente soprannaturale, poiché nel mondo fisico in cui ci muoviamo un tale fenomeno non può esistere (tranne nel mondo delle particelle elementari, ma questo è un altro discorso).

Il terzo soggetto, la **coscienza di sé**, è, a nostro avviso, il più complesso e di gran lunga il più controverso dei tre argomenti trattati. La ragione è molto semplice.

Quando si disserta intorno all'anima o al libero arbitrio, i partecipanti alla discussione si dividono, in generale, in due categorie: quelli che credono all'esistenza di queste due entità e quelli che negano la loro esistenza. Ambedue i gruppi produrranno un numero importante di argomenti a sostegno della loro rispettiva tesi.

Nulla di ciò accade quando si discute di coscienza di sé: che si sia credenti o no, tutti siamo costretti a convenire sul fatto che essa esista realmente e innegabilmente.

Ad esempio, io che scrivo questo libro e voi che lo leggete siamo tutti coscienti del fatto che esistiamo e che stiamo compiendo queste azioni.

Si può quindi solo cercare di approfondire l'essenza della coscienza di sé, cioè discutere su che cosa esattamente essa sia, ma non si può discutere sulla sua stessa esistenza, che è evidente a tutti.

Detto questo, cerchiamo ora di esprimere, brevemente per necessità, il nostro punto di vista su questi tre importantissimi argomenti.

Anima

Il concetto di anima, come abbiamo già detto, è una componente essenziale di quasi tutte le religioni.

La sua origine è quindi strettamente legata con l'origine della religione della quale essa fa parte.

Nelle pagine precedenti abbiamo mostrato come e perché, secondo noi, le religioni sono apparse e si sono sviluppate sul nostro pianeta; in sintesi, abbiamo detto che la religione è stata ed è la sola risposta che gli uomini hanno saputo dare di fronte alla constatazione della evidente unicità della condizione dell'uomo sulla terra, e in assenza, ieri come oggi, di ogni possibile spiegazione scientifica soddisfacente.

Si tratta del meccanismo classico della nascita di quelli che abbiamo chiamato gli Oggetti Irrazionali: quando di un fenomeno importante e complesso non si riesce a dare una spiegazione soddisfacente, se ne inventa una, in generale invocando il soprannaturale.

Da quando la scintilla dell'intelligenza è germogliata nella mente umana, l'uomo osserva con stupore e sgomento questo universo così complesso che lo circonda, e ha deciso che questa non può essere che l'opera di un Creatore.

Inoltre, osservando che la natura umana sembra così diversa da quella del resto del mondo inanimato, ma anche da tutto il resto del mondo animale, ha immaginato che l'uomo deve anche avere in sé una parcella di questa essenza divina, appunto l'anima. L'anima assolve inoltre un'altra importantissima funzione, quella di permettere all'uomo di trascendere la vita terrena. L'uomo infatti guarda con sgomento l'universo intorno a lui e non lo comprende, ma ancora più grande è lo sgomento quando riflette sul fatto che un bel giorno tutto questo egli dovrà lasciarlo per sempre.

E così, come ha inventato le religioni per rendere conto della presenza stessa dell'universo, così inventa l'anima per forgiarsi una immortalità.

Gli argomenti per contestare l'esistenza dell'anima evidentemente non mancano e, in genere, sono molto simili a quelli utilizzati a proposito dei miracoli o fatti soprannaturali in generale.

Come abbiamo già fatto in quelle occasioni, mettiamo subito da parte la scienza; per quest'ultima infatti un qualcosa di impalpabile che non si può né vedere, né pesare, né misurare con qualsivoglia strumento scientifico, semplicemente non esiste.

Ma tale argomento non ci porterebbe lontano perché, come detto più volte, scienza e religione viaggiano su dimensioni separate che non si incontrano mai.

Utilizzeremo invece degli argomenti semplici, razionali e di buon senso che ci sembrano molto più efficaci.

Tali argomenti sono già stati esposti durante i secoli passati da altri autori, molto più preparati ed eruditi di noi; anche se essi sono molto evidenti, desideriamo lo stesso ricordarli.

Il primo argomento ha a che fare con il **quando** tale presunta anima avrebbe fatto la sua apparizione durante l'evoluzione umana.

Se le cose fossero andate come raccontato nella Genesi, cioè se l'uomo fosse stato creato in un istante da un pugno di fango sul quale Dio ha insufflato un alito di vita, allora non vi sarebbero dubbi sul come e quando l'anima ha fatto la sua apparizione.

Sappiamo, invece, che le cose sono andate molto diversamente e che l'uomo è il frutto di una lunghissima evoluzione durata circa 1 miliardo di anni.

Sappiamo inoltre che l'evoluzione è stata ed è ancora

oggi un processo continuo e lentissimo: essa non ammette cioè soluzioni di continuità con violente accelerazioni o rallentamenti.

Il primo apparire dell'uomo sulla terra (Lucy...) è oggi stimato essere avvenuto 3 o 4 milioni di anni fa, data che potrebbe essere riveduta a seguito di altri ritrovamenti fossili.

Quel che è certo è che prima di tali epoche esistevano sulla terra solo animali, sprovvisti quindi, secondo le religioni che ci interessano, di una qualsivoglia anima.

Riesce quindi estremamente difficile potere immaginare come e quando l'anima abbia potuto fare la sua comparsa... a meno di ammettere che anch'essa, come l'uomo, abbia subito una evoluzione e che quindi da uno stadio di embrione (che potremmo chiamare animella) si sia via via affermata come anima di pieno diritto. Ma questo argomento non credo sia nemmeno considerato da alcuna religione...

Ci troveremmo quindi, circa 4 milioni di anni fa, in una situazione davvero assurda, di una scimmia ancora allo stadio puramente animale e quindi sprovvista di anima e di una scimmia-uomo, solo leggermente diversa dalla prima, provvista però di anima.

Un altro ragionamento che si potrebbe avanzare (ed è stato avanzato da alcuni animisti) è quello che potremmo chiamare della creazione teleologica. Semplificando, tale ragionamento è il seguente.

Gli scritti della Bibbia non debbono essere interpretati in maniera letterale. Essi sono stati scritti espressamente in un linguaggio molto semplice che potesse essere capito dai contemporanei.

Debbono quindi essere interpretati tenendo conto dell'evoluzione dei tempi.

Secondo tale teoria quindi, circa 15 miliardi di anni fa, Dio non avrebbe creato l'universo e tutti gli esseri viventi, come scritto chiaramente nella Bibbia, ma avrebbe invece «programmato» (teleologia) la creazione che sarebbe poi avvenuta così come noi la conosciamo. La comparsa dell'uomo e della sua anima sarebbero quindi già contenuti in tale progetto iniziale.

Tale tipo di ragionamento ci sembra inaccettabile e questa interpretazione, diciamo dotta, degli scritti biblici ci sembra del tutto arbitraria.

Essa lascerebbe infatti intendere che quei primitivi e semplici pastori che scrissero i primi libri sapessero esattamente come sarebbero andate veramente le cose, in particolare come si sarebbe evoluto l'universo, ma scrissero così per essere compresi dai loro contemporanei. Oppure, il che in definitiva porta allo stesso effetto, dato che è Dio che ispira gli scritti biblici, egli stesso avrebbe suggerito questa descrizione della creazione per essere compreso da quegli uomini primitivi e semplici.

Niente ci appare più dubbio e inoltre tale ipotesi lascia il campo aperto a qualunque interpretazione, un po' nello stile delle profezie di Nostradamus; solo che queste ultime sono scritte volutamente in uno stile talmente fumoso da prestarsi a varie interpretazioni, mentre gli scritti biblici sono chiari e inequivocabili.

Sarebbe bastato infatti che lo scritto biblico fosse più ambiguo e meno preciso, perché esso fosse oggi più credibile. Bastava infatti, ad esempio, che nella Genesi fosse scritto «Dio creò l'universo in tempi molto remoti e fin dagli inizi egli gettò anche il seme per la generazione futura dell'uomo...».

Ecco, una frase così sarebbe stata perfettamente comprensibile per i contemporanei semplici e ignoranti e avrebbe un pieno valore anche oggi.

Ma non è così: nella Genesi è scritto chiaramente che l'universo fu creato 6000 anni fa e la creazione, che include anche l'uomo, durò 6 giorni... proprio come poteva immaginare un povero pastore semplice e ignorante a quell'epoca.

Il nostro secondo argomento ha anch'esso a che fare con un **quando**: ma questa volta il quando si riferisce al momento in cui l'anima dovrebbe apparire nell'epigenesi del feto nel grembo materno.

Il discorso è molto simile a quello fatto precedentemente, con una importante nota in più.

Mentre infatti la storia dell'evoluzione, pur essendo ormai accettata dalla stragrande maggioranza del mondo scientifico, manca di precisione di tipo scientifico a causa appunto dell'assenza di alcuni anelli mancanti, ciò non avviene invece per l'epigenesi: dal momento del concepimento, quando cioè lo spermatozoo incontra un ovulo, fino al momento della nascita, lo sviluppo dell'embrione è stato studiato ed è conosciuto, possiamo dire, minuto per minuto.

A maggior ragione quindi non si comprende come e quando in questo processo continuo si possa giustificare un momento privilegiato per l'apparizione dell'anima.

Facciamo notare che questo argomento non è puramente speculativo, ma esso possiede degli importanti risvolti etico-sociali: esso rappresenta infatti il nocciolo della controversa questione dell'aborto.

Le varie religioni infatti considerano che si commette omicidio in caso di aborto dal momento in cui il prodotto del concepimento è dotato di anima.

Sembra incredibile che stuoli di pensatori e di spiriti eccelsi abbiano occupato il loro tempo, spesso anche un'intera vita, sul nulla.

Queste considerazioni ci fanno tornare alla memoria le famose discussioni medioevali sul sesso degli angeli o anche la disputa di Valladolid quando si dissertava aspramente per decidere se gli indiani d'America, da poco scoperti, dovessero essere classificati come bestie o come uomini, o quando si riteneva che l'anima entrasse nel feto femminile più tardivamente che in quello maschile...!

Libero arbitrio

Questo soggetto, come abbiamo già fatto osservare, è indissolubilmente legato a quello dell'anima: non può esistere infatti libero arbitrio se non esiste un'anima.

Visto il contenuto del precedente paragrafo, sembrerebbe quindi logico che il discorso sul libero arbitrio si arrestasse qui.

Trattandosi invece di un argomento di estrema importanza ci sembra che questo metodo così sbrigativo non sia adeguato e che quindi un certo approfondimento sia necessario.

Tutti noi sentiamo che nel compiere le nostre azioni, dalle più semplici quotidiane a quelle più complesse che richiedono notevole riflessione, facciamo delle scelte in totale libertà.

Possiamo cioè in qualunque momento decidere di fare o non fare la tale o talaltra azione.

Ciò è in completa opposizione con il mondo fisico (almeno quello macroscopico) che ci circonda, poiché sappiamo che in esso qualunque azione è sempre dovuta a una precedente azione che ne è quindi la causa.

Le religioni sono invece imperniate sul concetto di libero arbitrio: l'uomo è sempre libero di decidere tra il bene e il male.

Adamo ed Eva vengono scacciati dal Paradiso perché, coscientemente e quindi usando del loro potere di libero arbitrio, hanno disobbedito alle leggi del Signore.

La stragrande maggioranza della nostra vita e la quasi totalità delle nostre azioni vengono eseguite secondo il principio di causa ed effetto: noi cioè agiamo in un certo modo esclusivamente perché vi è una ben precisa ragione per farlo.

Sappiamo però che, volendo e in circostanze particolari, possiamo anche prendere decisioni differenti da quelle che tale principio ci suggerisce.

L'esempio supremo e più incisivo è quello del suicidio: un uomo in cima a un grattacielo può decidere liberamente di gettarsi giù oppure no.

Tutto porta quindi a credere che abbiamo dentro noi stessi questa magnifica e totale libertà di decidere del nostro destino.

Ma è proprio vero tutto ciò? O non si tratta piuttosto di una libertà apparente?

Proviamo ad approfondire questo concetto e facciamo qualche ipotesi con argomenti che ci saranno anche utili tra poco, quando tratteremo della coscienza di sé.

Si tratta essenzialmente di vedere se il libero arbitrio, o meglio i comportamenti umani che comunemente vengono attribuiti a un intervento di libero arbitrio, siano in qualsivoglia maniera simulabili oppure no.

Non appena si parla di simulazione, in senso scientifico naturalmente, il nostro pensiero corre subito a quei grossi e imponenti computer, di cui tutti abbiamo certamente sentito almeno parlare, e che vengono usati oggi per simulare ogni tipo di situazioni.

Si effettuano così simulazioni sull'andamento degli incendi, sugli sviluppi futuri delle borse, sugli sviluppi demografici, sullo svolgersi di battaglie ecc.; si può dire che non vi è campo dove i cosiddetti grandi numeri intervengono, in cui questi potenti «masticatori di numeri» (dall'inglese *number crunching*) non riescano a darci dei risultati statistici spesso notevolissimi.

È evidente quindi che a qualcuno, anzi a moltissime persone, venga in mente di applicare questi potentissimi computer anche alla simulazione del funzionamento del cervello umano.

Diciamo subito che l'idea non è affatto nuova.

Si tratta in fondo del vecchio argomento meccanicistico, ma rivisitato in chiave moderna, che tende a considerare il nostro cervello come una macchina, solo notevolmente più complessa di tutte le altre.

Questa idea piuttosto antica ha trovato un fertile terreno di sviluppo quando i computer sono apparsi sulla scena mondiale.

Evidentemente non erano certo i primi computer della fine degli anni Quaranta che potevano seriamente sperare di simulare anche le funzioni più semplici del cervello umano...

Per circa venti anni, cioè fino alla fine degli anni Sessanta, lo scopo dei computer e la loro unica attività erano di eseguire in tempo brevissimo operazioni che fino ad allora erano compiute in tempi lunghissimi, manualmente o con l'ausilio di calcolatori meccanici.

Negli anni Settanta si ebbe probabilmente la prima grande rivoluzione con l'arrivo della miniaturizzazione e l'uso di circuiti in stato solido che permisero da una parte la concentrazione di un numero incredibilmente elevato di funzioni in volumi piccolissimi, e dall'altra di disporre di memorie di capacità estesissima e direttamente accessibili dal processore centrale.

L'enorme velocità di calcolo e l'estensione quasi senza limiti delle memorie permettono oggi non solo di eseguire in tempi brevissimi programmi molto lunghi e complessi, ma anche, usando delle tecniche che qui non descriviamo per brevità, di eseguire contemporaneamente (o meglio in modo che appaia come contemporaneo) un gran numero di programmi differenti.

Usando poi una tecnica chiamata della computazione parallela (diversi processori che eseguono contemporaneamente varie parti di uno stesso programma) si è riusciti a ridurre ulteriormente i tempi di esecuzione di programmi molto complessi.

Concludendo, si può affermare che negli ultimi trent'anni le capacità complessive (velocità, estensione dei programmi, complessità delle operazioni ecc.) dei computer si sono accresciute di parecchi ordini di grandezza (un ordine di grandezza corrisponde a un fattore 10) e il processo non è finito, anzi si accelera.

Tornando all'argomento che ci interessa, cioè alla possibilità di simulazione di alcune funzioni del nostro cervello, si può oggi affermare che ciò che pareva solo una utopia da visionari negli anni Quaranta, comincia ora ad essere preso in seria considerazione da frange sempre più estese del mondo scientifico.

Basandosi su questi recenti e prodigiosi progressi dei più moderni computer, sono così nate nuove discipline come l'Intelligenza Artificiale (AI), di cui abbiamo già parlato, e soprattutto si sviluppa sempre più una scienza che studia i cosiddetti Circuiti Neuronali (*Neural Networks*).

Essenzialmente questa scienza cerca di simulare il funzionamento dei neuroni (le cellule nervose che compongono il nostro cervello) utilizzando circuiti elettronici miniaturizzati e opportuni circuiti di ingresso-uscita. Questi ultimi simulano gli impulsi elettrici che ricevono o inviano le sinapsi, mentre i primi realizzano le funzioni essenziali dell'assone usando una cosiddetta funzione di trasferimento.

Evidentemente la principale difficoltà nasce dal fatto che, come sappiamo, vi sono nel nostro cervello circa 100 miliardi di neuroni, ognuno dei quali comunica con quelli adiacenti mediante decine di migliaia di sinapsi.

Comunque sia, utilizzando un numero limitato di neuroni aventi poche sinapsi, i vari gruppi di ricercatori che esplorano questo campo hanno già ottenuto risultati notevolissimi.

Questa simulazione del funzionamento del cervello partendo dai neuroni è comunemente chiamata approccio del tipo «*down-top*», cioè partendo dal basso, mentre ad esempio l'approccio dell'Intelligenza Artificiale che cerca di simulare le dette funzionalità tali come esse si presentano, senza quindi curarsi troppo del come esse siano realizzate, viene chiamato un approccio «*top-down*», cioè partendo dall'alto.

Evidentemente un giorno questi due approcci dovranno convergere; data però la complessità dell'oggetto cervello e lo stato attuale delle conoscenze, siamo purtroppo portati a pensare che questo giorno non sia ancora molto vicino a noi.

È possibile simulare con un computer le facoltà superiori dell'uomo?

Vogliamo a questo punto proporre ai nostri lettori un'esperienza immaginata del tipo valido, secondo la definizione data precedentemente.

Vogliamo infatti immaginare di costruire un computer capace di simulare alcune delle funzioni che sono proprie di un comportamento umano, in particolare vogliamo verificare se alcuni comportamenti che noi attribuiamo al cosiddetto libero arbitrio possano essere descritti ed eseguiti in tale computer in modo da apparire indiscernibili da un comportamento reale.

L'esperienza sarà del tipo valido poiché utilizzeremo concetti e caratteristiche del nostro computer assolutamente compatibili con la moderna tecnologia e informatica, magari solo estrapolando un po' le performance in alcuni casi.

Immaginiamo quindi di disporre di un computer dei più moderni, con una estensione di memoria praticamente illimitata e dotato di una velocità di calcolo elevatissima. Chiamiamo tale ipotetico super-computer con il nome di AL, in ricordo del super-computer (HAL) di un celebre film.

Vediamo di quantificare le performance che si richiedono ad AL.

Abbiamo detto precedentemente che se considerassimo tutte le sinapsi esistenti nel nostro cervello, e se considerassimo che ognuna di esse possa rappresentare un bit di informazione (cosa del resto non provata e poco probabile perché molte di esse debbono certamente assolvere altre funzioni), ci troveremmo con lo strabiliante numero di parecchie decine o centinaia di terabit (1 tera = 10^{12}), più che sufficienti per ospitare parecchie centinaia o anche migliaia di Enciclopedie Britanniche.

Poiché, come abbiamo detto, molte di queste sinapsi avranno altre funzioni, ammettiamo che un solo terabit sia utilizzato dal nostro cervello come memoria.

Tale cifra non è molto lontana da ciò che un moderno super-computer può ospitare: per cui assumiamo che AL abbia a disposizione una memoria di un terabit.

Per quel che riguarda la velocità di esecuzione e di calcolo che dobbiamo attribuire ad AL, dobbiamo considerare due aspetti. La velocità di trasmissione dei segnali elettrici lungo i nostri nervi sappiamo non essere molto elevata: se ci diamo una martellata su un dito, passeranno alcuni decimi di secondo prima che il segnale arrivi al cervello e che quest'ultimo generi e invii dei segnali alle corde vocali per urlare e ai muscoli del braccio per ritirare la mano.

Molto più rapida sembra essere invece la velocità di scambio dell'informazione tra i vari neuroni all'interno del cervello; anche in questo caso però tale velocità non sembra incompatibile con quella con cui lavorano i moderni processori, sia nel trattamento delle informazioni in entrata e in uscita, sia nell'accesso alle memorie.

L'ultima caratteristica essenziale di cui abbiamo bisogno è rappresentata dalla possibilità di potere eseguire un gran numero di programmi contemporaneamente.

Per far questo si può ricorrere essenzialmente a due tecniche informatiche.

La prima è quella cosiddetta del «*time sharing*»: l'unità di processo esegue per un breve periodo di tempo (ad esempio 1ms) un pezzetto di un programma e poi passa al seguente e così via. Se l'unità di processo è molto veloce e il numero di programmi non è troppo elevato (ad esempio qualche decina), si avrà l'impressione che tutti i programmi siano eseguiti contemporaneamente. Se il numero di programmi da eseguire è più elevato si può allora fare ricorso all'uso di parecchi processori che lavorano contemporaneamente, ognuno su un programma differente. In tal caso, il numero di processori, e quindi di programmi funzionanti contemporaneamente, può essere, almeno teoricamente, molto elevato.

A noi non interessa come AL lavori in realtà, l'importante è che possa svolgere un gran numero di programmi allo stesso tempo.

AL quindi possiede tutto il supporto hardware di cui abbiamo bisogno: vediamo ora come farlo funzionare.

Per far questo supponiamo che nell'immensa memoria di AL siano installati in maniera permanente un gran numero di programmi; viste le dimensioni di tale memoria, non dovremo preoccuparci di quanti e quanto estesi siano tali programmi.

Se immaginiamo, ad esempio, di alloggiarvi un migliaio di programmi, alcuni anche molto complessi che occupino decine di megabyte di memoria ciascuno, resterebbe sempre ad AL uno spazio enorme per altre attività, come una potente base di dati da cui attingere informazioni.

Naturalmente solo alcuni di tali programmi sarebbero eseguiti contemporaneamente, gli altri sarebbero tutti in attesa di essere eseguiti.

Ognuno di questi programmi, quando eseguito, simula una delle funzioni del nostro corpo. Ciò significa che esso contiene tutte le funzionalità e le sequenze di ordini ai nostri nervi e ai nostri muscoli per compiere una determinata azione.

Vi saranno evidentemente dei programmi semplici (si fa per dire) che assolveranno azioni semplici e dei programmi più complessi, anche molto più complessi, per eseguire delle attività più complicate.

Ad esempio un programma semplice potrebbe essere quello che ordina ai nostri muscoli di battere un ciglio, mentre un programma complesso potrebbe presiedere alla difficilissima attività di camminare che, come è noto, richiede la coordinazione di un gran numero di nervi e di muscoli.

Tutti questi programmi lavorano evidentemente sotto la supervisione del processore centrale che si occuperà sia della loro messa a esecuzione, sia anche delle sequenze secondo cui i vari programmi vanno eseguiti.

A questo punto è essenziale vedere come AL deciderà dell'esecuzione dei vari programmi in modo da simulare al meglio un vero comportamento umano. Esaminiamo anzitutto una prima serie di azioni che chiameremo istintive, o anche di comportamento primitivo: si tratta in genere di tutte quelle azioni, e sono la maggior parte, che noi compiamo continuamente in modo quasi automatico, senza avere quindi bisogno di ragionare molto.

Per svolgere tale tipo di azioni, il metodo più adatto che AL userà sarà quello delle «interruzioni con priorità»: i programmi cioè vengono svolti secondo un criterio di priorità prestabilito e la loro esecuzione è iniziata da un avvenimento esterno al programma stesso ma che è stato ricevuto dal processore.

L'organizzazione dei programmi in livelli di priorità permette sempre di eseguire prima il programma che ha la priorità più elevata.

Facciamo un esempio: immaginiamo di stare svolgendo un'attività consistente nel piantare un chiodo a una parete usando un martello.

Per far questo, il processore avrà messo a esecuzione una serie di programmi: vi sarà ad esempio un programma che fa muovere il nostro braccio destro e la mano destra con il martello, un altro programma che guiderà il braccio e la mano sinistra per tenere il chiodo, un altro programma ancora comanderà agli occhi di seguire l'operazione guidando opportunamente l'intensità e la traiettoria dei colpi ecc.

Supponiamo ora che, per distrazione, ci diamo una martellata su un dito: la sensazione di dolore (avvenimento esterno) raggiungerà il processore in una frazione di secondo. Il processore quindi arresterà l'esecuzione dei programmi menzionati prima e metterà a esecuzione altri programmi, aventi priorità più elevata e previsti per queste circostanze: ad esempio, un programma ordinerà alle corde vocali di urlare, un altro programma ci farà portare il dito in bocca o sotto il rubinetto dell'acqua ecc.

Come si vede, questo tipo di comportamento umano è abbastanza facilmente simulabile da AL e non crediamo sia necessario insistere sull'argomento.

Si può invece immaginare di estendere le capacità di AL, dotando i suoi programmi di una certa intelligenza di apprendimento, come si fa nell'Intelligenza Artificiale.

Chiariamo ancora con un esempio, e immaginiamo di volere imparare (anzi, che AL voglia imparare) a scrivere su una tastiera del computer.

Non avendo mai visto prima una tastiera, è evidente che all'inizio dovremo cercare le lettere una per una utilizzando quindi tempi lunghissimi.

Dopo un po' di tempo e di esercizi, avremo però imparato a ricordare le posizioni relative delle lettere sulla tastiera e, dopo ancora, ricorderemo anche la loro posizione assoluta; alla fine riusciremo a scrivere sulla nostra tastiera rapidamente e quasi senza aver bisogno di guardare su di essa.

La stessa cosa avverrà ad AL, usando appunto uno dei programmi dell'AI che già esistono sul mercato.

Come si vede, almeno teoricamente, abbiamo costruito un computer, appunto AL, capace di avere un comportamento in tutto e per tutto simile al comportamento umano per quel che riguarda le sue funzioni che abbiamo definito come primitive.

In pratica, siamo sicuri che se volessimo realmente costruire un AL, le cose non sarebbero così semplici come lo abbiamo lasciato intendere; siamo tuttavia convinti che le difficoltà sarebbero solo tecnologiche e non di principio.

Prima di andare avanti e di immaginare quindi se e come AL potrebbe simulare anche delle funzioni dette superiori della nostra mente, desideriamo soffermarci un momento ed esaminare il problema della formazione e sviluppo di programmi simili a quelli che abbiamo posto nella memoria di AL, nella nostra propria mente umana.

Se noi costruissimo un secondo AL e mettessimo nella sua memoria gli stessi programmi, è evidente che i due computer si comporterebbero nella stessa identica maniera in tutte le circostanze.

Sappiamo invece che, per fortuna, due esseri umani non si comporteranno mai nella stessa identica maniera nell'affrontare una determinata situazione.

Semplificando, possiamo dire che i comportamenti umani sono simili tra i vari individui al 90%, ma che resta un 10% di diversità. Ci si pone quindi la domanda del motivo per cui ciò avvenga. La risposta non è difficile e credo sia anche universalmente accettata. Diciamo anzitutto che la nostra ignoranza sul funzionamento del cervello non ci permette di affermare sotto quale forma quelli che noi abbiamo definito come programmi per AL siano realizzati e funzionino nella nostra mente: certo è che le funzionalità che abbiamo attribuito a tali programmi debbono ben esistere in qualche modo. Continuiamo quindi, per semplicità, a chiamare tali entità funzionali con il nome di programmi.

Lo sviluppo di ogni essere umano, come abbiamo precedentemente descritto dipende essenzialmente da due fattori: il fattore genetico e il fattore ambientale che, interagendo in diverse proporzioni, fanno di noi delle persone con delle caratteristiche fisiche e psicologiche particolari (*L'homme se fait en se faisant*, J. De Ajuriaguerra).

Il DNA dei due genitori trasmette anzitutto il patrimonio genetico della specie con tutte le sue caratteristiche morfologiche, ma non solo; esso trasmette anche tutti quei programmi di base che definiscono il comportamento umano, almeno nelle sue caratteristiche essenziali.

In altre parole esso trasmette di generazione in generazione quell'informazione che noi abbiamo approssimativamente stimato come ammontare a circa il 90% dei programmi che presiedono alla maggior parte dei comportamenti umani.

Esso trasmette anche una parte di quel 10% (diciamo il 5%) di informazione che caratterizzerà il singolo individuo e che è attribuibile all'eredità.

Quest'ultima informazione, in parte concerne dei caratteri somatici, come il naso del padre o gli occhi azzurri della madre, in parte invece essa determinerà delle caratteristiche di comportamento come certi aspetti del carattere, le eventuali tendenze musicali o poetiche ecc.

Un restante 5% di informazione viene acquisito dall'individuo attraverso l'apporto dell'esperienza e l'interazione con il mondo esterno.

È cosa nota, ad esempio, che un bambino di famiglia agiata e stimolato da genitori e amici di buon livello intellettuale, svilupperà un migliore livello intellettuale rispetto a un bimbo vissuto in una bidonville.

I processi che permettono a tali programmi di accrescere le loro capacità e le loro performance ci sono evidentemente ancora ignoti. Possiamo solo immaginare che la loro capacità di apprendimento sia una qualche evoluzione di quello che si cerca oggi di ottenere con l'AI.

Sembra inoltre che tale accrescimento delle capacità non sia solo imputabile a una maggiore e progressiva sofisticazione dei programmi stessi, ma che in realtà anche il tessuto nervoso e le interconnessioni tra neuroni con le loro sinapsi possano subire delle evoluzioni che ne aumentano le performance (la funzione sviluppa l'organo!).

Tutto questo evidentemente non sappiamo come simularlo, perciò ci limiteremo a inserire nella memoria di AL dei programmi, anche sofisticati, che possano simulare il comportamento apparente di un essere umano medio.

Passiamo ora ad analizzare il problema di simulare le funzioni dette superiori della nostra mente.

Per far questo consideriamo solo tre di tali funzioni che ci sembrano molto rappresentative e significative dell'insieme di tali nostre capacità: **la creazione, l'invenzione e il libero arbitrio**.

Quando si vuole fare riferimento alle differenze fondamentali che distinguono l'uomo dal regno animale, si fa quasi inevitabilmente riferimento a queste tre attività.

Esse hanno in comune il fatto di sfuggire al famoso principio di fisica che vuole che ogni effetto abbia una causa da cui esso deriva.

Queste attività infatti sembrano scaturire dal nulla, esse si generano spontaneamente e non dipendono affatto da alcun ragionamento logico o matematico che le preceda.

È vero che, anche nel mondo scientifico, si usa talvolta la parola creazione, ma si tratta di un uso improprio.

Ad esempio nella fisica delle particelle, in circostanze particolari, accade che un raggio gamma (un fotone di alta energia) scompare e al suo posto appaiono due particelle, un elettrone e un positrone. Si dice allora comunemente che una coppia di particelle è stata creata: in realtà, per l'equivalenza di Einstein tra energia e materia, è corretto dire che l'energia del raggio gamma si è trasformata nella massa delle due particelle. Da un punto di vista scientifico la creazione non esiste: si è avuta creazione, forse, solo al momento del Big Bang. Dopo, si sono avute solo trasformazioni, mai creazioni.

Tuttavia, come abbiamo sempre fatto in questo libro, non useremo unicamente degli argomenti scientifici per trattare in modo razionale e logico anche di queste funzioni.

La parola creazione è usata essenzialmente in campo artistico dove si dice comunemente che un artista, quando produce un'opera d'arte, in realtà la crea.

Vediamo ora se e come a una simile attività si possa dare un'interpretazione più razionale in modo che essa possa essere simulata nella mente del nostro computer AL.

Per far ciò riferiamoci a quanto detto prima sulla diversità di comportamento dei vari esseri umani e quindi sulle leggere variazioni esistenti nei vari programmi che generano tali comportamenti.

Abbiamo detto (approssimando) che possiamo ritenere che circa il 5% di tali programmi si presenti in forme e sfumature differenti tra i vari individui in modo da generare comportamenti diversi.

Tale diversità si deve evidentemente intendere in senso statistico; ciò significa che vi possono essere diversità che poco si discostano da un comportamento normale medio fino a tipi di diversità estremi che si manifestano con un comportamento totalmente differente dalla media.

Sappiamo che tale diversità è stata prodotta in parte dall'eredità e in parte dall'esperienza acquisita durante la nostra vita: essendo ambedue queste cause del tipo puramente casuale, anche la risultante diversità sarà puramente casuale.

Il suo andamento in seno a una data popolazione sufficientemente rappresentativa (un gran numero di individui) potrà quindi essere visualizzato dalla famosa curva gaussiana che si usa appunto per fenomeni statistici casuali.

Tale curva, detta anche curva a campana per la sua forma, mostra la distribuzione tra un gran numero di individui di una certa grandezza presa in considerazione.

La gaussiana ha riportati in ascisse i possibili valori della grandezza, e in ordinate il numero di individui che possiede tale o talaltro valore. La maggior parte degli individui considerati si raggruppa attorno al valore centrale, o valore medio della grandezza in oggetto. Vi sono però individui, in numero sempre più ridotto man mano che ci si allontana dal valore medio, che possono presentare un valore piccolissimo o grandissimo della grandezza considerata.

Va notato inoltre che, da un punto di vista teorico e per una curva gaussiana espressa in termini matematici, la curva non va mai a zero (è del tipo asintotico); vi saranno sempre cioè individui (anche pochissimi) che avranno un valore qualsivoglia piccolo o grande. In realtà ciò non accade perché il numero di individui della popolazione considerata è finito.

Questa distribuzione di tipo gaussiano può ad esempio essere utilizzata per rappresentare le tendenze artistiche in una popolazione numerosa come potrebbe essere quella di una grande nazione.

Non so esattamente come si possa quantificare una grandezza piuttosto impalpabile come la tendenza artistica, ritengo tuttavia che con un po' di riflessione si possa stabilire una scala di valori per tale tendenza che va, ad esempio, da 0 a 100.

Evidentemente la maggior parte di noi si troverebbe intorno al valore medio di 50, anzi in una forchetta compresa tra 40 e 60.

Vi sarebbero comunque pochissimi individui completamente negati per l'arte e quindi con un valore prossimo allo 0, e altri, pochissimi, aventi un valore prossimo a 100.

In quest'ultima categoria certamente troveremmo tutti i più grandi geni artistici che l'umanità abbia generato.

La distribuzione gaussiana delle tendenze artistiche appena discussa chiaramente niente ci dice sul modo di funzionamento di questo parametro, specie nei casi in cui esso si presenta con i valori più elevati, e questo è invece l'argomento che maggiormente ci interessa nel nostro contesto.

Abbiamo voluto invece introdurla perché essa ci fornisce un'informazione molto utile; tale curva deve essere del tipo continuo.

Crediamo sia facile dimostrare che essa, se riferita a un

numero sufficientemente grande di individui, non può contenere alcuna soluzione di continuità; infatti, se consideriamo ad esempio una persona avente un certo punteggio nella scala delle tendenze artistiche (ancora una volta non sappiamo bene come sia stata stabilita questa scala, ma supponiamo che un gruppo di esperti e critici d'arte possa costruirla), sarà sempre possibile trovare due altri soggetti aventi un punteggio immediatamente inferiore e immediatamente superiore a quello della persona considerata.

Questa osservazione ci sembra fondamentale: essa mostra che la tendenza artistica, e quindi eventualmente la creatività artistica, di una persona avente un punteggio medio è della stessa natura di quella delle persone con punteggio elevato o elevatissimo, solo che essa è, rispetto a queste ultime, a un livello inferiore.

In altre parole, i programmi che voi e io, aventi una tendenza artistica media, possediamo, sono dello stesso tipo di quelli posseduti dal grande artista, solo che in quest'ultimo essi avranno raggiunto un grado di complessità e sofisticazione elevatissimi.

Vediamo ora se sia possibile analizzare come questi programmi potrebbero essere costituiti; infatti se una loro descrizione è realizzabile in termini funzionali e anche sequenziali, sarà poi possibile anche simularli nella mente di AL.

Facciamo anzitutto osservare che, mentre la creatività artistica, cioè la capacità di creare delle opere d'arte, è un dono di pochissimi, siamo invece moltissimi ad apprezzare e amare tali opere d'arte.

La prova è che i musei sono pieni di visitatori, che la maggior parte di noi legge con immenso piacere le opere di Dante o di Shakespeare e che tutti restano incantati ed estatici davanti a un dipinto di Leonardo o di Van Gogh.

Cioè, la maggior parte di noi è dotata di una sensibilità artistica che ci permette di apprezzare in generale ciò che è bello. Pochissimi di noi sanno invece esprimersi con un'opera d'arte.

Dobbiamo quindi a questo punto cercare di definire che cosa si intenda per bello e che cosa si intenda per brutto.

Questi concetti possono evidentemente variare non solo

da persona a persona, ma anche da una cultura all'altra, da un'epoca all'altra; essi cioè non sono evidentemente definibili in maniera assoluta. Tuttavia, riferendoci solo al nostro mondo contemporaneo, per semplificare possiamo ammettere che esiste quello che si può definire come un senso comune del bello: una specie cioè di media dei canoni di bellezza su cui la maggior parte di noi è d'accordo.

Vediamo ora come possa fare la mente umana a decidere se un oggetto o comunque un'immagine, che si tratti di un'opera d'arte, di un panorama o altro, sia bello oppure no. La frase precedente merita una spiegazione e deve anche essere formulata in modo differente. Non è ancora ben chiarito come la nostra mente riconosca e classifichi le forme (*pattern recognition*). Sarebbe quindi azzardato fare delle ipotesi basandoci su queste ben magre conoscenze.

Al contrario conosciamo abbastanza bene la moderna tecnologia e possiamo apprezzare le sue capacità presenti e anche anticiparne moderatamente quelle future.

Quindi rinunciamo a priori a immaginare come la nostra mente possa riconoscere il bello dal brutto, invece cerchiamo di vedere come oggi potremmo costruire un meccanismo che sia, anche solo apparentemente, capace di tale performance.

Per semplificare il nostro discorso, consideriamo un solo aspetto della bellezza, ad esempio un volto di donna (o di uomo) che, secondo i canoni attuali, possa venire considerato bello dalla maggior parte di noi.

Un primo approccio al problema potrebbe essere quello di fotografare un gran numero di bei volti femminili e di immagazzinare tali immagini nella memoria di AL, sotto l'etichetta «volti femminili belli».

Ricordiamo ancora una volta che, data l'enorme capacità della memoria di AL, non vi sono praticamente limiti al numero di immagini che potremo immagazzinare.

Un'immagine con sufficiente risoluzione può essere rappresentata con 20 o 30 mila byte: quindi migliaia o decine di migliaia di immagini potrebbero occupare solo una parte trascurabile della memoria di AL. Si può quindi immaginare di scrivere un programma per AL che analizzi un nuovo viso che gli venga presentato e che, se ad esempio il 90%

delle sue caratteristiche sono simili a quelle di uno dei visi contenuti nella sua memoria, decida che il viso è da classificare come bello, altrimenti lo rigetta.

Un tale meccanismo, che tuttavia non sembra troppo difficile da realizzare, non ci soddisfa invece per almeno due ragioni.

La prima è che i tempi di esecuzione potrebbero essere molto lunghi. Paragonare una immagine composta di 20 o 30 mila byte con altre migliaia di immagini dello stesso tipo, può evidentemente richiedere tempi lunghissimi, anche utilizzando i più moderni processori. Evidentemente tutti sanno che i moderni computer usano algoritmi e scorciatoie per accedere più rapidamente alle loro basi di dati, basta vedere con quale rapidità i motori di ricerca installati sul nostro PC effettuano le ricerche tra le migliaia, forse milioni di articoli e pubblicazioni immagazzinati nella memoria del sistema. Riteniamo tuttavia che i tempi di esecuzione probabili sarebbero ancora molto elevati, e comunque non paragonabili con quelli umani.

La seconda ragione, la più importante, è che tale metodo non ci sembra il più appropriato a simulare un autentico comportamento umano. Infatti, per quanto numerose possano essere le immagini di volti femminili che possiamo immaginare e che quindi abbiamo immagazzinato nella memoria di AL, può sempre accadere che un nuovo volto, differente da tutti i precedenti sia da noi giudicato interessante. In questo caso AL lo rigetterebbe mentre noi lo considereremmo bello.

Bisogna quindi immaginare un'altra strategia di giudizio.

Il metodo che ci sembra più indicato è quello di non classificare i volti, bensì i parametri che ci inducono a giudicare un volto bello.

Si potrebbero ad esempio considerare le varie forme degli occhi, la forma e dimensione della bocca, il colore e l'attaccatura dei capelli ecc.

Anche se per ognuno di questi parametri volessimo descrivere un gran numero di varianti e di sfumature, siamo certi che il volume totale di questa informazione sarebbe necessariamente limitato.

Il discorso non cambia di molto se volessimo ulteriormente affinare il metodo, introducendo ad esempio delle sofisticate analisi incrociate di parametri: tale forma di bocca va bene con tale tipo di dentatura o forma del viso ecc.

Tutta questa informazione potrebbe quindi essere quantificata e introdotta nella mente di AL in modo da permettergli di dare un suo giudizio alla vista di un nuovo volto femminile.

Questo metodo evidentemente può essere esteso abbastanza agevolmente ad altri soggetti del bello (e del brutto), come paesaggi, opere d'arte, oggetti vari ecc.

È chiaro che la programmazione si farà sempre più complessa, e gli algoritmi utilizzati saranno via via più sofisticati, quando si voglia affinare la capacità di giudizio di AL per passare, ad esempio, da giudizi su oggetti e soggetti tutto sommato abbastanza semplici, come la bellezza di un volto o la suggestione di un dipinto, a quelli che comportano considerazioni più astratte o di ordine morale.

Immaginiamo infatti di presentare ad AL un dipinto non più di tipo classico, ma di contenuto piuttosto astratto come *Guernica*. Per noi tale dipinto è un capolavoro perché evoca in maniera astratta ma molto potente l'orrore della guerra.

AL invece, se programmato per giudicare in base alla aderenza a immagini reali, classificherà tale dipinto nella categoria dei brutti.

Questo dimostra quanto difficile sarà simulare in AL un comportamento e delle capacità di giudizio corrispondenti a quelle umane.

Difficile, ma non impossibile, almeno da un punto di vista teorico.

Quando noi dobbiamo esprimere un giudizio su qualcosa, un oggetto, un'opera d'arte o altro, ci basiamo, coscientemente o inconsciamente, su varie considerazioni che in definitiva si riassumono in un sentimento o un'impressione di bellezza o di bruttezza che riceviamo da ciò che stiamo esaminando.

Ad esempio, se stiamo ammirando un dipinto di ninfee di Monet, o un assolato paesaggio del sud della Francia di Van Gogh, la nostra ammirazione è destata non da una descrizione perfetta e fotografica dei soggetti rappresentati, ma piuttosto dall'impressione che tali immagini rievocano in noi facendoci rivivere scene di prati a primavera o di campi assolati del sud che abbiamo immagazzinato nella mente durante la nostra esistenza.

Se non avessimo mai visto, neanche in foto, un campo di fiori a primavera o un assolato paesaggio del sud, siamo certi che i due dipinti in oggetto non desterebbero in noi alcuna emozione particolare; forse potremmo solo ammirare il sapiente accostamento di colori.

Allo stesso modo, quando restiamo impressionati e sgomenti dalla potenza espressiva di un'opera come *Guernica*, è perché essa rievoca e ci ricorda scene apocalittiche di guerra con tutti i suoi orrori e devastazioni, che abbiamo visto durante la nostra vita, o di persona, o riportate su giornali o altri mezzi di comunicazione.

In definitiva quindi, lo ripetiamo, non crediamo vi sia nulla di misterioso o di soprannaturale nel processo che utilizza la nostra mente per riconoscere le forme ed emettere un giudizio: si tratta pur sempre di richiamare immagini che sono state immagazzinate durante la nostra vita e sono state etichettate come belle o brutte usando criteri acquisiti ed ereditati.

La **creazione** artistica può anch'essa essere spiegata usando dei meccanismi che estendono i concetti fin qui esposti.

Ricordiamo anzitutto che un artista (quindi un creatore di opere d'arte) appartiene certamente a quel ristrettissimo numero di persone che, nella curva gaussiana prima ricordata a proposito della sensibilità artistica, occupa una posizione elevatissima: in altre parole, e ricordando la scala di valori arbitrari prima menzionata, il suo punteggio deve aggirarsi intorno a 100.

Come abbiamo già detto, ciò non significa affatto che egli appartenga a un mondo differente dal nostro, o che egli possegga poteri soprannaturali.

Significa, molto più semplicemente, che i meccanismi, gli algoritmi e in una parola i programmi che risiedono nella sua mente, e che abbiamo prima menzionato, posseggono un grado di evoluzione e di sofisticazione notevolmente più elevato di quelli posseduti dalla maggior parte del genere umano.

In particolare egli deve avere sviluppato fino a un grado elevatissimo quel meccanismo cui abbiamo prima accennato, consistente nel sapere riconoscere (e quindi immagazzinare nella mente) quegli elementi essenziali che caratterizzano l'immagine che egli sta osservando, sia che si tratti di un campo di iris, o del volto di una donna o di una scena di can-can...

Queste capacità gli permetteranno poi di tradurre e trasfondere nell'opera d'arte, ad esempio in una pittura, tutti quegli elementi essenziali che ne fanno un capolavoro e che destano la nostra ammirazione.

Non dimentichiamo che stiamo parlando di una manciata di uomini che in ogni epoca hanno e hanno avuto questo privilegio, rispetto ad altri miliardi di individui che non posseggono tale privilegio.

Evidentemente non sarà facile simulare nella mente di AL tutti questi criteri e immagazzinare tutte queste immagini, anche usando metodi di giudizio come quello prima esposto.

Vogliamo tuttavia ricordare che l'evoluzione ha impiegato milioni di anni per sviluppare nella nostra mente e affinare questi metodi di giudizio. Non ci si può quindi meravigliare se risulterà molto difficile questa «programmazione» della mente di AL. Essa tuttavia non ci sembra impossibile, almeno teoricamente.

Quello che ci sembra più sorprendente nel processo umano di identificazione e di giudizio, non è la quantità enorme di informazioni che debbono essere state immagazzinate nella nostra mente; abbiamo visto infatti che disponiamo (così come AL dispone) di uno spazio memoria praticamente illimitato. Ciò che ci sembra veramente incredibile è l'estrema rapidità con cui questa informazione viene esaminata per potere emettere un giudizio o per produrre un'opera d'arte: anche utilizzando i metodi più sofisticati esistenti oggi nelle moderne basi di dati, credo siamo ancora lontani dalle performance umane...

L'evoluzione ha certamente sviluppato dei metodi e

degli algoritmi che non abbiamo ancora esplorato. A tale proposito desideriamo riportare alcune considerazioni e ipotesi fatte da R. Penrose nel suo libro *The shadows of the mind*, ipotesi che ci saranno utili anche dopo.

Ricordiamo ancora una volta che Penrose, insieme ad Hawking e a un ristretto numero di altri scienziati (non più di una dozzina al mondo) fa parte di quei pensatori illuminati che cercano di proporre risposte ardite ai problemi che la scienza ufficiale non riesce ancora a spiegare. Egli anzi pensa che una nuova fisica debba essere proposta, perché seguendo le linee direttrici della fisica attuale non si può andare molto lontano... ciò che è esattamente quello che pensiamo anche noi.

Penrose dunque in questo suo libro cerca di dare un barlume di interpretazione scientifica al problema della coscienza umana (e forse anche animale... aggiungiamo noi) che è certamente il più misterioso tra i vari problemi ancora insoluti della nostra mente, problema sul quale torneremo tra breve.

Tuttavia tali considerazioni, e la ipotesi che ne deriva, ci sembrano molto appropriate anche per dare una spiegazione all'incredibile rapidità con cui la nostra mente sembra agire in varie circostanze.

Penrose osserva anzitutto che, in alcune circostanze, la mente umana sembra procedere in modo non-computabile e non-sequenziale. Vediamo quello che significa ciò.

Nell'affrontare un qualunque tipo di problema, la nostra mente segue in generale un cammino logico e sequenziale: questo significa che essa esamina i fatti uno dopo l'altro, esegue le operazioni in sequenza, per arrivare a una soluzione.

Incidentalmente questo è anche il metodo con cui sono programmati e agiscono le macchine elettroniche.

Evidentemente tale metodo richiede del tempo, in funzione del numero e della complessità delle operazioni da eseguire.

Accade ora che in certi casi la mente umana sembra utilizzare come delle scorciatoie, e arriva alla conclusione quasi istantaneamente, o comunque in tempi brevissimi, incompatibili con un calcolo sequenziale.

In particolare questo sembrerebbe essere il caso dei cosiddetti computer umani, cioè di quelle persone particolari che riescono a compiere mentalmente operazioni matematiche anche molto complesse in tempi brevissimi, fenomeno per il quale non esiste ancora nessuna spiegazione scientifica.

Io stesso ho assistito personalmente a una di queste esibizioni, in cui uno di questi «fenomeni» compiva mentalmente operazioni estremamente complicate, partendo da dati forniti dal pubblico (quindi senza nessun possibile trucco).

Ho visto così eseguire in pochi secondi l'estrazione di radici quadrate o cubiche di numeri di più di 10 decimali, o anche moltiplicare due numeri di sette o otto decimali ciascuno.

Questo signore, un olandese, era così eccezionale che era comunemente impiegato da gruppi di fisici per verificare i loro calcoli, in epoche in cui ancora non esistevano i computer.

Ma anche senza andare a considerare casi fenomenali ed estremi, noi tutti abbiamo potuto constatare che, in particolari circostanze, siamo capaci di dare una risposta corretta a problemi anche abbastanza complessi, senza eseguire i normali ragionamenti logici.

Detto con parole molto semplici, si tratta di quella caratteristica che comunemente viene designata come intuito.

Penrose suggerisce una soluzione molto originale a questo problema, basandosi su studi effettuati nell'Università di Arizona da S. Hameroff.

Secondo tali studi, tutte le cellule che compongono un essere vivente, inclusi quindi i neuroni, sono popolate da un numero grandissimo di piccolissimi oggetti chiamati microtubuli.

Un microtubulo è un tubicino molto sottile e lungo circa 1 milionesimo di millimetro.

Nei neuroni questi microtubuli si trovano soprattutto nell'assone e in prossimità delle sinapsi, che sono le regioni nelle quali l'informazione viene trasmessa tra un neurone e l'altro.

All'interno dei microtubuli scorrono i cosiddetti neurotrasmettitori, quelle molecole cioè che sono responsabili della trasmissione dell'informazione.

Da notare che, data l'estrema sottigliezza dei microtubuli, si può dedurre che le molecole di neurotrasmettitori scorrano quasi in fila indiana; ciò è importante per quello che diremo tra poco.

Infine, sembra che il microtubulo stesso sia parzialmente costituito da una sostanza chiamata tubulina composta da molecole che possono polarizzarsi elettricamente (bi-polarizzazione), dando così luogo a un bit di informazione 0-1, proprio come nei computer.

La polarizzazione di queste molecole sembra dipendere sia da informazioni fornite all'interno dal neurotrasmettitore, sia da informazioni provenienti dal mondo esterno, cioè altri microtubuli ecc.

In definitiva il microtubulo costituisce un vero e proprio micro-micro-micro processore e si presenta come una sequenza di bit 0-1 che rappresenta uno stato determinato.

Sembra ancora (siamo obbligati a dire «sembra», visto lo stato iniziale di tali ricerche) che il comportamento del neurone e il tipo di segnali inviati alle sinapsi dipendano essenzialmente dallo stato e dalla configurazione dei microtubuli in esso contenuti e che sono in numero grandissimo.

Date le microscopiche dimensioni di questi microtubuli e del loro contenuto, Penrose ritiene plausibile che al loro interno possano avvenire fenomeni quantici.

Tuttavia tali fenomeni non dovrebbero avere conseguenze apprezzabili nel mondo esterno; infatti, ogni singola particella o atomo si troverebbe nel famoso stato di sovrapposizione quantica, ma ognuna indipendentemente dalle altre (vedi capitolo I).

Ciò significa che al momento del collasso della funzione d'onda (cioè al passaggio al mondo macroscopico) esso avverrebbe in maniera disordinata tra le varie particelle e il risultato globale sarebbe totalmente insignificante.

Per ovviare a tale inconveniente, Penrose propone una ipotesi che egli chiama dei fenomeni quantici coerenti.

Le oscillazioni quantiche delle singole particelle non avvengono in maniera disordinata e casuale; invece tutte le particelle (o atomi) dei microtubuli dei neuroni di una larga parte del nostro cervello subiscono le oscillazioni quantiche (sovrapposizione di stati) tutti insieme in maniera coerente.

In tale maniera al momento del collasso della funzione d'onda, che avviene contemporaneamente per tutte le particelle considerate, si avrà ora un effetto macroscopico.

L'ipotesi ci sembra geniale, anche se tutto resta da chiarire su come ciò avvenga.

Essa spiega chiaramente i fenomeni di intuito.

Ogni singolo atomo della regione considerata si trova in una situazione di sovrapposizione di stati quantici insieme e contemporaneamente a tutti gli altri atomi della stessa regione.

In ognuno di questi stati quantici, tutti gli atomi possono compiere delle operazioni anche molto complesse ma, soprattutto, indipendentemente da quelle che gli stessi atomi stanno compiendo negli altri stati quantici (che possono essere anche migliaia, cioè uno per ogni possibile stato delle particelle).

Forzando la realtà con un'immagine, possiamo dire che ci troviamo di fronte a un numero elevatissimo di computer che lavorano tutti contemporaneamente a risolvere lo stesso problema.

Al momento del collasso coerente della funzione d'onda (cioè quando noi facciamo la famosa misura, che in questo caso significa chiedere al nostro cervello la risposta al problema posto) una sola situazione si manifesterà al mondo esterno, che è la risposta al nostro problema.

Vista l'enorme «potenza di calcolo» messa in gioco dal nostro cervello, ma che avviene per noi inconsciamente, non ci si deve stupire se tale risposta sembra avvenire quasi istantaneamente e si parlerà quindi di intuito come di una capacità eccezionale della nostra mente.

Terminiamo dicendo che per Penrose le oscillazioni quantiche coerenti hanno anche a che vedere con il nostro sentimento di coscienza che, come abbiamo già detto, rappresenta certamente il mistero più profondo della nostra mente.

L'ipotesi di Penrose è certamente affascinante, anche se ci vorrà ancora molto tempo per dimostrare una qualche sua validità: sperimentare sui microtubuli non è infatti impresa molto facile, come certamente tutti si rendono conto.

Tale ipotesi ha trovato, come ogni ipotesi nuova, dei sostenitori, ma anche, e diremmo soprattutto, dei detrattori; tra questi ultimi si distinguono gli scienziati che si occupano di Intelligenza Artificiale (AI).

Infatti, lo scopo finale dell'AI è di arrivare, anche in tempi lontani, a costruire un computer che emuli in tutto e per tutto la mente umana: ipotizzare quindi che alcune delle capacità essenziali della mente umana siano guidate da fenomeni quantici significa praticamente ridurre drasticamente queste speranze.

Notiamo incidentalmente che questo problema è anche cruciale per il nostro AL, dato che la nostra intenzione è appunto quella di dotarlo di una mente in tutto e per tutto simile a quella umana.

Se l'ipotesi di Penrose risultasse corretta e se questo libro fosse stato scritto una trentina di anni fa, saremmo stati costretti certamente a interrompere qui i nostri sforzi di simulazione della mente di AL.

Per nostra fortuna non è così: negli ultimi trent'anni infatti è nata e si è sviluppata una nuova scienza chiamata dei **computer quantici** (Feynman, Deutsch, Preskill, Laflamme e altri).

Il tutto ebbe inizio quando, durante gli anni Settanta, alcuni fisici ed esperti in informatica cominciarono a chiedersi quali potessero essere i limiti di calcolo raggiungibili dai moderni computer, soprattutto tenuto conto del fatto che la corsa verso la miniaturizzazione dei circuiti, con la loro conseguente crescente densità dei circuiti, non poteva certo continuare in eterno.

La risposta a questa domanda, universalmente accettata, fu che il limite inferiore doveva essere rappresentato da un circuito in cui la più piccola parcella di informazione, cioè il bit per intenderci, fosse rappresentata dallo stato polarizzato di una molecola o di un atomo. Evidentemente, più piccolo è semplicemente inimmaginabile.

Tale conclusione sembra quindi porre un limite inferiore alle dimensioni, e parzialmente anche un limite superiore alle performance dei computer futuri.

Invece, paradossalmente, essa sembra aprire una nuova via verso performance sempre più elevate.

Alcuni scienziati (Feynman, Deutsch tra i primi) fecero notare che a tali livelli molecolari e atomici, fenomeni quantici dovevano certamente manifestarsi.

Allora perché non sfruttare tale fenomeno per accrescere le performance delle macchine?

In altre parole ogni atomo o molecola potrebbe, grazie alla sovrapposizione degli stati quantici, contenere non più un bit di informazione, ma una quantità enormemente superiore di bit, uno per ogni stato quantico. Questo nuovo tipo di bit fu battezzato qubit, per quantum bit.

Una sequenza di qubit può così contenere una quantità estremamente elevata di informazioni.

Facciamo un semplice esempio che ci mostri le incredibili capacità di un computer quantico.

Immaginiamo di avere una sequenza di 100 bit, ognuno rappresentato da 1 o da 0.

Sappiamo che le possibili combinazioni che possono essere rappresentate da questa sequenza sono di 2^{100}: in linguaggio decimale, più chiaro per tutti, ciò significa circa 10^{30} combinazioni.

In parole ancora più semplici ciò significa mille miliardi di miliardi di miliardi di combinazioni.

Immaginiamo ora di volere eseguire una operazione semplicissima, come cambiare lo stato di un bit (ad esempio il bit n. 30) in modo che esso sia eguale a 1 (se era 0 diventa 1, se era 1 resta tale).

Vogliamo però fare questo cambiamento non già su una sola sequenza dei 100 bit, ma su tutte le 10^{30} sequenze possibili.

Un computer classico dovrà fare tale operazione in modo sequenziale: esso dovrà quindi prendere ognuna delle sequenze, cambiare il trentesimo bit e passare alla prossima sequenza.

Ammettendo che il nostro computer ultra moderno possa compiere ognuna di queste operazioni in 1 microsecondo (1 milionesimo di secondo), gli occorreranno quindi 10^{30} microsecondi per completare l'operazione.

Questo intervallo di tempo è all'incirca un milione di volte più lungo dell'età dell'universo (15 miliardi di anni rappresentano all'incirca $5x10^{23}$ microsecondi).

Supponiamo ora che la nostra sequenza di 100 bit sia sostituita da una sequenza di 100 qubit: come abbiamo detto prima, tutte le 10^{30} possibili combinazioni di valore 0 e 1 saranno allora presenti contemporaneamente in tale sequenza in sovrapposizione di stati quantici.

Un (ipotetico) computer quantico potrà quindi cambiare lo stato del qubit in posizione 30 in una sola operazione che agirà su tutte le 10^{30} combinazioni.

L'operazione verrà quindi eseguita in pochi microsecondi.

Le possibilità teoriche di un computer quantistico sono quindi davvero semplicemente strabilianti.

Non siamo a conoscenza che, allo stato attuale, vi sia ancora stata una qualche applicazione pratica di computer quantici.

Sappiamo però che l'interesse su tale argomento cresce in modo esponenziale, e con l'interesse anche il numero di ricercatori, specialmente da quando si sono intraviste alcune applicazioni pratiche di valore inestimabile.

Tra tali applicazioni, ricordiamo che i qubit permetterebbero di risolvere in modo definitivo il grave problema della sicurezza sulle reti informatiche.

Per far ciò basta che in partenza il messaggio contenga una sequenza qualunque ma nota di qubit: alla ricezione, quando si effettua la lettura, il collasso della funzione d'onda è una prova inconfutabile che il messaggio non è stato letto da altri.

Se infatti un pirata informatico (hacker) si fosse introdotto sulla linea per intercettare il messaggio, egli avrebbe necessariamente fatto collassare la funzione d'onda, il che sarebbe subito rilevato dal destinatario ufficiale del messaggio.

Il metodo è infallibile e la parata è impossibile: qualunque metodo infatti si voglia utilizzare per leggere il messaggio, farebbe inequivocabilmente collassare la funzione d'onda.

Si comprende perciò come industrie, banche, uffici governativi, militari ecc. stiano studiando con enorme interesse e stiano stanziando somme rilevanti per una implementazione pratica di tale metodo.

Tutto ciò ci permette di sperare che si possa arrivare a risultati concreti in tempi non troppo lunghi.

Tornando quindi alla mente del nostro AL e alla sua sempre più complessa programmazione, possiamo dire che, anche se l'ipotesi di Penrose risultasse valida, cioè che nel nostro cervello avvengano fenomeni quantici, non è escluso che in un futuro tali processi possano anche essere simulati.

In conclusione, tutto quanto abbiamo detto finora in questo paragrafo, ci induce a riaffermare il nostro convincimento che funzioni della nostra mente comunemente riferite come superiori, come appunto il senso artistico e, conseguentemente, la creazione artistica, non hanno bisogno di fare appello a spiegazioni trascendenti o comunque di tipo soprannaturale.

Il tipo di argomenti che abbiamo svolto, ci sembra possa applicarsi anche alla nozione di **libero arbitrio**, che è appunto il soggetto principale di questo paragrafo e dal quale ci siamo un po' allontanati.

Il libero arbitrio si definisce come un atto di pura volontà per cui la mente umana può prendere decisioni in totale libertà, cioè in particolare senza che queste decisioni siano governate da precedenti considerazioni.

Come si vede tale atto corrisponde alla definizione di creazione.

Le considerazioni che quindi possiamo fare su tale concetto si apparentano a quelle che abbiamo testé fatto sulla creazione artistica; in ambedue i casi non si tratta di vera creazione ma di un uso sofisticatissimo di informazioni già esistenti nella nostra mente.

Aggiungiamo anzi che per quel che concerne il libero arbitrio, il ragionamento che seguiremo ci sembra ancora più semplice di quello fatto a proposito della creazione artistica.

Per chiarire questa nostra affermazione, consideriamo un esempio in cui l'intervento del libero arbitrio è comunemente ritenuto come inconfutabile: riprendiamo cioè il caso di una persona che, in cima a un grattacielo, minacci di gettarsi giù per suicidarsi.

Nella mente di quella persona debbono certamente accavallarsi una ridda di pensieri e argomentazioni, alcuni in favore dell'atto suicida, altri che lo sconsigliano vivamente.

Ad esempio tra i primi potremmo immaginare dei dispiaceri amorosi, o la consapevolezza di avere un male incurabile, o ancora dei problemi finanziari o semplicemente una forte depressione ecc.

Tra i secondi vi sarà certamente il pensiero del dolore che il suo atto provocherà nelle persone a lui care, oppure delle remore di ordine religioso, o ancora la paura stessa della caduta ecc.

Immagino che potremmo enumerare ancora decine e forse più argomenti pro o contro l'attuazione del gesto fatale... ma fermiamoci qui con il nostro esempio.

Vogliamo solo aggiungere un'altra possibile ragione di commettere il suicidio, particolarmente importante nel nostro discorso: la persona potrebbe infatti decidere di suicidarsi solo per dimostrare a se stessa e al mondo che essa è dotata di libero arbitrio...

Ricorrendo alla nostra solita semplificazione con l'uso di programmi, potremmo dire che a ognuna delle ragioni prima menzionate, che siano a favore o contro la decisione di suicidarsi, può associarsi un programma che mostra chiaramente uno scenario e le sue eventuali conseguenze.

Se ammettiamo che il libero arbitrio esista realmente e sia come prima definito, si può quindi immaginare che una unità centrale, il nostro Io per intenderci o la nostra coscienza, decida in tutta indipendenza, dopo avere esaminato tutti gli scenari possibili, quale soluzione prendere: come già detto questo equivarrebbe a una creazione in quanto una decisione viene creata non necessariamente in dipendenza dagli scenari esaminati.

Ma vi è invece un'altra possibilità che a noi appare altrettanto valida e che non deve fare ricorso ad azioni di ordine soprannaturale.

Questo secondo scenario alternativo rappresenta anche il modo in cui noi penseremmo di programmare AL per dargli tutte le caratteristiche di un essere dotato, apparentemente, di libero arbitrio.

Immaginiamo di avere identificato 100 argomenti che possano indurre a commettere il suicidio oppure no, cioè alcuni spingeranno il soggetto a suicidarsi, altri glielo impediranno.

Questi 100 argomenti possono essere evidenziati da 100 programmi opportuni, ognuno dei quali contenga tutte le informazioni necessarie a sostenere la tesi che esso presenta.

Immagazziniamo questi 100 programmi nella mente di AL; se anziché 100 essi dovessero essere 1000 o di più, ciò non avrebbe importanza poiché sappiamo che la nostra mente, come quella di AL, non ha in pratica limiti di capacità.

Assegniamo ora a ogni programma un peso o priorità che vada da 1 a 100; ricordiamo che ciò significa che quando uno o più programmi debbano essere eseguiti, sarà eseguito prima e avrà più valore quello avente la priorità più elevata.

Il punto fondamentale è quello di sapere come e da che cosa queste priorità vengono stabilite e assegnate.

Nel caso della mente umana, la risposta è molto semplice: come tutti i comportamenti umani, queste priorità sono state determinate dall'eredità e dall'esperienza acquisita negli anni.

Ciò spiega il differente comportamento dei vari individui in date circostanze: in particolare nel caso che ci interessa, questo spiega perché in cima al grattacielo, una data persona deciderà di gettarsi giù e un'altra non lo farà.

Nel caso di AL, noi potremmo decidere delle priorità da dare ai suoi programmi, in modo da simulare un ben preciso comportamento umano.

È evidente che stiamo parlando del meccanismo che genera un dato comportamento nell'istante preciso in cui la decisione detta di libero arbitrio viene presa. Il fatto poi che la mente umana, come quella di AL, con l'esperienza abbia la possibilità di modificare, tra l'altro, anche queste priorità, è cosa che abbiamo già discusso e accettato.

In definitiva quindi possiamo affermare che al momento di una decisione ben precisa che un essere umano deve prendere niente permette di distinguere se tale decisione è frutto di un atto di libero arbitrio o è semplicemente risultante da algoritmi più o meno complicati, ma comunque sempre simulabili.

Solo che nel primo caso si tratterà di creazione, cioè si fanno intervenire delle capacità soprannaturali e quindi irrazionali, nel secondo caso questo non è necessario.

Comprendiamo bene che le conseguenze etico-sociali di

questa seconda alternativa sono molto importanti. L'eliminazione del libero arbitrio equivale a dire che l'uomo in ogni circostanza agisce solo come può e deve agire.

Con questa ottica, la famosa capacità di distinguere tra il bene e il male, così come la consapevolezza e quindi la colpevolezza quando si compie un delitto, non esistono più.

Nel Codice Penale di quasi tutti i paesi del mondo esiste una norma che impedisce di condannare qualcuno che non sia in condizioni di intendere e di volere nel momento in cui commette il delitto.

In altre parole ciò significa che la persona non è in grado di esercitare la sua capacità di libero arbitrio.

Tale norma si applica, ad esempio, quando la persona non è sana di mente, o è sotto l'effetto di una droga, o ancora quando è stata plagiata da qualcun altro ecc.

In tutti gli altri casi la persona viene ritenuta capace di esercitare il libero arbitrio e quindi viene condannata.

Dal nostro punto di vista invece non è affatto così: se qualcuno commette un delitto e un'altra persona non lo commette, ciò è semplicemente dovuto al fatto che i programmi che regolano nei due individui l'esecuzione del delitto e le remore morali, sociali ecc. che possono impedirlo, hanno delle priorità differenti nei due individui.

Il motivo per cui questo avvenga va ricercato, come abbiamo già detto, nell'eredità e nell'esperienza della vita dei due soggetti in causa.

Pensiamo che molto tempo dovrà trascorrere (forse secoli) prima che quanto detto venga accettato: noi siamo certi della sua fondatezza.

Ogni altra ipotesi farebbe ricorso a interventi soprannaturali e quindi irrazionali, che non possiamo accettare.

Evidentemente il riconoscimento di questa verità dovrà inevitabilmente portare a profonde modificazioni etico-sociali che difficilmente riusciamo oggi a immaginare.

In particolare si tratterà di modificare profondamente tutti i Codici Penali... ma questo è un altro discorso che non vogliamo trattare in questo libro.

Coscienza di sé

È certamente l'argomento più difficile da trattare tra quelli discussi in questo capitolo.

Abbiamo già fatto osservare che questa difficoltà deriva dal fatto che, contrariamente agli argomenti trattati nei precedenti paragrafi, per quel che riguarda la coscienza di sé, tutti, credenti e non credenti, si accordano nell'affermare che essa esiste.

Confessiamo umilmente che questo argomento ci trova piuttosto disarmati.

Infatti, quando abbiamo trattato dell'anima, con il conseguente libero arbitrio, creatività ecc., abbiamo potuto sostenere con argomenti a nostro avviso validi che non è necessario far ricorso al soprannaturale per spiegare tali apparenti doti superiori che possediamo; abbiamo infatti sostenuto che non è impossibile immaginare una simulazione di comportamento animista in AL che potrebbe quindi, almeno teoricamente, presentare un comportamento umano.

Quando invece si discute di coscienza di sé, dobbiamo ammettere che non abbiamo la più pallida idea di come potere simulare una tale funzione nel nostro ipotetico AL, anche perché non abbiamo la più pallida idea del suo funzionamento.

Neanche l'ipotesi di Penrose, che cioè esistano nel nostro cervello dei fenomeni quantici, sembra poterci fornire un valido aiuto: questi fenomeni quantici infatti spiegherebbero, come abbiamo detto, delle performance eccezionali della nostra mente, come l'intuito, la capacità di sintesi ecc., ma non mi sembra possano aiutarci a comprendere la coscienza di sé, che è anche la capacità di riflettere su se stessi.

Possiamo tuttavia fare alcune considerazioni che ci permettono di meglio chiarire, se non l'essenza della coscienza di sé, almeno alcuni dei suoi aspetti.

Osserviamo anzitutto che alcune delle considerazioni già fatte a proposito dell'anima, ci sembra possano anche applicarsi a questo argomento. Prima fra tutte è il problema della comparsa di una coscienza di sé durante lo svolgersi dell'evoluzione.

Poiché quest'ultima, come sembra universalmente accettato, non presenta nessuna soluzione di continuità, ci sembra lecito ammettere che anche la coscienza di sé debba esistere nel mondo animale fin dai primi tempi, almeno dai tempi nei quali si può supporre che i primi animali pensanti siano apparsi sulla terra.

Questa affermazione porta evidentemente come corollario che anche gli animali, come esseri pensanti, hanno una coscienza di sé, che sarà diversa dalla nostra perché dispongono di uno strumento cognitivo inferiore al nostro, ma pur sempre si tratta di coscienza di sé.

Queste considerazioni si possono riassumere affermando che appare evidente che ogni essere che pensa ha necessariamente coscienza di sé.

Basandoci su quest'ultima affermazione, desideriamo allora proporre un'ipotesi sulla coscienza di sé che molti giudicheranno certamente molto ardita.

Tuttavia, lo ripetiamo, vista la situazione di stallo in cui ci troviamo su questo argomento, riteniamo che questa ipotesi valga la pena di essere esposta.

Parlando delle Grandi Questioni, abbiamo spesso ripetuto che a nostro avviso non si potranno fare progressi significativi, non si potrà sperare di intravedere un barlume di verità se non si battono strade totalmente nuove, in altre parole se non si inventa una fisica nuova.

Non si tratta quindi di cercare progressi quantitativi, basati cioè su un'indagine più dettagliata e approfondita di argomenti già conosciuti, ma si tratta di fare un salto qualitativo, guardando cioè il problema da un nuovo punto di vista.

Vogliamo ricordare che nel passato tale maniera di vedere le cose in modo differente ha portato in alcuni casi a risultati spettacolari.

Vale per tutti l'esempio famoso di Einstein e della sua Relatività: la velocità della luce è costante in ogni sistema di riferimento semplicemente perché essa è una costante universale.

O ancora il famoso principio di equivalenza, per cui due situazioni assolutamente indistinguibili tra loro rappresentano la medesima realtà.

Tornando ora al problema che ci interessa, quello cioè di comprendere come possa funzionare la coscienza di sé, suggeriamo quindi di utilizzare lo stesso metodo, proponendo la soluzione più semplice ed evidente... che ancora una volta è sotto gli occhi di tutti.

Intendiamoci, non abbiamo l'ardire e la presunzione di affermare che possiamo ragionare come un genio della statura di Einstein... vogliamo solo dire, più modestamente, che prendiamo a prestito da lui questo criterio di semplicità nella scelta della soluzione più probabile.

Nelle pagine precedenti abbiamo mostrato come, malgrado le difficoltà pratiche già discusse, non sia impossibile immaginare di simulare nella mente di AL alcune delle facoltà comunemente ritenute come superiori dell'uomo.

Per essere più chiari ed evitare fastidiosi equivoci, abbiamo sostenuto che le conoscenze attuali e soprattutto un cauto ma giustificato ottimismo sulla futura evoluzione delle presenti ricerche sulla simulazione di comportamenti umani (o più semplicemente animali), permettano di intravedere come nella mente di AL tali comportamenti possano essere simulati.

Abbiamo immaginato di simulare solo alcuni di tali comportamenti, creatività, libero arbitrio ecc. ma è evidente che i ragionamenti fatti si possono estendere a tutte le altre facoltà umane, inclusi i sentimenti.

Immaginiamo quindi di avere completato la nostra opera e di avere quindi programmato la mente di AL in modo che essa si comporti esattamente come una mente umana sotto tutti gli aspetti e in ogni circostanza.

Per essere ancora più chiari nessun test e nessun esame permetterebbero di distinguere la mente di AL da una mente umana... salvo, abbiamo detto, che un uomo pensa e ha coscienza di sé.

Ebbene noi ipotizziamo che, nelle condizioni prima descritte, AL pensa e potrebbe avere anche coscienza di sé.

Il pensiero e la coscienza di sé sono quindi una conseguenza naturale delle straordinarie possibilità informatiche che abbiamo sviluppato nel nostro cervello e che abbiamo simulato in AL.

Altri Oggetti Irrazionali

Come abbiamo detto all'inizio di questo libro, il numero di Oggetti Irrazionali oggi esistenti al mondo è molto grande e, quel che è peggio, esso non cessa di aumentare.

Avendo dedicato la maggior parte di questo lungo capitolo al più importante degli OI, le religioni, riteniamo superfluo soffermarci a lungo su altri OI, la cui irrazionalità appare molto più evidente.

Ci limiteremo quindi a poche considerazioni su alcuni di questi altri OI.

Apparentati alle religioni sono le **sette**.

Si tratta di pseudo religioni che vengono in genere fondate da qualcuno che, in buona o cattiva fede, asserisce di essere in contatto diretto o con Dio o con esseri soprannaturali o ancora con esseri appartenenti a civiltà lontane ecc.

È evidente che gli argomenti usati nel paragrafo precedente per le religioni si possono applicare, a maggior ragione, anche alle sette: visioni e affermazioni espresse da una singola persona, nessuna possibilità di verifiche di eventi soprannaturali ecc.

Le sette si basano in genere sulle farneticanti affermazioni di un guru, dotato certo di notevole personalità e carisma, che riesce a convincere e spesso anche a plagiare gruppi più o meno numerosi di persone facendo credere loro di essere portatore di un qualche messaggio soprannaturale.

Spesso il plagio sugli aderenti alla setta raggiunge limiti estremi, come i fatti sul suicidio collettivo degli adepti della setta Moon e quelli del Tempio del Sole hanno dimostrato.

A volte si resta disorientati davanti agli argomenti utilizzati dai maestri spirituali di tali sette e alla ancora più inverosimile credulità di chi li segue: ad esempio nel caso del Tempio del Sole, si era fatto credere agli adepti che il Maestro li avrebbe condotti su Venere, dopo avere fatto tappa su Sirio...; bisogna pizzicarsi per essere sicuri di non stare sognando. Evidentemente, poiché esistono centinaia e forse migliaia di sette, vi sono altrettante varianti sulle affermazioni dei vari guru: tutte però indistintamente basate sul nulla.

Un altro OI che va molto di moda è il **paranormale**.

Oggetti che si spostano solo grazie alla forza di volontà, trasmissione del pensiero, apparizione di ectoplasmi, levitazioni, possibilità di discutere con i propri cari defunti, scrittura sotto dettatura dall'aldilà ecc., sono solo alcune delle manifestazioni proclamate da chi crede nel paranormale.

Tutte queste manifestazioni hanno in comune tra di loro il solo fatto che esse spariscono come neve al sole ogni volta che un approccio scientifico o un'osservazione sotto controllo è effettuata.

Il più famoso di questi «cacciatori di maghi», il celebre Randi, è riuscito in decine o forse centinaia di casi a dimostrare che non vi era nulla di soprannaturale nelle manifestazioni di paranormale che egli ha investigato con i suoi studenti; in quasi tutti i casi esaminati o vi era sotto un imbroglio, o comunque nessun fenomeno straordinario si produceva.

Così è stato per i supposti ectoplasmi che apparivano durante le trance di celebri medium, così è stato quando si è chiesto a Uri Geller di far piegare i famosi cucchiai in ambiente scientifico e così via.

Ogni volta evidentemente i sedicenti maghi hanno trovato una scusa per giustificare l'insuccesso: o si tratta della presenza di una «entità negativa», o le condizioni dell'esperimento non sono valide per una serie di ragioni fumose ecc.

Come abbiamo già detto a proposito dei miracoli, anche per i fatti paranormali manca totalmente una qualunque prova attendibile della loro reale esistenza.

Essi sono quindi da classificare nel solito regno... dell'asino che vola.

Tra gli OI più noti, un posto di spicco per la sua vasta diffusione merita l'**astrologia**.

Secondo i credenti in tale OI, la posizione di stelle, costellazioni e pianeti al momento della nostra nascita avrebbe un'influenza sul nostro carattere e anche sugli avvenimenti della nostra vita futura.

Non solo, ma anche in qualunque momento della nostra vita la posizione dei suddetti astri governerebbe le nostre azioni presenti: è questo il senso degli innumerevoli oroscopi da cui siamo giornalmente bombardati in tutti i media di comunicazione.

È evidente che, da un punto di vista razionale e scientifico, non vi è la minima prova che ciò possa accadere.

Malgrado questa evidenza, i fautori di astrologia sostengono in quasi tutti i libri dedicati all'argomento che si tratta di vera scienza, come provato (!?) da migliaia di anni di esperienza.

Bene, ammettiamo per assurdo che si tratti di vera scienza.

In questo caso le famose «influenze» che pianeti, stelle ecc. hanno sulla nostra esistenza debbono essere verificabili e quantificabili.

In altre parole queste azioni debbono manifestarsi attraverso forze conosciute e misurabili.

Un corpo celeste, qualunque sia la sua natura, può interagire con la terra, e quindi con ognuno di noi, attraverso solo due tipi di azioni: la luce che ci invia e l'attrazione gravitazionale che esso esercita. Ambedue queste azioni possono essere facilmente misurabili. Consideriamo ad esempio il pianeta Marte.

In una serata limpida, Marte brilla nel cielo come un minuscolo puntino luminoso: la sua luce è quindi paragonabile a quella di una candela posta a qualche centinaia di metri da noi.

Crediamo che neanche i più accesi difensori dell'astrologia possano sostenere che i pochi fotoni ricevuti abbiano una qualche influenza sulle nostre azioni, anche perché appunto tale luce non si differenzia in nulla da quella che riceviamo da altre migliaia di sorgenti luminose attorno a noi.

Resta quindi la gravità. A tale proposito possiamo fare un semplice calcolo.

Come tutti sanno, la legge di gravitazione universale (Newton) afferma che due masse $M1$ e $M2$, poste in qualunque posto e a qualunque distanza reciproca nell'universo, si attraggono con una forza che è proporzionale (costante di gravitazione universale G) al prodotto delle due masse divise per il quadrato della loro distanza R ($F = GM1M2/R^2$). Marte ha una massa di circa 640 miliardi di miliardi di tonnellate e si trova a una distanza dalla terra di circa 78 milioni di chilometri.

Applicando la precedente formula si trova che Marte esercita su di un uomo di 70 kg una forza di attrazione che è dello stesso ordine di grandezza di quella esercitata da un piccolo battello che transiti a 100 m di distanza o di quella di un piccolo edificio che si trovi dall'altra parte della strada; vediamo male come il nostro organismo potrebbe fare una differenza quanto alle diverse origini della forza che lo attrae...

Come si vede, anche per l'astrologia gli asini sembrano volare molto in alto!

Vogliamo però concludere questo argomento con una osservazione: se proprio si volesse insistere a credere che la data della nostra nascita possa avere una qualche influenza sul nostro carattere e sul nostro comportamento futuro, si potrebbe fare un altro tipo di ragionamento meno irrazionale.

È evidente che un embrione umano che si sviluppa tra settembre e maggio acquista alcune delle sue caratteristiche in un ambiente e in condizioni un po' differenti da quelle di un embrione che si sviluppi tra marzo e novembre.

Le condizioni fisico-ambientali, come temperatura media, umidità, pressione media atmosferica ecc. saranno differenti nei due casi. Così come differenti saranno i cibi e le bevande assunti dalla madre. Così ancora differenti saranno gli esercizi fisici e gli sport eventualmente praticati ecc.

Non è quindi insensato immaginare che tutti questi fattori esterni, attraverso la circolazione sanguigna e il liquido amniotico, possano avere un'influenza anche minima, ma statisticamente significativa, sullo sviluppo dell'embrione.

In tal modo, senza far ricorso alla posizione degli astri, si potrebbero riscontrare delle similitudini statisticamente valide, ad esempio, tra i nati in maggio, differenti da quelle tra i nati in novembre.

Si tratta evidentemente solo di un'ipotesi che potrebbe essere confermata da seri studi statistici. Per affinare il metodo, si potrebbe evidentemente verificare anche se nell'emisfero opposto i dati si trovino totalmente invertiti.

Passiamo ora a trattare brevemente dell'ultimo degli OI

che abbiamo voluto ricordare e che si presenta con caratteristiche che lo differenziano non poco dagli altri OI prima trattati: si tratta dei famosi **UFO o Oggetti Volanti non Identificati.**

Non si tratta di un fenomeno recente; dalla più remota antichità si fa menzione di questi strani oggetti che hanno solcato i cieli, destando spesso sgomento e stupore.

Tra le più famose testimonianze ricordiamo, oltre quella antichissima di Plinio che parla di *Clipeus Ardens* sui cieli di Roma, quella di Basilea del 1566 quando, durante tutta una giornata, dischi, sigari e altre sfere hanno volteggiato nel cielo della città e sono stati riportati nelle cronache locali, e quella della Costa Azzurra del 1608 quando addirittura si spararono delle salve di cannone contro questi strani oggetti che furono visti da un gran numero di persone.

In tempi più moderni, vi è stata una vera esplosione degli avvistamenti dopo la Seconda guerra mondiale. Non passa quasi giorno senza che un nuovo avvistamento sia segnalato, per cui crediamo che il numero totale di avvistamenti debba oggi superare le migliaia o anche le decine di migliaia... Il fenomeno ha assunto tali dimensioni che anche numerosi governi hanno deciso di occuparsene e hanno nominato delle commissioni di inchiesta per vagliare le varie testimonianze.

Questo approccio è stato in generale fatto in maniera piuttosto seria da persone con una provata esperienza scientifica.

Il primo importante risultato è stato quello di eliminare tutti quei casi dubbi e chiaramente fantasiosi come quello del presunto ritrovamento di un UFO a Rosewell o tutti quei racconti di persone rapite da esseri venuti da altri mondi (Adams et alii).

Per moltissimi altri casi si è inoltre riusciti a trovare una spiegazione naturale ai fenomeni presentati.

In alcuni casi si è trattato di fenomeni ottici, riflessioni di fari o riflettori su nuvole o nebbie, in altri casi il fenomeno era dovuto a oggetti fisici come palloni sonda, satelliti o pezzi di satelliti ricadenti sulla terra, o ancora meteoriti ecc.

Rimane però, in tutte le investigazioni fatte, un numero rilevante di casi per i quali nessuna spiegazione logica o naturale è stata trovata e per i quali la probabilità di un reale avvistamento sembra invero alta.

Si tratta, in generale, di quegli avvistamenti riportati indipendentemente da parecchie persone allo stesso tempo e spesso su una larga regione geografica, o di quegli avvistamenti riferiti da persone la cui credibilità è, come suol dirsi, al di sopra di ogni ragionevole dubbio.

In questi casi l'ipotesi più affascinante è che si tratti di macchine volanti, guidate da esseri intelligenti venuti da lontanissimi pianeti.

Questa ipotesi, da molti considerata da fantascienza, non può, a nostro avviso, essere semplicemente scartata con un colpo di spugna. Eccone la ragione.

Le ipotesi più accreditate oggi in astronomia affermano che il numero di costellazioni presenti nell'universo potrebbe essere superiore a cento miliardi. Inoltre ogni costellazione sarebbe formata da più di un milione di stelle.

Si è discusso a lungo in passato, e si continua a discutere, sul fatto che alcune di queste stelle possano avere dei pianeti, come il nostro Sole.

La risposta non è facile perché questi pianeti, se esistono, sono difficilmente visibili dalla terra.

Innanzitutto la luminosità (luce riflessa) di un pianeta è di parecchi ordini di grandezza inferiore a quella della stella attorno a cui esso gravita: la luce della stella offusca quindi completamente quella dei suoi pianeti.

Anche la massa di un pianeta è in genere enormemente inferiore a quella della sua stella, il che ne accentua la sua non visibilità.

In tempi abbastanza recenti si è comunque riusciti ad avere indirettamente la quasi certezza della presenza di pianeti attorno ad alcune stelle.

Osservando infatti dei lievissimi spostamenti di alcune stelle rispetto a una traiettoria calcolata, se ne è dedotto che l'unica spiegazione possibile è che questi effetti siano dovuti alla presenza di masse, pianeti appunto, orbitanti attorno a tali stelle.

In tempi recentissimi, grazie all'uso di strumenti molto perfezionati, si è avuta la certezza assoluta che tali pianeti esistono realmente. In pratica oggi l'ipotesi più affermata è che tutte, o quasi tutte, le stelle dell'universo abbiano dei pianeti; ciò è anche dovuto al fatto che oggi si conosce meglio il meccanismo di formazione delle stelle e che tale meccanismo implica anche la formazione di pianeti, proprio come è avvenuto per il nostro Sole.

Poiché inoltre si è profondamente convinti dell'uniformità dell'universo in ogni sua regione, se ne deduce che la probabilità che ciò che è accaduto nel nostro sistema solare sia avvenuto un po' ovunque, sembra oggi altissima.

Ci troviamo quindi con una ipotesi a probabilità elevata che nel nostro universo possano esistere miliardi di miliardi di pianeti (ciò significa 10 seguito da diciotto zeri!).

La domanda quindi, assolutamente giustificata a nostro avviso, che tutti ci poniamo è la seguente: è mai possibile che in tale incredibile numero di pianeti non ne esistano alcuni abitati da altre forme di vita intelligente?

Evidentemente questa domanda ne fa subito sorgere un'altra: dato l'incredibilmente elevato numero di pianeti che probabilmente esistono, è lecito immaginare che ne esistano alcuni abitati da forme di vita più progredite della nostra e quindi in grado di raggiungerci?

Credo che quasi tutti noi abbiamo tendenza a rispondere che crediamo che tali civiltà debbano potere esistere per le ragioni prima esposte: le rigide regole razionali che ci siamo imposte in questo libro, ci obbligano invece a ricordare che tra le nostre credenze e la realtà esistono spesso degli abissi non sempre superabili.

La realtà è che non abbiamo alcuna prova certa che ciò sia vero.

A tale proposito vogliamo ricordare che alcuni astronomi hanno tentato di calcolare le probabilità che altri esseri intelligenti esistano nell'universo.

Tale probabilità è in genere esposta come un prodotto di una dozzina di singole probabilità, ognuna delle quali si riferisce a un evento ben preciso.

La prima di queste probabilità è sempre quella che concerne l'esistenza nell'universo di altri pianeti: essa è anche l'unica alla quale si può oggi dare una risposta affermativa e quindi assegnarle un valore prossimo all'unità. Le altre probabilità sono, a nostro avviso, tutte sconosciute.

Ad esempio quale è la probabilità che esista un pianeta che per dimensioni, distanza dalla sua stella, epoca di formazione ecc. sia simile alla nostra terra? È chiaro che a questa e alle altre probabilità di questo genere non si può dare nessun valore serio, a parte quello affermato da chi vuole credere in tale probabilità...

Riteniamo in definitiva che nessun serio credito possa essere dato a questi pseudo calcoli scientifici di probabilità.

Torniamo ora ai nostri UFO, in particolare a quegli avvistamenti che sono ritenuti come attendibili.

Esistono quindi, come direbbe il Sieur De La Palisse, solo due alternative: o essi sono macchine volanti venute da pianeti lontani o non lo sono.

La veridicità dell'una o dell'altra ipotesi ha, a nostro avviso, profondissime e gravissime implicazioni sullo sviluppo della nostra scienza e, in generale, su tutto il nostro avvenire.

Prendiamo in considerazione la prima ipotesi (lo ripetiamo, è solo un'ipotesi di lavoro), supponiamo cioè che queste macchine volanti esistano e vengano da pianeti lontani.

Siamo profondamente convinti che noi, genere umano, dobbiamo sperare ardentemente, dobbiamo augurarci con tutto il nostro cuore che questa ipotesi sia quella giusta, perché altrimenti il nostro avvenire si presenta con tinte molto fosche! Vediamo perché. Facciamo anzitutto una brevissima parentesi per rispondere alla domanda spesso formulata da molti della ragione per cui, se tali visitatori esistono, essi non vengano e non siano venuti mai a contatto con noi.

Questa domanda ci sembra dettata da una soave ingenuità.

Se questi visitatori esistono, essi hanno certamente sviluppato una tecnologia che possiamo stimare essere di qualche migliaio di anni più progredita rispetto alla nostra.

È quindi evidente che essi siano coscienti di quali catastrofi sociali, scientifiche, politiche ecc. sarebbero certamente generate da un eventuale contatto di due civiltà così differenti.

Quando noi scopriamo, come ancora può avvenire, una qualche piccola tribù primitiva in una regione sperduta del nostro globo, rimasta finora isolata dalla nostra civiltà, facciamo enormemente attenzione a non creare questo catastrofico shock di civilizzazioni (come è purtroppo già accaduto): immaginiamo che cosa accadrebbe da un contatto con civiltà extragalattiche...

Torniamo all'argomento principale del nostro discorso, cioè perché dobbiamo augurarci che questi oggetti vengano realmente da lontani pianeti.

Da alcuni decenni ha cominciato a svilupparsi in maniera tangibile l'esplorazione spaziale; potremmo fissare come data di inizio l'invio da parte dei russi del primo uomo nello spazio. In seguito l'uomo ha camminato sulla Luna e, più recentemente, delle sonde inabitate hanno cominciato a esplorare i pianeti più vicini a noi e anche qualche pianeta più lontano.

Non è azzardato prevedere che nei prossimi decenni, spendendo somme ingentissime, si riuscirà a mandare l'uomo su vari pianeti e forse, prima della fine del secolo, si arriverà anche ai pianeti più lontani.

È triste dovere constatare che questa esplorazione spaziale, che tanti entusiasmi suscita e che assorbe somme di denaro incredibilmente elevate, è una attività che non ha alcun avvenire.

Tutte le attività umane di ricerca si svolgono in un'atmosfera eccitata dalle possibili nuove scoperte ma, soprattutto, procedono nella consapevolezza che il campo delle nuove scoperte non si esaurirà mai. Così non è per l'esplorazione spaziale.

Una volta arrivati ai confini del sistema solare, l'uomo dovrà fermarsi definitivamente, senza nessuna speranza di poter andare oltre.

Questo a causa delle attuali leggi della fisica, in particolare della Relatività.

Le stelle più vicine si trovano a decine, centinaia o migliaia di anni luce. Le altre si trovano a milioni o miliardi di anni luce.

Anche utilizzando dei nuovi sistemi di propulsione (si parla di propulsione ionica o fotonica), una nave spaziale non potrà mai viaggiare più velocemente della luce.

È quindi assurdo pensare che un equipaggio umano

(ammettendo ad esempio di potere rallentare le sue funzioni vitali a mezzo dell'ibernazione) possa raggiungere una qualunque stella e poi tornare per raccontarci quello che ha trovato... centinaia o migliaia di anni dopo.

Ecco perché affermiamo che l'esplorazione spaziale non ha alcun avvenire... se la fisica attuale è quella vera, unica e definitiva.

Sappiamo benissimo che sugli altri pianeti del sistema solare non vi è gran che da scoprire, o almeno qualcosa che ci ripaghi dei trilioni di dollari investiti. Il miglior risultato che possiamo sperare è che in qualche mare sotterraneo e gelato di qualcuno di questi pianeti si scopra una traccia di vita primitiva che poi non si è sviluppata.

Questo ci confermerebbe che la vita è stata possibile anche altrove, ma niente ci direbbe su una sua possibile evoluzione.

Se invece fosse vera l'ipotesi che gli UFO vengano da pianeti lontani, questo cambierebbe tutto.

Ciò significherebbe infatti che una qualche civiltà lontana ha scoperto una nuova fisica che permette i viaggi spaziali. In altre parole ciò ci confermerebbe che una nuova fisica esiste e che la Relatività non rappresenta l'estrema frontiera della scienza.

Il genere umano avrebbe quindi la certezza che in un futuro più o meno lontano, investendo opportunamente nella ricerca, non già nella ricerca spaziale, ma piuttosto nel dominio della fisica, potrebbe anch'esso impadronirsi di queste conoscenze.

Ecco perché abbiamo affermato di doverci ardentemente augurare che questi oggetti volanti non identificati siano di origine extraterrestre.

Se invece questa ipotesi risultasse, in una maniera o in un'altra, falsa, le conclusioni sarebbero a dir poco catastrofiche.

Infatti, ancora una volta, ciò significherebbe una di due possibili cause.

La prima è che siamo soli nell'universo: questa ipotesi ci fa correre un brivido nella schiena.

La seconda è che altre civiltà possono esistere, ma che anch'esse a causa della Relatività sono prigioniere del loro sistema solare e non potranno mai entrare in contatto diretto con noi.

Come abbiamo detto, ambedue queste possibilità ci sembrano semplicemente agghiaccianti.

Vogliamo fare un'ultima considerazione a proposito del cosiddetto progetto SETI (Search for ExtraTerrestrial Intelligence): ricerca di intelligenze extraterrestri.

Questo progetto, lanciato alcuni decenni fa, utilizza una serie di grandi radiotelescopi per captare eventuali segnali intelligenti lanciati da altre civiltà. Finora nessun risultato apprezzabile è stato raggiunto.

Se un giorno questi segnali intelligenti dovessero essere captati, questo non farebbe a nostro avviso che aumentare la nostra angoscia.

Noi infatti certamente risponderemmo, ma che tipo di dialogo si potrebbe intrecciare con civiltà distanti centinaia e forse migliaia di anni luce?

Parte Seconda

Nuove ipotesi sul tempo e sullo spazio

Così *non* è *anche* se vi pare...

Capitolo Terzo

Il tempo

Tutte le misure di tempo si riducono a misure di spazio. Gli Universi Multipli di Everett. L'ipotesi degli Universi Multipli Casuali. Il tempo non esiste: esso è solo un'illusione dell'uomo. Si realizza il sogno di una vera immortalità? Una possibile, ardita spiegazione dell'intuito e dei sogni.

Di tutte le grandezze misurabili che compongono il nostro universo (almeno di quello che noi conosciamo), il tempo è certamente, e direi di gran lunga, la più misteriosa.

Paradossalmente essa è anche la più comune e la più utilizzata nella nostra vita quotidiana. Talmente comune che non ci poniamo affatto il problema del suo significato, ma la utilizziamo come la base fondamentale della nostra esistenza. Tutti gli eventi infatti che ci interessano li riferiamo l'uno rispetto all'altro in base al momento in cui essi sono avvenuti o debbono avvenire.

In altre parole non potremmo neanche concepire una esistenza indipendente dal tempo. Il tempo ci si presenta sotto la forma di tre importanti entità: il passato, il presente e il futuro.

Mentre il passato e il futuro sono facilmente definibili in maniera chiara e inequivocabile, la definizione di presente è delle più ardue, anzi non siamo affatto certi che esso si possa definire in una qualsivoglia forma.

Il passato riguarda tutti quegli avvenimenti che si sono già svolti e per i quali abbiamo una chiara testimonianza diretta o storica. Esso può comprendere periodi lunghissimi di tempo, come ad esempio una epoca glaciale o situazioni puntuali come la battaglia di Waterloo; in qualche caso possiamo avere dei dubbi sulla data esatta di un avvenimento, ma di una cosa siamo certi, cioè del fatto che essi sono avvenuti nel passato.

Un discorso simile, anche se con alcune restrizioni, vale anche per la definizione di futuro: esso infatti comprende tutti quegli avvenimenti che non si sono ancora verificati ma che certamente avverranno, appunto, in futuro. La restrizione menzionata concerne il fatto che, anche se siamo assolutamente certi che vi sarà un futuro, non possiamo invece prevedere quale sarà questo futuro. Il futuro sta sulle ginocchia di Giove, dicevano i nostri antenati romani, volendo significare con ciò che nessun avvenimento futuro è prevedibile con certezza.

Noi possiamo ad esempio prevedere con ragionevole certezza che un giorno si andrà su Marte o che il cancro sarà debellato, ma non possiamo indicare con assoluta certezza quando ciò avverrà.

Anche avvenimenti per noi dati per scontati, come ad esempio il fatto che domattina il sole sorgerà ancora, sono in realtà solo delle possibilità: infatti una catastrofe cosmica potrebbe accadere questa notte e il sole potrebbe non sorgere più... Quello di cui siamo invece certi è che tale catastrofe non è mai avvenuta in passato e che nei quasi 5 miliardi di anni che la terra conta, il giorno e la notte si sono sempre immancabilmente alternati.

Il discorso è invece totalmente differente quando vogliamo dare una definizione del presente.

Se io volessi dare, ad esempio, una definizione del mio presente, potrei dire che esso è costituito dall'attuale periodo di tempo durante il quale sto scrivendo questa riga.

Supponiamo che questa operazione di scrivere la presente riga mi occupi durante 20 secondi. Arrivato a metà della riga, dopo circa 10 secondi, debbo ammettere che la metà di riga già scritta è da considerarsi nel passato, mentre l'altra metà ancora da scrivere appartiene al futuro.

Il discorso non cambia se, invece di una riga, io considerassi solo una lettera o ancora l'intervallo di tempo tra il momento in cui il mio cervello dà al muscolo della mano l'ordine di battere la lettera «a» e il momento stesso della scrittura; anche se scendessimo a tempi del microsecondo o del miliardesimo di microsecondo ci troveremmo sempre in presenza di un passato e di un futuro e mai di un presente.

Dobbiamo quindi ammettere che il concetto di presente è della stessa natura dei concetti di linea che separa in due parti un piano o del punto immateriale che indica una posizione nello spazio.

Ambedue questi concetti hanno un significato e una definizione ben precisi, hanno una utilità e una utilizzazione di valore incalcolabile, ma non hanno nessuna entità palpabile.

Una linea divide, come detto, un piano in due parti in modo chiaro e preciso, ma qualsivoglia punto di detto piano apparterrà all'una o all'altra parte di esso e mai apparterrà alla linea stessa.

Lo stesso si può dire per la nozione di punto immateriale nello spazio: in un sistema di tre assi coordinati, ad esempio, esso indicherà in maniera chiara e inequivocabile una precisa posizione caratterizzata da tre valori sugli assi. Nessun volume solido può invece essere associato al punto immateriale che non ha così nessuna entità palpabile. Se consideriamo infatti un volumetto di spazio infinitesimo, piccolo cioè quanto si voglia, attorno al nostro punto immateriale, vedremo che tale volumetto conterrà sempre altri punti le cui coordinate differiranno, anche se di pochissimo, da quelle del nostro punto di riferimento e non potranno, quindi, mai confondersi con esse.

Tornando ora alla definizione di presente, possiamo quindi concludere che esso non può avere una precisa definizione fisica: in altre parole il presente, inteso come grandezza fisica e quindi misurabile, non esiste.

Il tempo ci si presenta dunque come composto di un passato certo, nel quale tutti gli avvenimenti sono avvenuti e sono perfettamente collocabili, che avanza con una velocità costante (che possiamo ad esempio definire con un parametro adimensionale di un secondo al secondo) e inesorabile verso un futuro del tutto incerto dove gli avvenimenti hanno solo una possibilità, anzi una certa probabilità di esistere. In questo scenario non vi è alcun posto per il presente.

Eppure noi abbiamo la precisa sensazione, direi anzi la certezza, di viverlo questo presente: tutte le nostre azioni, il nostro lavoro, le nostre attività si svolgono ora, al presente.

Mentre scrivo queste righe, ad esempio, mi sembra di poter affermare che sto facendo questa attività al presente. Le precedenti considerazioni mi costringono invece, con riluttanza, ad ammettere che essa è stata eseguita nel passato, un passato molto recente certo, ma pur tuttavia sempre un passato.

Tutto ciò ci induce a dare una nuova definizione del presente, più in armonia con i fatti.

Il termine generico di presente indica un intervallo di tempo che prende inizio nel passato e termina in quell'indefinibile linea temporale dove il futuro sta per iniziare.

Come si vede questa definizione non è molto rigorosa, essa lascia una larga parte a una interpretazione soggettiva che dipende dal contesto in cui il termine presente viene impiegato. Ad esempio, quando si vuole indicare l'attimo presente, ci si riferisce più probabilmente a quanto accaduto durante gli ultimi secondi, mentre il termine generico di presente indica gli ultimi giorni, o mesi...

Tutto ciò può sembrare un puro esercizio intellettuale, una di quelle discussioni del tutto inutili come, ad esempio, all'inizio del passato millennio se ne facevano per determinare il sesso degli angeli.

Che importanza può avere, infatti, il significato fisico del presente, quando fisiologicamente sentiamo che esso esiste e ci permette di ritmare perfettamente tutte le nostre attività?

In realtà non è così. Il discorso è molto più profondo di quello che potrebbe apparire come una banale dissertazione scolastica.

Il tempo e le particelle elementari

Il tempo non trascorre alla stessa maniera per tutti e in tutte le circostanze.

Questa affermazione è ovvia se si intende con essa esprimere la percezione soggettiva del trascorrere del tempo. Tutti sappiamo come il tempo sembri trascorrere più o meno velocemente secondo che ci si trovi in una situazione piacevole o spiacevole.

Si può anche aggiungere che probabilmente la percezione del tempo deve essere differente per un uomo che vive circa 80 anni, o per una zanzara che vive solo pochi giorni, o ancora per una testuggine che può vivere anche duecento anni.

Ma tutto ciò non è obiettivo: si tratta solo di sensazioni che nulla hanno a che vedere con il trascorrere oggettivo del tempo.

Se si utilizza infatti un orologio ci si rende subito conto che un secondo trascorso è sempre e solo un secondo, che si viva un solo giorno o parecchie centinaia di anni.

La nostra affermazione si riferisce piuttosto a quei casi e a quelle circostanze nei quali il trascorrere oggettivo stesso del tempo possa essere messo in discussione, quei casi e quelle circostanze cioè in cui un semplice orologio (sia esso meccanico o atomico) non ci permette più di verificare che il tempo trascorre in modo oggettivo, uguale per tutti e ovunque.

Come si sa, l'immutabilità del tempo e del suo trascorrere sono stati due dei cardini della filosofia e della scienza fin dall'origine del pensiero umano: il tempo, e quindi la sua misura con un orologio, sarà sempre lo stesso, indipendentemente dalle circostanze della misura.

Un secondo sarà sempre un secondo, sia che lo si misuri sulla terra o nella costellazione di Andromeda, sia che lo si misuri in quiete o in movimento, sia che lo si misuri sulla terra o sulla superficie del sole.

Un primo colpo, direi mortale, a questo assioma dell'immutabilità del tempo fu dato nel 1907 dalla teoria della Relatività Ristretta.

Come abbiamo visto nell'introduzione e nel capitolo I, tale teoria afferma che due orologi identici, posti in due sistemi dotati di moto relativo uno rispetto all'altro, daranno misure diverse del trascorrere del tempo.

La diversità degli intervalli di tempo misurati è tanto più grande quanto maggiore è la velocità relativa dei due sistemi di riferimento. Tale teoria è accettata oggi da tutti ed è stata confermata anche sperimentalmente al di là di ogni ragionevole dubbio.

Il secondo colpo, anch'esso mortale, è stato inferto al suddetto assioma qualche anno più tardi dalla teoria della Relatività Generale.

Tale teoria afferma infatti, tra l'altro, che il tempo scorre più lentamente se in prossimità del punto di misura vi è una grande massa e tale rallentamento sarà inoltre più marcato quanto più grande è la massa in oggetto.

Anche tale affermazione è stata verificata e trovata esatta con misure di grandissima precisione e la teoria della Relatività Generale è oggi considerata valida.

Questi due aspetti della teoria della Relatività, a parte l'apporto decisivo che essi hanno fornito alla fisica, rivestono un'importanza tutta particolare e che, a nostro avviso, non è stata finora sufficientemente percepita: essi hanno infatti, e per la prima volta, dimostrato falsa l'idea fino allora dominante dell'immutabilità del tempo e del suo trascorrere.

Vi è quindi nella fisica e nel suo sviluppo epistemologico un periodo di pre-relatività e un periodo, quello attuale, post relativistico dominato da questa fantastica scoperta sulla natura stessa del concetto di tempo.

Visto quindi che il dogma della natura immutabile del tempo è stato dimostrato falso in due precise situazioni, viene naturale chiedersi se esso non possa essere considerato falso anche in altre circostanze: una domanda questa che era evidentemente blasfema in periodo prerelativistico!

Spingendo poi la speculazione più lontano, che è appunto lo scopo di questo libro, ci si può anche chiedere se il concetto stesso di tempo non sia tutto da rivedere *ab initio*.

È quello che cercheremo di fare nelle prossime pagine: cercheremo cioè di analizzare il concetto di tempo sotto un nuovo aspetto.

Per fare ciò, riprendiamo le nostre considerazioni sul significato del tempo e soffermiamoci in particolare sulla sua misura e sui metodi che si utilizzano per tale misura.

Misurare un intervallo di tempo (ad esempio l'intervallo di tempo trascorso tra due eventi A e B) significa in generale contare il numero di impulsi campione emessi da un orologio di riferimento.

Se ci si accontenta di una sensibilità del secondo o del decimo di secondo, si userà un orologio meccanico. Se invece si desidera una sensibilità più elevata, ad esempio del millisecondo o del microsecondo, si useranno orologi di tipo elettronico o, al limite, atomici.

Ma che cosa accade se non disponiamo di un orologio?

È evidente, e il buon senso ce lo suggerisce, che il tempo continuerà a scorrere e, ad esempio, gli eventi A e B avverranno nell'ordine detto, indipendentemente dal fatto che misure di tempo siano state fatte o no.

Come potremo allora distinguere i due eventi A e B, e in particolare come potremo affermare che A è avvenuto prima di B, se nessuna misura di tempo è stata effettuata?

La risposta a questa domanda non è così ovvia come potrebbe apparire a prima vista.

Per convalidare quest'affermazione, vogliamo fare ricorso a una esperienza immaginata valida, del tipo di quelle da noi descritte nell'introduzione; una esperienza cioè che, pur non essendo stata realizzata perché troppo complicata, è tuttavia da considerarsi valida perché essa non contrasta in alcun modo né con il buon senso, né con la logica né, soprattutto, viola alcuna legge di fisica.

Per semplificare l'esperienza, prendiamo in considerazione un luogo a noi familiare, come la stanza nella quale stiamo attualmente scrivendo, e vediamo come si possa misurare il trascorrere del tempo, senza evidentemente utilizzare un orologio.

Per fare questo, immaginiamo di scattare due istantanee di detta stanza, a distanza di un giorno l'una dall'altra.

In realtà si tratterà di istantanee un po' particolari: esse dovranno infatti possedere una risoluzione altissima, al limite quasi infinita. Ciò significa che su di esse sarà possibile identificare ogni più piccolo oggetto, ad esempio anche un granello di polvere dovrà risultare identificabile.

Questo è evidentemente impossibile con la presente granularità delle pellicole in commercio, ma non è affatto teoricamente impossibile. Al limite si può immaginare di scattare una serie di microfotografie e poi di mettere insieme i vari fotogrammi in modo da coprire la totalità della stanza in questione.

Indipendentemente dal metodo utilizzato, immaginiamo di essere in possesso delle dette istantanee e di presentarle a un nostro amico ponendogli due domande:

1) è possibile dall'esame delle due foto decidere se sono state scattate in tempi diversi?

2) se la risposta è sì, qual è l'ordine di ripresa delle due istantanee?

Evidentemente escludiamo subito quegli indizi banali che permetterebbero una risposta immediata, come la presenza di orologi, condizioni di luce differente, oggetti spostati ecc. Senza questi indizi, la risposta alle due domande non è certo facile.

Tuttavia il nostro amico, ricordando le condizioni particolari con cui le foto sono state effettuate (risoluzione elevatissima), troverà rapidamente l'indizio risolutore.

Egli infatti esaminerà i granelli di polvere e troverà che non solo molti di essi si sono spostati ma anche che, a causa della gravità, alcuni granelli che erano sospesi nell'aria sulla prima foto, sono ora depositati sul tavolo nella seconda foto.

La risposta alle due domande è quindi ovvia.

A questo punto vogliamo fare una prima osservazione che a prima vista sembrerà ovvia, ma che prenderà tutto il suo interesse man mano che avanziamo nel nostro ragionamento.

L'unico indizio che ha permesso al nostro amico di rispondere alle domande che gli abbiamo posto è costituito dallo spostamento di alcuni granelli di polvere: **ciò significa che la misura del tempo trascorso è riducibile a una misura di spazio.**

Questo è anche vero per qualsiasi metodo di misura del tempo che noi vogliamo considerare: che sia il movimento delle lancette di un orologio, che si tratti della rotazione della terra o del moto della terra intorno al sole, per misurare il tempo che passa dobbiamo sempre effettuare una misura di movimento e quindi, in definitiva, una misura di spazio.

Ma torniamo ora alla nostra esperienza immaginata e

complichiamola un po' per rendere la risposta alle due domande più difficile al nostro amico.

Immaginiamo cioè di portare la nostra stanza al di fuori della gravità terrestre, ad esempio su un satellite e, in più, supponiamo di porla all'interno di una camera sterile, dove neppure il più piccolo granello di polvere è permesso.

Tutto ciò è perfettamente realizzabile tecnicamente, anche se un po' difficile nella pratica. A questo punto pensiamo che il nostro amico dovrà gettare la spugna e ammettere che la risposta alle due domande è negativa.

Crediamo che il lettore avrà capito che stiamo cercando, disperatamente direi, di identificare una situazione o un oggetto o una circostanza nelle quali si possa affermare senza ombra di dubbio che il tempo è trascorso senza per ciò dovere effettuare misure di spazio.

Per fare questo riprendiamo la nostra esperienza immaginata, ma apportandovi delle modifiche fondamentali.

Supponiamo cioè che, nelle condizioni prima esposte (mancanza di gravità, assenza di polvere ecc.), decidiamo non già di effettuare due foto istantanee, ma invitiamo due gruppi di scienziati indipendenti a effettuare all'interno della nostra stanza tutti i tipi di misure che riterranno utili, utilizzando eventualmente qualunque metodo che la scienza e la tecnologia mettano a loro disposizione.

Evidentemente i due gruppi di scienziati effettueranno le loro misure senza sapere quale dei due gruppi avrà fatto le misure prima dell'altro; essi solo, conoscendo le due domande alle quali dovranno rispondere, si sono messi d'accordo sulla strategia da seguire, in particolare avranno deciso di effettuare lo stesso tipo di misure in modo da comparare poi i risultati...

Vista la panoplia tecnologica a loro disposizione, i due gruppi di scienziati non avranno molte difficoltà a individuare il fenomeno da investigare che permetterà loro di rispondere alle due domande.

Ad esempio, essi potranno prendere in considerazione l'invecchiamento dei materiali.

L'invecchiamento è un fenomeno che tutti i materiali e oggetti (anche gli uomini, purtroppo!) subiscono: si tratta, in generale, di modifiche o trasformazioni chimico-fisiche, per lo più irreversibili che avvengono con il passare del tempo con velocità variabili da un processo all'altro.

Nel caso che ci interessa, nella nostra stanza, si possono ad esempio considerare gli invecchiamenti subiti da un foglio di carta da scrivere e di un porta sigarette in plastica trasparente.

La carta verrà lentamente ossidata dall'ossigeno dell'aria (fenomeno chimico) e perderà la sua bianchezza per divenire di un colore giallastro (fenomeno fisico); la plastica trasparente perderà lentamente la sua trasparenza a causa, soprattutto, di microfessure che si formano al suo interno per varie cause.

Evidentemente questi fenomeni sono in generale molto lenti, e occorrerebbero forse decine di anni perché essi divengano visibili a occhio nudo. Certamente essi non potrebbero essere osservati dopo solo un giorno!

Non dimentichiamo tuttavia che, come abbiamo già detto, i nostri scienziati dispongono di una tecnologia sofisticatissima; i fenomeni citati sono continui e quindi sarà possibile osservare il loro evolversi anche giornaliero, se si dispone di strumenti di misura aventi la sensibilità appropriata.

Ecco quindi che i nostri scienziati, usando queste tecniche particolari, potranno ora rispondere correttamente alle due domande poste.

Facciamo notare che ciò è stato possibile grazie all'esame di fenomeni di trasformazioni o reazioni (chimiche o fisiche). In questo esempio cioè il trascorrere del tempo è stato dedotto dall'evolversi di trasformazioni chimiche o fisiche.

Tali fenomeni, anche se il loro sviluppo è stato debolissimo nel corso della giornata in esame, debbono comunque essere considerati come manifestazioni macroscopiche; si sono cioè misurate grandezze come la formazione di molecole di ossidi, o l'inizio di minuscole fessure grazie a strumenti eccezionali.

Cerchiamo invece di vedere che cosa è accaduto più da vicino, analizziamo cioè i fenomeni in oggetto da un punto di vista microscopico.

L'ossidazione di qualche atomo contenuto nella cellulosa della carta, significa che degli atomi di Ossigeno sono venuti in contatto con degli atomi della carta per formare degli ossidi: in altre parole vi è stato spostamento di atomi dalla loro posizione originaria.

L'apparire di minuscole fessure nella plastica, significa che degli atomi di quest'ultima hanno cominciato ad allontanarsi l'uno dall'altro per dare inizio alla fessura: in altre parole, anche in questo caso vi è stato spostamento di atomi.

In definitiva, ed è quello che ci interessava mettere in evidenza, le misure di tempo, anche in questo esempio particolarmente sofisticato, sono riconducibili a misure di spostamenti, cioè di spazio.

È quindi lecito porsi la domanda se questa non sia una legge universale, cioè che tutte le misure di tempo si riducano a misure di spazio, o se invece non esistano ancora dei casi o delle situazioni in cui ciò non si verifica. Ci si può inoltre chiedere, come corollario, se esistano oggetti per i quali è impossibile, anche eseguendo accuratissime misure di spazio, decidere e soprattutto dimostrare che il tempo è trascorso.

Forse nei nostri esempi precedenti ci siamo sempre riferiti a oggetti complessi, per i quali esisterà sempre una qualche trasformazione che ci permetterà di identificare il trascorrere del tempo.

Consideriamo allora un oggetto semplicissimo come ad esempio una pepita purissima di oro, composta solo di atomi di oro, o più semplicemente consideriamo un cristallo di quarzo composto di atomi di Silicio e di Ossigeno, disposti regolarmente ai vertici di una struttura cristallina che si ripete senza fine identica a se stessa per miliardi di volte.

Il cristallo di quarzo in oggetto si è formato alcuni milioni di anni fa nelle viscere della terra e da allora non ha subito alcuna apparente modifica fino ai nostri giorni.

Usando come sempre tutti gli strumenti tecnologici a nostra disposizione, immaginiamo di avere fatto delle misure su un cristallo dieci anni fa e compariamole con le stesse misure fatte adesso.

Sarà possibile trovare un indizio che certifichi che dieci anni di tempo sono passati tra le due misure?

A parte molto improbabili modifiche alla struttura cristallina, dovute ad esempio ai raggi cosmici o a un altro agente esterno, e malgrado l'uso dei nostri sofisticatissimi strumenti, crediamo che nulla possa testimoniare del passaggio del tempo. Il cristallo di quarzo è ora esattamente com'era dieci anni fa e probabilmente come è sempre stato durante l'ultimo milione di anni.

Possiamo quindi concludere che siamo alla fine delle nostre pene e che abbiamo finalmente identificato un oggetto per il quale si possa affermare che il tempo non sia trascorso del tutto? Non ne siamo affatto certi!

Resta sempre infatti la struttura atomica degli atomi componenti il cristallo che certamente avrà subito delle modifiche.

Se consideriamo ad esempio la nuvola di elettroni che ruotano attorno a ogni atomo di Silicio e di Ossigeno del nostro cristallo, è evidente che essi non occuperanno certo la stessa posizione ora e dieci anni fa, negli istanti in cui le misure, supposte istantanee, sono state effettuate. Lo stesso discorso vale evidentemente anche per la pepita d'oro.

Anche se la misura della posizione degli elettroni all'interno di un atomo è oggi impossibile, credo tuttavia che non vi siano dubbi che, se tale misura fosse possibile, il risultato sarebbe quello scontato.

Anche in questo particolarissimo caso dobbiamo quindi concludere che, ancora una volta, una misura di posizione ci dà (anzi ci darebbe se fosse effettuabile) l'informazione sul trascorrere del tempo: per essere precisi, essa ci direbbe solo che il tempo è trascorso, ma non quale misura sia precedente all'altra.

Dobbiamo allora concludere che, qualunque sia l'oggetto o la situazione in esame, vi è sempre un metodo o comunque un indizio che ci permette di verificare il trascorrere del tempo? Nessun oggetto sfugge dunque a tale rigorosissima legge?

Noi possiamo invece affermare che tali oggetti non solo esistono, ma sono numerosissimi e costituiscono anzi la famiglia più numerosa di oggetti che si possa immaginare. Intendiamo evidentemente alludere alle particelle elementari.

Vi è nel nostro universo un gran numero di tipi di particelle elementari; l'aggettivo elementare indica che trattasi di particelle non ulteriormente divisibili e che costituiscono quindi i mattoni fondamentali della struttura dell'universo.

Alcune di tali particelle sono stabili, altre vengono create artificialmente e hanno spesso tempi di vita assai brevi.

Per semplificare il nostro discorso, e senza togliere nulla di fondamentale ad esso, consideriamo qui di seguito solamente le particelle stabili e, tra di esse, consideriamo solo le tre particelle costituenti dell'universo: il protone, il neutrone e l'elettrone.

Come tutti sappiamo esse sono i componenti essenziali degli atomi ed è il loro numero all'interno di un atomo che determina il tipo di elemento e quindi la composizione degli oggetti nell'universo.

In realtà sappiamo oggi che protoni e neutroni sono composti da quark che sembrano quindi essere i veri componenti fondamentali della materia; tuttavia non ce ne occupiamo per non complicare il nostro discorso.

Le particelle elementari di cui ci occupiamo, il protone, il neutrone e l'elettrone, si sono formate poco dopo il Big Bang; più esattamente esse si sono formate nel primo secondo dopo il Big Bang.

Ci vorranno ancora circa 300.000 anni perché esse si aggreghino per formare i vari elementi più semplici che noi oggi conosciamo, ma questo per il momento ci interessa meno.

Quel che vogliamo ora mettere in evidenza è che le nostre particelle elementari si sono formate circa 15 miliardi di anni fa, e che da allora non hanno subito nessuna modifica.

Cioè un protone, creato al momento del Big Bang, era già tale e quale come oggi possiamo osservarlo: per esso, preso singolarmente, è come se il tempo non fosse trascorso! Nessuna misura, per quanto sofisticata possa essere, nessun indizio può esistere per rintracciare la minima differenza tra lo stesso protone di 15 miliardi di anni fa e oggi.

Certo esso avrà compiuto un percorso straordinario all'interno dell'universo dal momento della sua nascita, esso può inoltre aver fatto parte di atomi di differente natura, ma in se stesso, come entità individuale, esso non sarà cambiato affatto.

La nozione di tempo non ha quindi alcun senso per il nostro protone. La nozione di tempo nasce solo quando consideriamo le sue interazioni con altre particelle il che ci porta quindi a oggetti più complessi come quelli analizzati precedentemente.

Abbiamo quindi finalmente trovato degli oggetti per i quali il tempo non esiste!

Se il tempo non esiste per un singolo protone, considerato isolatamente, è evidente che esso, il tempo, non esiste anche per tutte le altre particelle elementari dell'universo, quando noi le consideriamo singolarmente.

Ci troviamo quindi di fronte all'apparente paradosso di un grande insieme di oggetti per i quali una grandezza fondamentale come il tempo non esiste se consideriamo ogni oggetto separato dagli altri, ma che invece esiste quando li si consideri nel loro insieme.

Possiamo quindi riassumere quanto detto finora nelle seguenti tre frasi.

1) **Il concetto di tempo è assolutamente estraneo al mondo delle particelle**: esso semplicemente non esiste quando si consideri il suo effetto su ogni singola particella.

2) Il tempo comincia a manifestarsi quando si considerino le relazioni di almeno due particelle; in questo caso ogni misura di tempo si riduce a una misura di spazio, nel senso che ogni intervallo di tempo può solo essere misurato tenendo conto delle posizioni reciproche relative delle particelle.

3) Il trascorrere del tempo è dovuto alle interazioni tra le particelle che in definitiva definiscono le posizioni delle particelle stesse nei vari successivi intervalli di tempo.

Quest'ultima frase non è in realtà direttamente deducibile da quanto detto finora, il suo senso diverrà più chiaro per quello che diremo tra poco.

Vediamo ora di fare una stima anche approssimativa di quante particelle esistano nel nostro universo.

È evidente che tale stima sarà molto imprecisa perché basata su informazioni a nostra disposizione sulla effettiva dimensione dell'universo che sono soggette a continue revisioni. L'errore può quindi essere anche molto grande, ma ciò, come vedremo, non ha nessuna importanza per i nostri ragionamenti che sono soprattutto qualitativi.

Si ammette comunemente che il nostro universo contenga più di 100 miliardi di galassie; abbiamo quindi

$N(G) = 10^{11}$ numero di galassie nell'universo

Si ammette inoltre che ogni galassia contenga, in media, 1 milione di stelle; abbiamo quindi

$N(S) = 10^{6}$ numero di stelle in una galassia

Le stelle hanno dimensioni che variano moltissimo, anche di parecchi ordini di grandezza, l'una dall'altra: il nostro sole è generalmente considerato come una stella di media grandezza.

Sempre nel nostro spirito di estrema approssimazione, assumiamo dunque che tutte le stelle dell'universo abbiano le dimensioni del nostro sole.

Consideriamo inoltre trascurabile il peso dei pianeti rispetto alle stelle: la terra, ad esempio, pesa circa 1 milione di volte meno del sole. Abbiamo quindi

$P(S) = 10^{33}$ grammi peso medio di una stella

Le stelle sono composte essenzialmente da Idrogeno che si trasforma in Elio per effetto della reazione termonucleare di fusione. Utilizzando quindi il numero di Avogadro troviamo, approssimativamente

$N(P) = 10^{57}$ numero totale di protoni in una stella

Il numero totale di protoni nell'universo sarà quindi di
$\mathrm{N(U) = N(G)xN(S)xN(P)} = 10^{74}$

In realtà, per tenere conto anche di altre particelle stabili, come i neutroni, gli elettroni, alcuni muoni ecc., dovremmo ancora moltiplicare tale numero per un qualche fattore (molti autori avanzano la cifra di 10^{80}). Non lo facciamo, poiché il numero trovato è già abbastanza impressionante così.

Come abbiamo già detto questo incredibilmente elevato numero di protoni N(U) è stato creato poco dopo il Big Bang e ogni protone, preso singolarmente, non ha subito alcuna modifica negli ultimi 15 miliardi di anni!

Solo le posizioni relative dei protoni sono cambiate e ogni istante della storia del nostro universo può essere associato a una e una sola di queste configurazioni.

Possiamo quindi, in definitiva, in maniera biunivoca definire una relazione tra l'istante generico *T*(*i*) e la corrispondente configurazione *C*(*i*) ; possiamo quindi affermare che:

– a ogni istante generico *T*(*i*) dell'universo è associata una e una sola configurazione *C*(*i*) delle sue particelle;

– se due configurazioni *C*(*i*) e *C*(*ii*) sono identiche tra di loro, esse corrispondono allo stesso istante dell'universo;

– due istanti di tempo diversi *T*(*i*) e *T*(*ii*) sono necessariamente associati a due diverse configurazioni delle particelle *C*(*i*) e *C*(*ii*).

Se il numero di protoni esistenti nell'universo *N*(*U*) ci sembra già elevatissimo, possiamo immaginare quanto grande debba essere il numero delle possibili configurazioni *C*(*i*) che tali protoni possono avere assunto durante 15 miliardi di anni.

Anche escludendo delle configurazioni che riteniamo impossibili per ogni sorta di ragioni, il numero restante, anche espresso nella notazione esponenziale, deve essere tale da suscitare sgomento. Definiremo tale numero in maniera qualitativa come «spaventosamente grande».

Per trattare con ordini di grandezza numerici più ragionevoli, e anche per muoverci in un ambiente a noi più familiare, riprendiamo le precedenti considerazioni, ma limitate alla nostra terra.

È chiaro che la terra, dal periodo della sua formazione, circa 5 miliardi di anni fa, non può essere considerata un sistema isolato come abbiamo fatto per l'universo intero; non è possibile cioè affermare con certezza che il numero di protoni che la compongono è rimasto invariato durante questi miliardi di anni.

Del materiale è certamente arrivato sotto forma di meteoriti, polvere cosmica ecc., e altro materiale se ne è andato, come ad esempio la luna e, più recentemente, satelliti artificiali perduti nello spazio.

Si tratta tuttavia di quantità trascurabili, se concentriamo la nostra indagine alla ultima decina di migliaia di anni che, come affermato varie volte in questo libro, è il periodo che più ci interessa perché in esso è concentrata tutta la nostra storia.

Rifacendo quindi i precedenti calcoli per la sola massa della terra, troviamo:

$P(T) = 6 \times 10^{27}$ gr peso della terra
$V(T) = 10^{27}$ cm^3 volume della terra
$D(T) = 6$ gr/cm^3 densità media della terra

La densità media della terra si avvicina a quella del Vanadio (5.7 gr/cm^3). Usando quindi come prima il numero di Avogadro, troviamo:

$N(T) = 15 \times 10^{50}$ protoni numero di protoni costituenti la terra

Ogni istante della nostra storia sulla terra è quindi caratterizzato dalla corrispondente configurazione assunta da questi $N(T)$ protoni. Proviamo a immaginare quante possano essere state queste configurazioni.

Per fare ciò, ci imbattiamo subito nel problema prima menzionato della definizione stessa di istante.

Come abbiamo detto prima, il trascorrere del tempo si caratterizza con un passato e un futuro; la definizione di presente, e quindi di istante presente, non ha senso.

Possiamo tuttavia fare delle approssimazioni e considerare come istante un ben definito intervallo di tempo, anche se piccolissimo.

Potremmo considerare ad esempio il microsecondo come una buona approssimazione della definizione di istante, ma forse è meglio usare il secondo, in modo da usare unità più «umane».

I 10.000 anni che vogliamo considerare contengono circa 300 miliardi di secondi, cioè

$ST = 3 \times 10^{11}$ secondi numero di secondi trascorsi in 10.000 anni

ST è anche il numero di configurazioni *C* assunte dai nostri *N*(*T*) protoni in questo periodo di tempo.

Ogni istante della nostra storia è così identificabile con una particolare configurazione *C*(*i*) dei protoni che compongono la terra: ad esempio possiamo dire che la morte di Giulio Cesare corrisponde alla configurazione *C*(*k*) e quella di Napoleone alla configurazione *C*(*w*), identificabili anche da *ST*(*k*) e *ST*(*w*).

Si può a questo punto obiettare che sostanzialmente non è cambiato nulla, abbiamo solo cambiato la definizione dell'unità di misura che invece di chiamarsi secondo si chiama ora configurazione.

In realtà non è così: vi è una profonda differenza tra le due definizioni, dovuta soprattutto al fatto che la nozione di configurazione non implica necessariamente il concetto della necessità di passare da una configurazione alla seguente in modo continuo e regolare come appunto accade con il tempo.

Come abbiamo detto precedentemente, una data configurazione *C*(*i*) indica solo una particolare posizione delle particelle le une rispetto alle altre e quindi solo misure di spazio sono necessarie per definirla completamente.

Poniamoci ora la domanda fondamentale del motivo per cui, nel mondo che conosciamo, si passa sempre e invariabilmente dalla configurazione *C*(*i*) alla successiva *C*(*i* + 1), che è anche la nostra normale rappresentazione del trascorrere del tempo.

Chiediamoci cioè perché non si passi mai da una configurazione *C*(*i*) a una *C*(*i* + *k*), con *k* intero e differente da uno, o a una *C*(*i* – *k*).

Abbiamo già osservato che per ogni singola particella, e quindi per tutte le particelle prese singolarmente, le varie configurazioni possibili sono equivalenti: nessuna è privilegiata e quindi ci si può chiedere perché si passi necessariamente sempre da una configurazione a un'altra ben definita.

La risposta semplice e immediata a tale domanda è che il tempo governa il susseguirsi delle configurazioni e, in più, che il tempo trascorre sempre in una direzione, come milioni di anni di osservazione e infinite testimonianze dimostrano.

Questa è la risposta che ci darebbe anche il Sieur De La Palisse, ma che non ci soddisfa molto.

Cerchiamo di approfondire quindi in maniera anche più scientifica il problema.

La risposta alla domanda del motivo per cui a una configurazione $C(i)$ segue sempre una data configurazione $C(i + 1)$ è che tutte le particelle in natura obbediscono a un certo numero di forze e che sono appunto le leggi di tali forze che definiscono l'evolversi delle configurazioni $C(i)$.

Secondo le attuali conoscenze, in natura esistono solo quattro tipi di forze.

1. La forza di gravità

Essa dice fondamentalmente che due corpi aventi una certa massa si attirano con una forza (appunto la forza di gravità) che è proporzionale alle masse dei due corpi e inversamente proporzionale al quadrato della loro distanza reciproca.

Questo vale per tutti i corpi aventi una massa e quindi anche per le particelle elementari che noi consideriamo: cioè protoni, neutroni ed elettroni.

La forza di gravità è responsabile della caduta della famosa mela di Newton così come del moto dei pianeti (Galileo,Keplero) attorno alle stelle.

Essa non ha limite di azione nel senso che si esercita tra oggetti anche enormemente lontani come galassie situate a milioni di anni luce di distanza.

Dubbi esistono ancora invece sulla velocità con cui tale forza si propaga: secondo alcune considerazioni sperimentali tale velocità dovrebbe essere infinita. Ma ciò sarebbe in contrasto con la relatività che afferma che niente possa viaggiare a una velocità superiore a quella della luce. La questione resta quindi aperta.

2. La forza elettromagnetica

Fino a un paio di secoli fa si parlava in realtà di due forze distinte, la forza elettrica e quella magnetica, finché Maxwell non dimostrò con le sue celebri equazioni che si tratta di due aspetti della stessa forza, la forza elettromagnetica.

Essa concerne corpi aventi carica elettrica (quindi anche elettroni e protoni). Due corpi carichi elettricamente si attirano (se le cariche sono di segno opposto) o si respingono (se sono dello stesso segno), con una forza proporzionale alle cariche dei due corpi e inversamente proporzionale al quadrato delle loro distanze.

Anche in questo caso il suo campo di azione è infinito.

Essa è responsabile di moltissimi fenomeni che possiamo osservare quotidianamente.

Ad esempio, la ragione per cui non possiamo attraversare un muro, sebbene sia noi che il muro siamo praticamente vuoti, è che gli elettroni periferici degli atomi che compongono il nostro corpo e il muro si respingono violentemente (repulsione coulombiana) e ci fanno apparire il muro come una barriera assolutamente impenetrabile.

3. La forza debole

A differenza delle prime due, questa forza esercita la sua azione a distanze piccolissime, all'interno dei nuclei degli atomi.

Essa è responsabile di molti fenomeni fisici, il più noto dei quali è la reazione termonucleare che fa brillare il sole e le altre stelle.

Recentemente (Rubbia,1984) è stato dimostrato che la sua natura è la stessa della forza elettromagnetica, per cui ora è più corretto parlare di forza elettrodebole.

In realtà quindi le forze fondamentali sono ora solo tre.

4. La forza forte

Come la precedente, essa esercita la sua azione a distanze molto piccole, all'interno dei nuclei degli atomi.

Se non vi fosse tale forza attrattiva, i protoni del nucleo, essendo tutti di carica positiva, dovrebbero letteralmente esplodere sotto l'effetto della forza repulsiva elettrica. Invece, grazie alla forza forte, che a quelle minuscole dimensioni è molto più intensa della repulsione coulombiana, l'atomo mantiene la sua stabilità e il mondo ci appare come esso è.

Come agiscono tali forze? Fino all'inizio del secolo scorso si parlava di campi (elettrici e magnetici) senza riuscire a ben definirli e anche di un misterioso etere che permeava tutto l'universo e permetteva quindi alle forze di trasmettere la loro azione.

Oggi si sa invece che le forze agiscono scambiandosi vari tipi di particelle:

a) si pensa che la gravità eserciti la sua azione per scambio di una particella chiamata gravitone, ma ciò non è stato ancora provato sperimentalmente;

b) la particella scambiata dalle forze elettromagnetiche è il fotone o quanto di energia;

c) le forze deboli interagiscono scambiandosi due tipi di particelle chiamate bosoni intermediari, W e Z;

d) infine le forze forti scambiano tra neutroni e protoni nel nucleo una particella chiamata gluone, nome che ricorda il suo effetto di colla (in inglese *glue*).

Tutti i fenomeni in natura si svolgono grazie all'effetto di una o più di tali forze e secondo le modalità imposte dalle leggi che le governano.

Chiediamoci ora come sono state scoperte queste forze e come sono state dedotte le leggi secondo cui esse agiscono.

La risposta è semplice: mediante osservazioni e misure sperimentali.

Questi sono gli ingredienti del metodo scientifico; quando si vuole studiare un fenomeno, di qualsivoglia natura esso sia, si esegue una esperienza nella quale il fenomeno in oggetto sia presente e si esaminano i vari aspetti sia quantitativi che qualitativi.

Delle quattro forze considerate, la prima a essere investigata è stata certamente la forza di gravità. Essa è, per modo di dire, sotto gli occhi di tutti e i suoi effetti possono essere facilmente misurati anche con semplici apparecchiature.

Famose sono le esperienze di Galileo sulla caduta libera dei gravi che permisero di determinare il valore della accelerazione di gravità g ($g = 9{,}81 m/s^2$) e le osservazioni di Newton e Keplero che sfociarono nella teoria della gravitazione universale e che permisero di predire con esattezza il moto degli astri.

Alla stessa maniera, ma un po' più tardi, lo studio e l'osservazione di movimenti di cariche elettriche in campi magnetici permisero a Maxwell di formulare le sue famose sei equazioni che descrivono completamente i campi elettromagnetici.

Lo studio delle ultime due forze, la debole e la forte, ha richiesto l'uso di apparecchiature scientifiche molto più complesse, come ad esempio gli acceleratori di particelle, ed è stato quindi reso possibile solo in tempi molto più recenti, in pratica nella seconda metà del secolo scorso.

Ad esempio, un protone accelerato ad altissime energie in un acceleratore di particelle, viene usato come proiettile per colpire il nucleo di un elemento usato come bersaglio; sotto l'effetto dell'impatto, il nucleo si spacca e i vari frammenti vengono osservati con particolari strumenti di rivelazione.

Lo studio delle energie di tali frammenti permette quindi di risalire al valore della forza che teneva insieme le particelle nel nucleo.

Quello che ci preme mettere qui in evidenza è una caratteristica comune che si ritrova in tutte le esperienze menzionate per lo studio delle quattro forze fondamentali e delle loro interazioni con gli oggetti.

Si può infatti osservare che queste forze e le loro leggi sono state studiate esaminando spostamenti successivi di oggetti di vario tipo: oggetti pesanti aventi massa per la forza di gravità, cariche elettriche e oggetti magnetizzati per le forze elettromagnetiche e infine particelle più o meno elementari per le ultime due forze considerate.

Come abbiamo prima osservato, esaminare gli spostamenti di un oggetto, che sia esso la mela di Newton o i frammenti risultanti dallo scoppio di un nucleo di atomo, significa sempre esaminare configurazioni successive di un certo numero di particelle elementari; utilizzando la notazione delle configurazioni, ciò significa considerare la configurazione $C(i)$ e le successive $C(i+1)$, $C(i+2)$ ecc.

Come corollario possiamo aggiungere che questa è anche la condizione necessaria per potere studiare le forze in oggetto e le loro leggi: in altre parole l'osservazione di una singola configurazione $C(i)$ nulla ci direbbe sulle forze agenti sugli oggetti considerati e sulle particelle che li compongono.

Abbiamo quindi, a questo punto, chiarito come e perché si passi da una configurazione alle successive: sono le forze fondamentali che, agendo sulle particelle e quindi sugli oggetti formati da particelle, obbligano queste ultime a cambiare continuamente di posizione e a generare nuove configurazioni.

Abbiamo anche visto che le forze fondamentali e le loro leggi sono state dedotte esaminando configurazioni diverse e successive di particelle e di oggetti e che questo evolversi delle configurazioni risulta essere la definizione stessa di tempo.

Inoltre, e questa osservazione è fondamentale per il proseguimento del nostro ragionamento, una singola configurazione, avulsa da tutte le altre, non contiene nessuna indicazione anzi non ha nessun legame con il concetto di tempo, né con le forze fondamentali della natura.

Come si vede, il concetto di singola configurazione è fondamentale nel nostro contesto; desideriamo quindi approfondirlo per mostrare anche che esso ha delle implicazioni molto profonde che potrebbero sfuggire a una analisi superficiale.

Come abbiamo detto, la generica configurazione $C(i)$ costituisce un'istantanea (uno *snapshot*, in inglese) rappresentazione delle posizioni occupate dalle particelle di un determinato sistema; per semplificare, abbiamo anche detto che come particelle consideriamo solo i protoni e che come sistema intendiamo la terra con i suoi $N(T)$ protoni.

Quello che vogliamo qui mettere in evidenza è che quegli $N(T)$ protoni rappresentano veramente tutto il nostro universo (ridotto alla nostra terra), ma proprio tutto. È quindi superfluo e banale ricordare che ad esempio la configurazione $C(i)$ contiene la posizione dei protoni del granello di sabbia dell'Oceano Indiano, così come quella dei protoni del cristallo di neve del monte Everest.

Non sembra invece banale ricordare che essa contiene anche tutta l'informazione sul nostro passato, sulla nostra storia e, in generale, su tutta la nostra conoscenza.

Spieghiamo meglio questo concetto, cominciando dalla storia e dal passato.

Tutte le informazioni sulla nostra storia, passata e più recente, sono contenute in tre tipi di memoria:
– i reperti archeologici e fossili;
– i libri e i documenti che parlano di storia;
– la nostra memoria personale.

Le piramidi, il Colosseo, il Tempio di Angkor, le piramidi maya o i resti di Massada sono tutti esempi illustri di reperti archeologici che ci forniscono preziose informazioni sulle civiltà che li hanno costruiti e sugli usi e costumi dei loro abitanti.

I fossili comprendono, in generale, resti organici di piante o animali vissuti in epoche diverse e permettono così di descrivere i processi evolutivi che altrimenti resterebbero totalmente oscuri.

Evidentemente tra i fossili includiamo i resti dei nostri antenati come Lucy o l'uomo di Neanderthal che hanno avuto una parte essenziale per ricostruire la nostra stessa evoluzione di esseri umani.

Dal nostro punto di vista, cioè dal punto di vista delle particelle elementari, il Colosseo, lo scheletro del dinosauro o lo stesso cranio di Lucy sono semplicemente delle configurazioni di un certo numero di protoni che fanno parte di quel numero totale di protoni $N(T)$ della configurazione generica $C(i)$.

La maggior parte, se non la totalità, delle informazioni sulla storia del nostro pianeta, inclusa la nostra storia di uomini, si trova senza dubbio immagazzinata in documenti scritti.

Per documenti scritti intendiamo tutti quegli oggetti che portano incisa per mano dell'uomo una qualunque iscrizione: questo include le tavolette con scrittura cuneiforme, i geroglifici egizi, i rotoli del Mar Morto, tutti i libri scritti dacché la stampa è stata inventata, fino ai giorni nostri e include quindi anche i supporti elettronici, digitali, a raggio laser ecc.

Non vi è dubbio che, anche in questo caso, ogni tipo di documento scritto come quelli menzionati, sia composto da una certa quantità e tipi di atomi e quindi, in definitiva, rappresenti una certa configurazione di particelle in tutto e per tutto simile ai reperti archeologici.

Anche un'opera imponente, come ad esempio l'*Enciclopedia Britannica*, che racchiude probabilmente il più grande numero di informazioni in un volume relativamente esiguo, è perfettamente rappresentabile da una particolare e ben definita configurazione di particelle; il testo di ogni pagina è composto di caratteri di stampa e l'inchiostro di ogni carattere costituisce un sottoinsieme della configurazione generica $C(i)$.

Lo stesso si può dire di ogni altro tipo di memoria elettronica o magnetica: si tratta sempre di particolari disposizioni di atomi appartenenti a domini magnetici o a circuiti bipolari perfettamente conosciuti e determinati.

Il discorso si fa evidentemente più delicato quando si deve discutere del terzo tipo di memoria, cioè della nostra memoria.

Ognuno di noi possiede una memoria che si alimenta di nuove informazioni praticamente durante tutta la nostra vita.

Le informazioni vengono raccolte sui banchi di scuola, durante le attività lavorative, gli svaghi, i viaggi, le conversazioni di ogni tipo ecc. Il nostro cervello agisce come una spugna e immagazzina una quantità veramente rilevante di dati che solo parzialmente vengono cancellati dal tempo.

Non sappiamo con esattezza come si possa quantificare questa mole di informazioni contenuta nella nostra memoria, ma pensiamo che sia ragionevole affermare che, considerando un uomo di media cultura, essa non debba essere quantitativamente troppo lontana da quella contenuta nell'*Enciclopedia Britannica*.

Una domanda immediata è quella di sapere dove risiede questa informazione, domanda che si può anche esprimere chiedendoci: come è fatta e come funziona la nostra memoria?

Esistono varie teorie che vanno dalle memorie chimiche, dove l'informazione è rappresentata da una microscopica reazione chimica, alle memorie elettriche dove appunto il bit di informazione è rappresentato dalla polarizzazione di una qualche cellula caricata elettricamente, o da tutte e due le modalità insieme.

Tutto quello che possiamo dire è che, data la quantità di informazioni immagazzinate in un normale cervello, la sua memoria deve essere proporzionalmente molto grande.

Tutto ciò non ci impressiona perché sappiamo quale incredibile complessità possa presentare la struttura del cervello.

Per fare un esempio quantitativo, ricordiamo che il cervello possiede circa 100 miliardi (10^{11}) di cellule nervose chiamate neuroni e che ogni neurone comunica con altri neuroni grazie a un numero di sinapsi che può arrivare a 10.000. Questo significa che esistono nel cervello fino a 1 milione di miliardi (10^{15}) di sinapsi.

Proviamo a quantificare la quantità di informazione contenuta in un'opera come ad esempio l'*Enciclopedia Britannica*, composta, supponiamo, da 30 volumi di 1000 pagine ciascuno.

Se ogni pagina contiene 4000 caratteri e se ogni carattere si può rappresentare utilizzando 7 bit, vediamo che tutta l'informazione dell'EB è contenuta in circa 1 miliardo di bit (10^{9}).

Se immaginiamo ancora che una singola sinapsi rappresenti 1 bit di informazione, vediamo che l'intero cervello potrebbe immagazzinare quasi 1 milione di Enciclopedie Britanniche!

Attenzione, non vogliamo affatto dire che la sede della memoria sia nelle sinapsi: sappiamo che probabilmente le sinapsi servono piuttosto al passaggio dell'informazione e non al suo immagazzinamento.

Volevamo solo ricordare quanto numerosi e complessi siano i circuiti cerebrali: la memoria, ovunque essa risieda, non fa probabilmente eccezione a questa complessità.

Qualunque sia la sua natura, comunque complessa e grandiosa sia la sua organizzazione, la memoria umana non può fare eccezione alla legge fondamentale della fisica che è risultata valida per qualunque oggetto dell'universo: essa è necessariamente composta di atomi e quindi di particelle elementari.

Secondo quanto abbiamo detto, essa è quindi rappresentabile da una configurazione appropriata di particelle elementari (per semplificare, solo di protoni).

Abbiamo finora parlato della nostra storia e abbiamo visto che, in conclusione, ogni istante di essa è racchiuso in una configurazione particolare $C(i)$ di quel numero totale di protoni $N(T)$ che costituiscono l'insieme del nostro mondo; aggiungiamo solo che usando lo stesso tipo di ragionamento, si arriva ugualmente alla conclusione che non solo la storia, ma tutte le nostre conoscenze sono contenute in particolari configurazioni di particelle. Nulla sfugge a questa regola.

A questo punto alcuni potrebbero obiettare che il nostro ragionamento è estremamente semplificativo e anche riduttivo, almeno per quello che riguarda la rappresentazione della nostra memoria umana come un semplice aggregato di particelle.

Ribattiamo subito che manteniamo un atteggiamento strettamente razionale: ogni considerazione metafisica o animista è semplicemente al di fuori degli schemi che utilizziamo in questo libro.

Rimandiamo quindi al capitolo I e alla storia dell'asino che vola.

Le configurazioni e il tempo

Come abbiamo detto nel precedente paragrafo, abbiamo introdotto la nozione di configurazione di particelle al posto di quella di istanti di tempo essenzialmente perché essa non implica necessariamente alcun legame temporale tra le varie configurazioni che possiamo prendere in considerazione.

È vero che abbiamo anche detto parecchie volte «consideriamo la configurazione $C(i)$ corrispondente a un certo istante t» ma questo l'abbiamo fatto con il solo scopo di esemplificare il nostro discorso, per potere individuare anche solo teoricamente dove potessero essere le particelle nella configurazione considerata.

Riassumendo quanto detto finora:

1) per prima cosa i protoni, presi singolarmente, non hanno subito alcun cambiamento misurabile dal primo istante della loro nascita, circa 15 miliardi di anni fa, fino ai nostri

giorni. Nessuna esperienza di fisica permetterebbe di distinguere un protone «vecchio», esaminato cioè al momento della sua creazione, da uno più «giovane», esaminato cioè oggi;

2) sono solo le posizioni rispettive dei protoni, gli uni rispetto agli altri, in altre parole le configurazioni, che permettono di definire i vari istanti di tempo cui esse si riferiscono; ed è il susseguirsi delle configurazioni che ci mostra il trascorrere del tempo;

3) sono le leggi della fisica che producono il susseguirsi delle configurazioni: più precisamente, sotto l'effetto delle quattro forze fondamentali prima ricordate, i protoni si muovono e occupano varie posizioni nello spazio, che noi abbiamo chiamato configurazioni.

Soffermiamoci ora a considerare una singola configurazione, ad esempio quella corrispondente all'istante presente.

Poiché non sappiamo definire il significato di istante, consideriamo valida la sua approssimazione con il presente secondo.

L'approssimazione scelta ci appare ragionevole poiché, a parte quei pochi protoni che si trovassero in un acceleratore di particelle e quindi che percorrerebbero grandi distanze in un secondo, la stragrande maggioranza dei protoni $N(T)$ che compongono la terra non si discosteranno di molto dalla loro posizione iniziale durante questo secondo.

Consideriamo quindi la configurazione corrispondente all'istante presente ed esaminiamola in dettaglio senza tenere alcun conto delle altre configurazioni che la precedono nel tempo o che la seguono.

Ammettiamo anzi, per semplificare, che le altre configurazioni non esistano del tutto, come se un visitatore esterno avesse preso un'istantanea della nostra terra con la necessaria risoluzione.

Si tratta di estendere il ragionamento già fatto prima, a proposito della stanza con i suoi granelli di polvere: solo che ora facciamo un ulteriore ingrandimento e supponiamo di poter conoscere con sufficiente precisione non già la posizione dei granelli di polvere, ma addirittura la posizione di ogni singolo protone.

La cosa è evidentemente tecnicamente assai difficile, per

non dire impossibile, ma non lo è da un punto di vista puramente concettuale.

Possiamo anche determinare facilmente la quantità di informazione che tale ipotetico esercizio produrrebbe.

Dal momento che ci stiamo occupando solo della terra, e il resto dell'universo non ci interessa per il momento, supponiamo di disporre di un sistema di tre assi cartesiani aventi la loro origine appunto al centro della terra.

La posizione di ogni singolo protone sarà quindi determinata da una terna di valori riferiti a tale sistema di assi. Evidentemente la posizione di ogni protone deve essere definita con sufficiente precisione in modo da potere distinguere due protoni contigui anche se molto vicini l'uno dall'altro.

Possiamo quindi assumere che la risoluzione del nostro sistema di assi sia dell'ordine di 10^{-12} cm (1 millesimo di miliardesimo di cm) che rappresenta all'incirca la dimensione di un protone.

Poiché il raggio della terra è di circa 6000 km, la precedente risoluzione richiede che ognuna delle tre dimensioni sia rappresentata da un numero dell'ordine di circa 10^{21}.

Usando il linguaggio binario dei computer, ciò significa anche 64 bit d'informazione, cioè in totale per le tre dimensioni 192 bit d'informazione o anche 24 byte di 8 bit ciascuno.

Moltiplicando infine tale cifra per il numero totale di protoni costituenti la terra

$N(T)$ (15×10^{50}), troviamo che il numero totale di byte necessari a descrivere la configurazione $C(i)$ risulta eguale a

$I(i) = 36 \times 10^{51}$ byte!!!

Tale numero di byte è evidentemente incredibilmente elevato, tale da non potere essere contenuto in alcuna banca dati oggi esistente: ricordiamo che le attuali banche dati possono contenere un numero di byte nell'ordine dei terabyte (10^{12}) o di qualche suo multiplo.

Siamo cioè una quarantina di ordini di grandezza distanti da ciò di cui avremmo bisogno! Da un punto di vista puramente teorico però, nulla ci impedisce di immaginare che una tale banca dati possa esistere.

Consideriamo ora una copia della nostra terra, identica

al suo originale, in cui ogni protone, ogni singola particella occupi la posizione corrispondente contenuta nella banca dati: poco importa sapere come essa esista o come sia stata costruita.

Che cosa distinguerebbe allora tale terra copia dal suo originale?

La risposta è molto semplice: NULLA!

Nessuna osservazione, per quanto sofisticata e dettagliata, nessuna esperienza di fisica permetterebbe infatti di distinguere i due esemplari della nostra terra.

Ciò risulta evidente dall'esame delle ipotesi fatte secondo le quali ogni protone dell'esemplare ricostituito occupa la medesima posizione che ha nell'originale.

In conseguenza gli atomi, le molecole e tutti i corpi da essi composti saranno identici.

Facciamo notare, ancora una volta, che questa assoluta identità e indiscernibilità si estende a tutti i campi, inclusi quelli più delicati del nostro essere e della nostra mente, quindi include anche i nostri pensieri.

Come abbiamo spesso ripetuto, consideriamo che esiste solo un mondo fisico: nel nostro discorso non c'è posto per la metafisica.

Ma è proprio vero che la terra originale e la sua copia sono assolutamente identiche e nessun elemento o considerazione le può distinguere?

Una risposta più precisa sarebbe: SÌ, tuttavia...

Il «tuttavia» si riferisce al fatto che l'identità è assoluta solo se si fa astrazione dal concetto di tempo, e più precisamente dalla nozione di passato.

Se si considera infatti l'elemento tempo, una differenza fondamentale tra la terra originale e la sua copia è che quest'ultima non ha passato!

Vi saranno infatti in essa un Colosseo, una Torre Eiffel e le statue dell'Isola di Pasqua, ma nessuno li avrà mai costruiti!

I libri di storia riporteranno le gesta di un certo Giulio Cesare e di un certo Napoleone, ma questi due personaggi non saranno mai esistiti in questa copia della terra.

Gli abitanti di questa terra-copia, i nostri cloni per intenderci, di tutte queste nostre considerazioni non sanno nulla: per essi il Colosseo esiste bene ed è stato costruito dai Romani così come Napoleone è ben esistito ed è morto prigioniero a Sant'Elena ecc.

Per rendere il discorso più incisivo e per essere maggiormente coinvolti in quel che segue, immaginiamo di fare ora uno scambio di persone e mettiamoci al posto dei nostri uomini-copia.

Ognuno di noi, io che scrivo, voi che leggete ecc., avrà sulla terra-copia un suo omologo, assolutamente identico e assolutamente indiscernibile dall'originale.

Mettiamoci quindi nei loro panni: come abbiamo già detto, non noteremo alcuna differenza!

L'ipotesi

A questo punto credo che siamo abbastanza pronti per introdurre la nostra ipotesi.

Desideriamo subito avvertire i nostri lettori che questa ipotesi è piuttosto ardita e paradossale e può anche apparire come un'ipotesi di fantascienza.

Ci si potrebbe quindi chiedere come si possa conciliare una tale ipotesi con quanto affermato prima, con tutti i discorsi sulla necessità del razionale, con la fede sempre affermata di non credere mai all'asino che vola ecc.

Ricordiamo che siamo costretti a fare una simile ipotesi data l'unicità e singolarità della nostra presente situazione; in altre parole è lo stato, che non esitiamo a definire catastrofico, delle nostre conoscenze attuali che richiede un simile trattamento.

Siamo convinti che una visione reale e completa potrà venire solo dalla scoperta e dall'utilizzazione di una fisica del tutto nuova della quale attualmente non abbiamo neppure la più pallida idea.

A nostra discolpa, e per differenziarci dall'irrazionale e quindi dal classico asino che vola, affermiamo che la nostra ipotesi si riallaccia a teorie di fisica già esistenti e delle quali rappresenta una possibile evoluzione.

A. Evoluzione e probabilità

Dal primo istante del Big Bang (15 miliardi di anni fa) a oggi, l'universo non ha mai cessato di evolvere.

Questo significa che le particelle, formatesi in enorme numero poco dopo il Big Bang, si sono prima raggruppate per formare gli elementi più leggeri e in seguito via via più pesanti e infine hanno formato le stelle, le galassie e i pianeti.

Tutto ciò è avvenuto sotto la spinta e per effetto dell'azione delle quattro forze fondamentali prima ricordate.

Utilizzando la nostra nozione di configurazione, diremo che le particelle sono passate attraverso una serie innumerevole di configurazioni fino a giungere a quella attuale che noi conosciamo.

Dette così le cose, l'universo ci si presenta, almeno da un punto di vista macroscopico, come totalmente meccanicistico, deterministico e quindi prevedibile.

La meccanica ci insegna infatti che data una qualunque configurazione di oggetti a un determinato istante, e conoscendo completamente tutte le forze agenti su di essi, è possibile conoscere la configurazione di tali oggetti in qualunque istante futuro.

Questo è vero in pratica quando si considerano situazioni molto semplici che comportino pochissimi oggetti (uno o due in generale) e poche forze in gioco.

È così infatti che si possono prevedere con notevole precisione le traiettorie degli obici dei cannoni, le orbite dei satelliti o anche la traiettoria della vostra palla da tennis.

Il calcolo delle traiettorie diventa molto più complicato e, rapidamente, in pratica impossibile quando il numero degli oggetti e delle variabili in gioco diventa più grande.

Chiariamo che il calcolo delle traiettorie è sempre teoricamente possibile, solo che la limitatezza dei nostri mezzi, sia intellettuali che elettronici o altro, lo rendono praticamente impossibile.

Consideriamo infatti un caso, ancora abbastanza semplice: quello del gioco della roulette.

Come sappiamo, la roulette comporta 36 caselle, numerate da 1 a 36, e una casella con lo zero.

Ognuno di questi 37 numeri, se la roulette non è truccata

o non ha un difetto, ha la stessa probabilità di uscire a ogni nuova giocata, probabilità che è esattamente eguale a 1/37.

Per la roulette quindi, come per tanti altri giochi come il lotto o il gioco dei dadi, si dice comunemente che essa è puramente governata dal caso, intendendo così anche significare che non esiste alcuna possibilità di prevedere quale sarà il prossimo numero sul quale la pallina si fermerà.

Ciò è certamente vero in pratica, ma non lo è affatto da un punto di vista puramente teorico.

La pallina infatti finirà la sua corsa esattamente in quella casella dove le condizioni iniziali del lancio, le forze agenti su di essa e le caratteristiche del percorso avranno deciso che essa debba finire.

Vi è quindi un determinismo assoluto; se si potessero conoscere con estrema precisione i valori di tutti i parametri prima menzionati, si potrebbe sapere con certezza su quale numero puntare!

In definitiva quindi si può affermare che un computer nel quale fossero state introdotte, con il necessario dettaglio, tutte le caratteristiche della roulette e che potesse conoscere con precisione le condizioni iniziali, potrebbe certamente indicarci dove la pallina si fermerà.

Come si vede chiaramente, quello che noi chiamiamo genericamente «il caso» per la roulette nulla ha a che vedere con la definizione data nel capitolo I, cioè di un avvenimento puramente probabilistico e totalmente indipendente da ogni qualsivoglia causa esterna.

Il caso della roulette è solo un'espressione della totale inadeguatezza dei nostri mezzi sia mentali sia materiali per calcolare esattamente quale sarà il prossimo numero sul quale la pallina si fermerà.

Questo esempio, in realtà molto semplice, ci mostra a quali e a quante difficoltà si andrebbe incontro se si volessero prevedere con precisione eventi anche di poco più complessi di quello esposto.

Ci rendiamo così conto, ad esempio, che è praticamente impossibile prevedere quello che accadrà domani perché il numero di variabili e parametri che dovremmo esaminare è probabilmente già più elevato delle nostre possibilità tecniche anche usando la potenza di calcolo di tutti i computer esistenti al mondo.

Ripetiamolo però, tale impossibilità, nel nostro ragionamento, sembra dipendere unicamente dalla inadeguatezza dei nostri mezzi di calcolo e quindi, da un punto di vista puramente teorico, tale possibilità esiste.

Estendendo tale ragionamento ai suoi limiti estremi, si potrebbe anche affermare che conoscendo con esattezza le condizioni iniziali al momento del Big Bang e la posizione di tutte le particelle appena formate, se ne potrebbe dedurre la configurazione dell'universo in qualunque istante.

Questo è quanto risulta dall'applicazione di un universo puramente meccanicistico dove solo le leggi macroscopiche di causa ed effetto sono prese in considerazione.

In realtà non è affatto così, e la ragione essenziale è l'esistenza della Meccanica Quantistica.

Come infatti abbiamo visto nel capitolo I, la posizione e la velocità delle singole particelle non possono essere conosciute contemporaneamente (indeterminazione) con grande precisione: applicando la famosa funzione d'onda possiamo solo conoscere la probabilità che una particella sia a un determinato istante in un certo posto.

Tale probabilità non è mai l'unità, quindi esistono anche altre probabilità che la particella si trovi in altri posti nello stesso istante considerato.

Poiché quindi non è possibile conoscere con assoluta precisione la posizione di una o più particelle a un dato istante, non sarà neanche possibile conoscere le loro posizioni negli istanti successivi, e ciò anche se disponessimo di quelle grandiose possibilità di calcolo menzionate prima.

L'universo non è quindi affatto deterministico e non è e non sarà mai possibile conoscere il futuro perché in realtà non esiste un solo futuro, ma ve ne sono un gran numero (forse infiniti) ciascuno con una sua probabilità di realizzarsi.

Si potrebbe a questo punto obiettare che le considerazioni della Meccanica Quantistica valgono solo per oggetti assai piccoli, come le particelle elementari, ma che esse non possono applicarsi al nostro mondo macroscopico.

Ciò non sembra affatto vero, come ad esempio dimostrano le due esperienze riportate nel capitolo I sulla Meccanica Quantistica.

La prima esperienza (ripetuta innumerevoli volte in laboratorio e quindi valida al di là di ogni ragionevole dubbio) è quella della diffrazione di un singolo elettrone che sembra passare contemporaneamente attraverso due fessure estremamente vicine di uno schermo, generando così frange di interferenza su una pellicola fotografica.

La famosa funzione d'onda dell'elettrone ci dice che esiste una certa probabilità che l'elettrone si trovi in prossimità di una delle fessure, ma esiste anche un'altra probabilità che esso si trovi anche in prossimità dell'altra fessura.

Le frange di interferenza invece ci indicano con certezza che esso è realmente passato attraverso le due fessure contemporaneamente: la funzione d'onda non è quindi una pura formulazione matematica ma quantifica invece un fatto reale.

Questo esperimento conferma inequivocabilmente quanto affermato prima, che cioè eventi quantici che si svolgono al livello delle particelle elementari (diffrazione di un singolo elettrone) possono avere e hanno una influenza su eventi macroscopici che avvengono nel nostro mondo reale (frange di interferenza sulla pellicola fotografica).

Un altro esempio, anch'esso riportato nel capitolo I, è quello del gatto di Schrödinger.

Anche in questo caso, un evento che avviene nel mondo quantistico e microscopico delle particelle (disintegrazione dell'atomo di un isotopo radioattivo) influenza un evento del mondo macroscopico (morte o non morte del gatto).

A differenza del primo esempio, in questo caso si tratta solo di un'esperienza immaginata; essa è tuttavia del tipo che abbiamo definito nell'introduzione come esperienza immaginata valida, nel senso che essa si svolge in tutte le sue fasi in perfetto accordo con tutti i principi e le leggi della fisica.

Ci si potrebbe allora chiedere perché essa non è mai stata realizzata.

Per evitare problemi con gli animalisti, si potrebbe infatti realizzare facilmente la detta esperienza utilizzando, al posto del gatto, un altro sistema di rivelazione o, al limite, verificare semplicemente se la bottiglia del gas è stata rotta oppure no.

La ragione per cui tale esperienza non è stata fatta finora è semplicemente che essa sarebbe totalmente inutile. Infatti, nel momento in cui noi entreremo nella stanza dell'esperimento, stanza che, ricordiamolo, è stata rigorosamente isolata dal mondo esterno, la funzione d'onda che reggeva il fenomeno di disintegrazione dell'atomo instabile, collasserà in una delle due direzioni possibili, e così troveremo la bottiglia rotta o la bottiglia sana

È la nostra conoscenza della Meccanica Quantistica, e il fatto che essa sia oggi universalmente provata e accettata, che ci indica, finché la porta della stanza non sarà stata aperta, che il gatto si trova nella condizione di vivo-morto, o la bottiglia sarà rotta-non rotta.

Anche in questo caso dunque vediamo che un avvenimento che avviene nel mondo microscopico delle particelle, può avere delle conseguenze sul nostro mondo macroscopico.

Questi pochi esempi ci fanno capire quanto è illusorio il sogno umano di poter prevedere il futuro. Anche disponendo di una potenza di calcolo teoricamente infinita, non sarà mai possibile prevedere il futuro partendo dai dati presenti, semplicemente perché non vi è un futuro, ma vi è una infinità di possibili futuri uno solo dei quali si realizzerà per ragioni che dipendono solo dal puro caso.

Le sole previsioni che possiamo fare sono quelle probabilistiche basate, in generale, sulla legge dei grandi numeri.

Tale legge ci dice che, quando si considera un grande numero di eventi dello stesso tipo, usando il calcolo delle probabilità si potrà prevedere con buona approssimazione il valore medio del verificarsi di ogni singolo evento o gruppi di eventi.

Così nel gioco della roulette, sappiamo che ogni numero ha la probabilità di 1/37 di uscire in una singola giocata. Non potremo mai e poi mai prevedere quale numero uscirà nella prossima giocata; invece sappiamo che se giocheremo un gran numero di volte (diciamo 10.000), ogni numero, se la roulette non è truccata e non ha difetti, uscirà all'incirca 270 volte proprio come prevede la sua probabilità.

Dopo questa dissertazione sul caso e le probabilità che dovrebbe comunque aiutarci a capire meglio perché non è possibile prevedere il futuro, torniamo all'argomento principale del nostro discorso.

Che si tratti di puro caso nel senso della Meccanica Quantistica (posizione dell'elettrone davanti alle due fessure) o di caso dovuto all'inadeguatezza dei nostri mezzi di calcolo (roulette), il fatto è che le probabilità che, partendo dalle condizioni iniziali del Big Bang, si arrivi a un universo come noi oggi lo conosciamo, sono certamente spaventosamente piccole.

Come è stato fatto notare da parecchi autori, sarebbe bastato, ad esempio, che una qualunque delle grandezze fondamentali avesse avuto, al momento del Big Bang, un valore anche di pochissimo differente da quello che in realtà essa ha, e il nostro universo sarebbe oggi totalmente differente e noi non saremmo qui a parlarne.

Durante i 15 miliardi di anni di evoluzione del nostro universo, a ogni istante detta evoluzione avrebbe potuto imboccare una via differente da quella che ci ha portato alla configurazione presente; eppure per ragioni che ignoriamo, o forse senza una ragione specifica, essa ha imboccato quell'unica direzione giusta.

Considerando il numero di possibili direzioni di evoluzione e il numero di istanti contenuti in 15 miliardi di anni, vediamo perché parliamo di probabilità «spaventosamente piccola».

Fermiamoci un momento e cerchiamo di chiarire che cosa si intende con il termine «spaventosamente piccola».

«Spaventosamente piccolo» o anche «spaventosamente grande» sono dei termini generici e iperbolici che indicano qualcosa o un numero talmente grande o talmente piccolo da risultare quasi inimmaginabile e che ci incute quasi paura per le sue dimensioni.

Abbiamo già usato questo termine quando abbiamo parlato del numero probabile di particelle esistenti nell'universo (circa 10^{74}, cioè 10 seguito da settantaquattro zeri) e soprattutto del numero delle possibili configurazioni che tali particelle possono assumere.

Diciamo quindi soltanto che quando parliamo di numeri spaventosamente grandi o spaventosamente piccoli, parliamo di numeri che probabilmente comportano un 10 seguito da uno o più centinaia di zeri...

Il punto essenziale che vogliamo mettere in evidenza è che, nel caso delle probabilità di cui ci stiamo occupando, una probabilità, per quanto «spaventosamente piccola» possa essere, non è mai eguale a zero. Questa affermazione è fondamentale.

Nel gioco del lotto praticato in quasi tutti i paesi del mondo, si tratta di indovinare una sequenza di (normalmente 5) numeri, estratti tra un gruppo di 90 o più numeri: la probabilità di azzeccare la sequenza esatta è quindi di uno su parecchie centinaia di milioni, una probabilità quindi che potremmo definire esigua.

Malgrado ciò, quasi ogni settimana, regolarmente qualcuno indovina la corretta sequenza e porta a casa una bella somma di denaro.

B. Evoluzione e configurazioni

Vogliamo iniziare questo paragrafo con una esperienza immaginata del tipo valido.

Immaginiamo quindi che il nervo ottico di un paziente (!) sia stato connesso a una sofisticata apparecchiatura elettronica capace di generare dei segnali elettrici in tutto e per tutto identici a quelli generati da un vero occhio quando osserva una data immagine.

Questo esempio è del tipo valido poiché, anche se una simile operazione crediamo non sia stata ancora realizzata, nulla impedisce che essa possa essere effettuata già ora o in tempi assai prossimi.

Conosciamo infatti perfettamente il funzionamento fisico e fisiologico dei nostri cinque sensi: in essi non vi è nulla di misterioso e possono e potranno certamente essere simulati in futuro.

Si può quindi perfettamente immaginare un uomo totalmente cibernetico, al quale la nostra complessa e sofisticata apparecchiatura elettronica può mandare ogni tipo di sensazioni in modo da simulare qualunque tipo di situazione.

Il nostro uomo cibernetico così conciato non sarà quindi più capace di distinguere la realtà dalla simulazione, infatti ogni tipo di esperienza che egli volesse effettuare per uscire dal dilemma, dovrebbe necessariamente transitare attraverso uno o più dei suoi cinque sensi e questi ultimi, come abbiamo detto, sono totalmente simulati.

Nell'esempio citato evidentemente le persone che circondano il nostro paziente, quelli cioè che hanno organizzato la simulazione, sanno benissimo quale è la realtà e quale la simulazione.

Proviamo a spingere l'esempio un po' più lontano e immaginiamo che anche le altre persone che circondano il nostro paziente si trovino in una situazione dove realtà e simulazione siano indistinguibili.

Poco importa sapere come ciò sia avvenuto, o che si tratti dell'opera di un genio malefico o che si tratti di una condizione particolare in cui nessuna esperienza di fisica sia capace di dare una risposta chiara e senza ambiguità al dilemma.

Ci troviamo quindi in una situazione pirandelliana in cui la verità unica non esiste perché non può essere provato in qualsivoglia maniera quale sia la verità.

In simili circostanze, quando cioè nessuna esperienza di fisica, nessun ragionamento, nessun indizio ci permettono di distinguere le due realtà, dobbiamo concludere necessariamente che le due realtà coincidono o, almeno, che se esse fossero differenti avrebbero la stessa probabilità di esistere.

A questo punto vogliamo far notare, anche per prevenire le legittime rimostranze di qualche nostro lettore, che non si tratta di pure speculazioni filosofiche, non stiamo discutendo del sesso degli angeli, ma di situazioni reali che possono avvenire, anzi avvengono continuamente nel nostro mondo reale.

Consideriamo, ad esempio, una porzione del nostro universo rappresentato da una sfera con al centro la terra e avente un raggio di un anno luce.

Tutta l'informazione che la terra riceverà durante il prossimo anno è già contenuta all'interno di questa sfera; la luce proveniente dalle stelle più lontane, i raggi cosmici, i neutrini, i raggi gamma, le onde radio, le onde gravitazionali (se esistono...) ecc., tutto si trova già al suo interno. È quindi un fatto irrilevante se il resto dell'universo esista realmente o no.

Se per magia o per un'immane catastrofe il resto dell'universo venisse a scomparire, noi durante questo anno non ci accorgeremmo di niente e continueremmo a vivere normalmente.

Nessuna esperienza di fisica, nessun ragionamento, nessun indizio ci potrà far sospettare quello che è realmente accaduto al di là della nostra sfera.

Abbiamo quindi una realtà 1 con un universo esistente nella sua completezza, e una realtà 2 in cui esiste la sola sfera di un anno luce di raggio.

Le due realtà sono assolutamente indistinguibili: la nostra logica, l'esperienza, in generale il ragionamento, ci dicono che niente può essere cambiato, e siamo quindi sempre nella realtà 1, ma tutte queste considerazioni niente hanno a che fare con la realtà che è fredda e obiettiva.

L'assoluta impossibilità di distinguere due situazioni apparentemente e obiettivamente differenti non è solo argomento di curiosità o di speculazione filosofica; al contrario, essa è stata utilizzata in molti casi come argomento di base in ambito scientifico e ha anche portato un notevole contributo a teorie scientifiche.

Il caso più clamoroso è costituito dalla teoria della Relatività Generale che abbiamo riportato nel capitolo I.

Einstein immagina due situazioni: la prima di una persona posta in un ascensore in caduta libera verso il centro della terra, la seconda di una persona in un razzo accelerato esattamente al valore dell'accelerazione di gravità.

Nessuna esperienza scientifica, nessun ragionamento, nessun indizio potranno aiutare le due persone a dire, per la prima, se egli non si trovi nello spazio aperto, lontano dalla gravità terrestre e, per la seconda, se egli non si trovi immobile sulla superficie terrestre.

Queste due esperienze immaginate sono tra i più begli esempi di quelle che, all'inizio di questo libro, abbiamo definito come esperienze immaginate valide.

Certo Einstein non si è mai sognato di entrare in quell'ascensore o in quel razzo per provare la veridicità delle sue ipotesi. Tuttavia le due esperienze immaginate sono valide, perché possono essere condotte nella realtà e non contrastano con alcun principio di fisica.

Queste due esperienze immaginate sono poi state utilizzate da Einstein per formulare l'ipotesi dell'equivalenza tra gravità e accelerazioni, che è alla base della Relatività Generale.

Come si vede l'ipotesi che due situazioni, totalmente diverse ma indistinguibili l'una dall'altra, siano in realtà equivalenti è tutt'altro che una pura speculazione scientifica...

Torniamo ora alle nostre particelle e alle configurazioni che esse possono assumere.

Abbiamo visto precedentemente quanto piccole debbano essere le probabilità che, partendo dal Big Bang, le $N(U)$ particelle che compongono il nostro universo siano evolute dal caos iniziale fino a formare la configurazione attuale.

Non essendo capaci di quantificare tale probabilità, ci siamo limitati a dire che essa deve essere «spaventosamente piccola», intendendo con ciò esprimere un numero di 1 su 10 seguito da alcune centinaia di zeri.

Quante centinaia non sappiamo dirlo, ma al di là di un certo numero di zeri, che essi siano cento, duecento o trecento... poco importa, tanto il numero è ben al di là di ogni nostra possibile comprensione.

Abbiamo anche visto che per quanto minuscola possa essere stata questa probabilità a priori, cioè calcolata al momento del Big Bang, l'universo che essa rappresenta si è realizzato... la prova è che noi siamo adesso qui a discuterne.

Consideriamo ora un'opera imponente come l'*Enciclopedia Britannica*.

Nell'ipotesi fatta prima in questo stesso capitolo, essa è composta di circa 120 milioni di caratteri. Immaginiamo ora di disporre questi 120 milioni di caratteri (stampati ad esempio su minuscoli pezzetti di carta) alla rinfusa in un immenso contenitore e, dopo averlo opportunamente agitato, di gettarli su una grande superficie, ad esempio su un campo di calcio.

Essi si disporranno evidentemente alla rinfusa e, a parte forse qualche rara parola che si sarà formata a caso qua e là, la sequenza dei caratteri non avrà alcun senso.

Immaginiamo ora di ripetere i lanci per un numero sufficiente di volte e per un tempo che probabilmente si tradurrà in miliardi di anni: sappiamo con certezza, da quello che abbiamo detto, che prima o poi in un lancio i caratteri si disporranno in modo tale da rappresentare tutta l'*Enciclopedia Britannica* come noi la conosciamo oggi. La sola differenza sarà che essa si sarà formata per puro caso e che nessuno l'avrà mai scritta.

Estendiamo ora il ragionamento a tutte le particelle $N(U)$ che compongono l'universo.

Immaginiamo cioè che tali particelle considerate come libere, anziché seguire l'evoluzione durante 15 miliardi di anni secondo la teoria classica, si aggreghino tra loro per caso in modo da formare la configurazione corrispondente al nostro universo attuale.

Come ciò possa avvenire per ora non ce lo chiediamo: è infatti difficile immaginare un esercizio come quello prima proposto per i caratteri dell'*Enciclopedia Britannica*...

Immaginiamo quindi soltanto che le $N(U)$ particelle che formano l'universo siano libere di aggregarsi in configurazioni casuali e che una di tali configurazioni sia proprio quella nella quale ci troviamo in questo istante.

Come abbiamo detto in precedenza e nelle ipotesi fatte, niente e poi niente potrebbe distinguere questo universo senza passato da quello standard che ha subito un'evoluzione di 15 miliardi di anni dopo il Big Bang.

A questo punto riteniamo necessario fare alcune considerazioni.

La prima di esse viene quasi spontanea da quanto sopra esposto ed è quella di cercare di immaginare quale possa essere la probabilità che le $N(U)$ particelle si aggreghino casualmente in modo da formare l'universo come noi lo vediamo in questo istante.

Ancora una volta siamo costretti a ricorrere all'espressione già coniata di «spaventosamente piccola», intendendo con ciò, come al solito, un 1 su 10 seguito da alcune centinaia di zeri...

Insistiamo tuttavia sul fatto che anche se spaventosamente piccola, tale probabilità non è nulla, dunque esiste.

Questo significa che «lanciando» le $N(U)$ particelle casualmente, prima o poi il nostro universo si formerà.

Proviamo ora a paragonare questa probabilità con quella che risulta da una evoluzione classica del nostro universo, cioè con la probabilità che partendo dal Big Bang 15 miliardi di anni fa, le $N(U)$ particelle siano arrivate al nostro universo attuale.

Tale probabilità risulta anch'essa «spaventosamente piccola».

Chiediamoci ora quale delle due probabilità possa essere la più grande: è evidente che nessuno potrà dare una risposta sia pure approssimata a tale domanda. Ricordiamo che si tratta di cifre che comportano denominatori con centinaia di zeri...

Facciamo allora l'ipotesi, seppure arbitraria, che le due probabilità si trovino nello stesso ordine di grandezza; supponiamo cioè che l'universo che chiameremo «classico», generato cioè 15 miliardi di anni fa con il Big Bang, e l'universo che chiameremo «casuale», generato cioè da una aggregazione puramente casuale delle $N(U)$ particelle, abbiano simili probabilità di esistere.

Chiediamoci ora quale vantaggio avremmo dall'esistenza di questo universo casuale, cioè perché dovremmo, sia pure ipoteticamente, considerare un universo generato per puro caso.

Ogni ipotesi, ogni nuova teoria che venga proposta, anche se apparentemente incredibile e rivoluzionaria, deve, anche solo per essere presa in considerazione ed esaminata, presentare una qualche caratteristica che permetta di avanzare nella conoscenza o rispondere a problemi insoluti o aprire in generale nuove vie.

In mancanza di uno almeno di tali requisiti, nessuno si prenderebbe la briga di riflettere su una nuova idea, ipotesi o teoria.

In che cosa dunque un universo casuale del tipo di quello descritto ci aiuterebbe nella conoscenza in generale o permetterebbe di rispondere a talune delle questioni fondamentali non risolte della fisica?

La risposta è semplice e grandiosa nello stesso tempo.

Un universo casuale, formato cioè dalle $N(U)$ particelle che si aggregano nell'una o nell'altra delle quasi infinite configurazioni possibili, ha totalmente eliminato il concetto di tempo, almeno di tempo inteso come un susseguirsi di istanti che si producono solo in una direzione (freccia del tempo) e nel quale ogni situazione presente dipende da una situazione precedente.

La configurazione $C(i)$ delle particelle $N(U)$ corrispondente alla battaglia di Waterloo esiste, o può comunque esistere, così come la configurazione $C(k)$ corrispondente a questo preciso momento; solo che esse non hanno nessuna relazione temporale l'una rispetto all'altra.

Non è quindi necessario che $C(i)$ sia esistita prima perché $C(k)$ possa esistere, anzi non è nemmeno necessario che $C(i)$ esista del tutto perché C(k) possa esistere.

Si tratta di due configurazioni possibili delle particelle $N(U)$ la cui esistenza o non esistenza è puramente casuale.

Come abbiamo appena detto, l'introduzione di questa ipotesi di un universo casuale non ha eliminato totalmente il concetto di tempo, ma solo il concetto del trascorrere del tempo.

L'universo casuale si presenta come un insieme di un numero quasi infinito di possibili configurazioni delle $N(U)$ particelle, senza alcuna relazione temporale tra di esse, ognuna delle quali rappresenta un istante di quello che abbiamo finora considerato l'universo tradizionale.

Ancora una volta ci disturba molto il non potere definire meglio e in modo quantitativo questo concetto di istante; forse si dovrà considerare che anche il tempo possa essere quantizzato...

In ogni modo, qualunque sia la definizione esatta e quantitativa di istante, da quanto detto prima risulta che se le $N(U)$ particelle occupano la configurazione $C(i)$, ad esempio nell'istante attuale, esse non potranno occupare contemporaneamente anche la configurazione $C(k)$ corrispondente ad esempio a un istante dell'epoca napoleonica.

Sorge a questo punto spontanea la domanda seguente: se tutte le possibili configurazioni delle particelle $N(U)$ non sono più organizzate secondo una sequenza temporale come nell'universo classico, e se esse, come sembra evidente, non possono realizzarsi tutte contemporaneamente, in quale ordine e, soprattutto, in che tipo di struttura o dimensione si trovano dunque a esistere?

L'avere eliminato il trascorrere del tempo, che permetteva alle varie configurazioni di realizzarsi in un ordine temporale ben preciso, non impedisce di pensare che in qualche ordine determinato esse debbano pure realizzarsi.

Ci troviamo quindi nella spiacevole situazione e abbiamo anche la spiacevolissima sensazione, che il concetto di tempo che abbiamo voluto, come suol dirsi, cacciar via dalla porta, stia in qualche modo per rientrare dalla finestra...

Non si tratta più, è vero, del concetto di tempo avente una freccia e una direzione sempre unica, ma è pur sempre vero che per distinguere due configurazioni $C(i)$ e $C(k)$ siamo obbligati a dire che, poiché esse non possono coesistere, $C(i)$ esisterà prima o dopo $C(k)$, il che è appunto un evidente riferimento a un qualche tipo di concetto di tempo.

Questa conclusione evidentemente non ci soddisfa del tutto.

L'ipotesi di un universo casuale rappresenta un duro colpo a una visione classica e immutabile di un universo che evolve da 15 miliardi di anni seguendo una immutabile freccia del tempo... partendo praticamente dal nulla.

Siamo tuttavia convinti che uno spiraglio di luce sulle Grandi Questioni che ci interessano può solo venire da una ipotesi che elimini del tutto e una volta per sempre il concetto di tempo.

È appunto quello che cercheremo di fare nei prossimi paragrafi.

Gli Universi Multipli di Everett

Nel capitolo I abbiamo esposto per sommi capi i punti salienti della Meccanica Quantistica e abbiamo mostrato come essa presenti per certi aspetti dei fatti e delle conclusioni che sono, il meno che si possa dire, piuttosto sconcertanti.

Vogliamo in particolare alludere al fatto che in Meccanica Quantistica si possono solo avere predizioni sulle probabilità che un evento si produca oppure no, ma mai una certezza deterministica.

Sappiamo ad esempio con certezza che il movimento di una particella è descritto dalla famosa funzione d'onda (Schrödinger); tale equazione ci dà in ogni istante la probabilità di dove si può trovare la particella.

Ricordiamo che tale probabilità è espressa dal quadrato dell'ampiezza della funzione d'onda in quel determinato istante.

Se invece effettuiamo una misura per determinare dove sia la particella, allora avviene quello che in fisica quantistica viene chiamato il collasso della funzione d'onda, l'equazione di Schrödingher cessa di esistere e la particella viene trovata lì oppure no.

Questo dualismo tra il prima e il dopo la misura, tra il mondo del moto invisibile della particella ma perfettamente descritto dalla funzione d'onda, e il mondo di noi osservatori che con la nostra misura sembriamo costringere la natura a manifestarsi con una risposta puramente casuale, è stato ed è oggetto di innumerevoli discussioni.

La comunità dei fisici ha accettato ormai in maniera quasi universale le conclusioni della Meccanica Quantistica perché essa spiega in modo inconfutabile molti fenomeni altrimenti inspiegabili.

Resta però in tutti, o quasi tutti, il sentimento che la teoria non sia totalmente soddisfacente, soprattutto a causa della menzionata dualità tra il mondo microscopico della particella che si muove seguendo una ben precisa e deterministica equazione e il mondo esterno di noi osservatori che non possiamo accedere a una misura altro che rompendo e facendo collassare la funzione d'onda.

In particolare quello che desta sgomento ed è oggetto di infinite diatribe è il fatto che la funzione d'onda non ci permette di sapere con precisione dove si trovi la particella in un determinato istante: essa infatti, come abbiamo detto, fornisce solo delle probabilità che essa si trovi qui o lì in quel preciso istante.

E se, dopo avere fatto una misura, troviamo che la particella si trova lì dove la cercavamo, che ne è delle altre probabilità, anche elevate, che la particella aveva di trovarsi altrove al momento della misura stessa?

Questa e altre domande dello stesso tipo restano ancora purtroppo senza una risposta soddisfacente.

Ed è per questa ragione che parecchi scienziati, e non dei minori, restano ancora scettici rispetto alla Meccanica Quantistica; essi o non ne accettano le conclusioni o giudicano che essa rappresenti una visione parziale della realtà che verrà certamente chiarita in futuro.

Il più celebre di questi «non credenti» è certamente lo stesso Einstein del quale è rimasta famosa la frase «Dio non può giocare ai dadi».

Tra gli scettici meno famosi (rispetto a Einstein), ma che pur sempre hanno fondato una corrente di pensiero con un'importante schiera di seguaci, è Hugh Everett (1930-1982).

Everett non crede affatto che al momento della misura la funzione d'onda collassi.

Il pensiero di Everett su questo argomento non è totalmente chiaro e, dal momento della formulazione della sua teoria (1957), varie interpretazioni ne sono state date e continuano a essere date.

Quella che a noi interessa maggiormente è quella (De Witt 1971) comunemente chiamata degli Universi Multipli (UM).

Secondo tale teoria, la particella che, ricordiamolo ancora, secondo la funzione d'onda della Meccanica Quantistica ha una certa probabilità di trovarsi un po' dappertutto nello spazio considerato, in realtà si trova proprio dappertutto, solo che in ogni sua posizione si trova in un universo separato dagli altri.

Esistono quindi una infinità di universi di cui la particella fa parte, e la misura che noi facciamo non fa altro che rivelarci la posizione della particella in quel particolare universo nel quale anche noi ci troviamo.

Il nostro eventuale sosia di un altro universo troverebbe la particella in un'altra posizione, sempre prevista dalla funzione d'onda con un'altra probabilità, e corrispondente a quell'altro universo.

È evidente che una tale teoria non può non lasciare sgomenti. Lo stesso De Witt confessa (1973) che l'idea che esistano miliardi di miliardi di miliardi di copie più o meno imperfette di lui stesso che continuamente si sdoppiano per occupare altri universi, lo fa rabbrividire.

È evidente che, al suo apparire, la teoria di Everett fu accolta con notevole scetticismo e sospetto.

È pur vero infatti che essa elimina dalla Meccanica Quantistica il ruolo preponderante e innaturale che viene dato al concetto di osservatore che produce il collasso della funzione d'onda. Che cos'è un osservatore? Deve essere un essere pensante? Può un computer che effettua una misura essere considerato come un osservatore?

È però anche vero che questa eliminazione viene fatta introducendo un ancora più enigmatico concetto di universi multipli che non si sa bene che cosa siano né dove essi siano. Tuttavia, con il passare degli anni, il numero di quelli che considerano la teoria di Everett non come la semplice stravaganza di un fisico, ma come una reale alternativa alla teoria classica, non ha cessato di crescere.

Inoltre molti scienziati hanno dimostrato o hanno cercato di dimostrare che molte inesattezze o difficoltà presentate nella teoria potevano risolversi o venire eliminate (Coleman 1997).

A nostro avviso, la ragione principale del crescente favore incontrato da questa teoria deriva principalmente da un'altra esigenza della fisica attuale.

Vogliamo alludere al fatto che sempre più numerosi sono gli uomini di scienza, filosofi e pensatori che si rendono conto, che per quanto grandiosi siano i progressi della scienza stessa, specie negli ultimi secoli, una fisica del tutto nuova sarà necessaria per iniziare a comprendere che cosa vi sia in realtà «là fuori».

Quindi, anche teorie a prima vista fuori dal comune meritano attenzione, poiché esse potrebbero aprire uno spiraglio verso una visione nuova dell'universo nel quale viviamo.

Ci si può chiedere, a ragione, a questo punto che cosa abbia a che fare tutto questo con il concetto di tempo che noi avevamo detto di voler eliminare del tutto.

Vedremo tra poco che una interpretazione più ampia della teoria di Everett ci potrebbe portare a questo risultato.

Vogliamo però prima mostrare quale relazione esista tra la teoria di Everett e un altro concetto che negli ultimi anni si è affermato come una pietra miliare nella cosmologia: il Principio Antropico.

Il Principio Antropico Ampliato... o Apparente

Nel capitolo I abbiamo parlato più diffusamente di questo principio.

Ricordiamo che in tale occasione abbiamo anche detto che tale principio lasciava un certo gusto amaro ai razionalisti perché l'interpretazione teleologica, e quindi irrazionale, immediatamente avanzata da molti poteva difficilmente venire contestata con argomenti puramente razionali.

Ed ecco che, quasi inaspettatamente, l'ipotesi di Everett sugli Universi Multipli ci viene in aiuto e riesce a dare un senso, e diciamo una spiegazione razionale, al Principio Antropico.

L'ipotesi di Everett era stata espressa come un'alternativa alle difficoltà concettuali della Meccanica Quantistica, in particolare il fenomeno del collasso della funzione d'onda che rappresenta un punto di rottura inspiegabile tra il nostro mondo reale di osservatori e il mondo microscopico delle particelle.

Ma è evidente che essa, l'ipotesi di Everett, non si applica solo alla particella che stiamo osservando, ma a tutte le particelle dell'universo, presente e passato.

Quindi, se vera, tale ipotesi deve potersi applicare anche al momento del Big Bang: il risultato è che anche in quel preciso istante una infinità di universi sono stati creati e si sono evoluti in forme sempre più complesse (Carter).

Quello in cui viviamo ora è solo uno dei tanti universi possibili nati al momento del Big Bang, ma l'unico nel quale le condizioni sono state tali da permettere l'apparire dell'uomo.

L'ipotesi di Everett mette quindi il Principio Antropico

in una luce del tutto nuova e gli dà una dimensione e una credibilità che, francamente, gli mancavano.

Non è certo poco per un'ipotesi che era considerata al suo apparire, ed è ancora considerata dalla gran parte degli scienziati, come una specie di stravaganza intellettuale.

Vogliamo mettere in evidenza che l'ipotesi degli Universi Multipli permette di risolvere e dare una spiegazione plausibile a due tra i più grandi enigmi della fisica contemporanea: il collasso della funzione d'onda e la fragilità tautologica del Principio Antropico.

Che tale ipotesi sia vera o no, ci sembra comunque che questi fatti dovrebbero darle delle credenziali sufficienti per essere considerata un po' più di una semplice ipotesi fantasiosa.

Vediamo ora come tutto ciò che abbiamo appena esposto ci può tornare utile per l'elaborazione di una nuova ipotesi sul concetto di tempo.

L'ipotesi degli Universi Multipli afferma che quando si voglia effettuare una misura qualunque su una particella, ad esempio se ne voglia verificare la posizione, l'osservatore (voi o me stesso) che effettua la misura troverà un ben preciso risultato corrispondente alla posizione della particella in questo universo nel quale noi stessi ci troviamo. Contemporaneamente vi saranno altri me stesso o voi stessi in altri universi che effettueranno la stessa misura e troveranno risultati differenti; ogni risultato sarà specifico dell'universo nel quale la misura viene effettuata.

Vi sono quindi un'infinità di me stesso o di voi stessi che fanno le misure in un'infinità di universi paralleli. Ma la storia evidentemente non finisce qui.

Ogni me stesso o voi stessi di ognuno degli universi considerati continuerà poi le sue attività normali effettuando, ad esempio, altre misure e così via.

Ciò significa che non solo al momento della prima misura vi sono infiniti, o quasi, universi possibili, ma che a ogni istante altre infinità di universi vengono create con una divergenza continua e senza fine.

E tutto questo si produce dal primo istante dopo il Big Bang, circa 15 miliardi di anni fa.

Prima di andare avanti, vogliamo fare due osservazioni che ci sembrano importanti.

La prima concerne il possibile numero di universi esistenti a un determinato istante, ad esempio in questo preciso momento.

Se torniamo alla nostra definizione di configurazione di particelle $C(i)$, come la configurazione di tutte le particelle del nostro universo in questo istante, ci rendiamo conto subito che il numero di queste possibili configurazioni per lo stesso istante e per tutti i possibili universi esistenti nell'ipotesi di Everett, diventa $C(i, k)$: l'indice i rappresenta una delle possibili configurazioni di particelle in un particolare universo, mentre l'indice k rappresenta uno dei possibili universi esistenti nell'interpretazione di Everett.

Più precisamente ciò significa che per ogni possibile configurazione $C(i)$, vi sono $C(k)$ universi di Everett, con i e k che possono assumere dei valori praticamente infiniti.

Il numero di questi possibili $C(i, k)$ è semplicemente inimmaginabile. Se avevamo chiamato il numero di possibili $C(i)$ «spaventosamente grande», per $C(i, k)$ dovremmo elevare tale entità al quadrato, al cubo... forse alla potenza n.

La seconda osservazione è che, malgrado l'infinita varietà e complessità degli universi di Everett e la felice interpretazione che essi forniscono al Principio Antropico, il problema del significato del tempo, anzi del suo trascorrere, rimane immutato.

Secondo Everett infatti (anzi, secondo l'interpretazione di De Witt) a ogni istante una infinità di possibili universi viene creata, i quali a loro volta danno origine ad altri universi, e così via senza fine.

Il concetto del trascorrere del tempo non è quindi assolutamente messo in discussione in questa ipotesi e tutto sembra indicare che tale processo abbia avuto inizio al momento del Big Bang e continuerà eternamente.

Ciò che ci interessa soprattutto mettere in evidenza nella teoria di Everett è che ogni singolo universo sembra avere una durata brevissima, la durata di un solo istante; infatti, non appena considerato (ad esempio l'universo nel quale noi stiamo iniziando a fare una misura), esso è già scomparso per far posto a due, tre e più universi, ognuno corrispondente a possibili posizioni della particella considerata.

Nei paragrafi precedenti abbiamo messo in evidenza che la teoria da noi proposta degli Universi Casuali, cioè di un universo non visto nel modo classico come un susseguirsi ordinato e temporale di successive configurazioni $C(i)$, ma come un succedersi casuale di configurazioni che non obbediscono affatto alle leggi del tempo, non ci soddisfaceva totalmente.

Potendo infatti ogni singola configurazione esistere solo a un determinato istante, siamo costretti ad ammettere che le varie configurazioni debbono realizzarsi a istanti differenti e questo in qualche modo sembra reintrodurre il concetto del trascorrere del tempo.

Come abbiamo già detto, quindi, l'universo casuale elimina il concetto di direzione del tempo (la famosa freccia immutabile del tempo!) ma non sembra poter eliminare del tutto il concetto stesso di tempo.

Per far questo è necessario spingere ancora oltre la nostra ipotesi e investigare se e come essa possa essere integrata nel concetto di Universi Multipli di Everett.

Prima di continuare, vorremmo però discutere di ordini di grandezza sui concetti che ci interessano.

La nostra ipotesi di Universi Casuali ci porta a considerare un numero di possibili configurazioni $C(i)$ delle $N(U)$ particelle componenti l'universo che dipende dal numero di istanti esistenti dal Big Bang a oggi.

Osserviamo incidentalmente che tale numero è lo stesso, sia che si consideri una visione tradizionale dell'evoluzione dell'universo, cioè con gli istanti che si susseguono regolarmente secondo la freccia del tempo, sia che si prenda in conto la visione proposta di Universi Casuali, dove le singole configurazioni si formano casualmente senza nessun ordine prestabilito.

Tale numero è facilmente calcolabile... se si conosce il valore assegnato al concetto di istante.

Poiché, come abbiamo più volte ricordato, non sappiamo dare un significato quantitativo preciso a tale concetto, assumiamo che un istante sia uguale a un secondo.

In tale ipotesi è facile vedere che il numero di configurazioni $C(i)$ possibili è uguale al numero di secondi trascorsi dal momento del Big Bang.

Tale numero è dell'ordine di 10^{17}; un numero senza dubbio ragguardevole, ma infinitamente più piccolo dei numeri precedentemente citati parlando delle probabilità di esistere del nostro universo attuale, o del numero di universi di Everett.

Molto più difficile si presenta infatti una stima del numero degli universi di Everett.

Secondo tale ipotesi infatti fin dal momento del Big Bang, a ogni istante e in ognuno degli universi considerati, si producono degli effetti quantici che conducono a una biforcazione e quindi a uno sdoppiamento di tale universo.

Il numero totale di universi esistenti a ogni dato istante, ad esempio in questo preciso istante, dipende quindi dal numero di biforcazioni presenti negli universi dell'istante precedente, e così via fino a risalire al Big Bang.

Per chiarire questo concetto, facciamo un esempio semplice, riferendoci al famoso esperimento immaginato del gatto di Schrödinger.

Immaginiamo quindi di essere nell'universo A e di essere sul punto di aprire la famosa porta per verificare se il gatto è vivo oppure se è morto.

Secondo la teoria classica, si produce allora il collasso della funzione d'onda e troveremo il gatto vivo o morto, pur essendovi, a priori, delle importanti probabilità di trovare il gatto nell'altro stato complementare.

Secondo Everett invece, al momento di aprire la porta, una biforcazione si produce e due universi sono creati: l'universo B nel quale il gatto è vivo, e l'universo C nel quale esso è morto.

Se ogni singolo universo generasse solo due universi, il calcolo degli universi oggi esistenti condurrebbe a un numero astronomico, ma calcolabile.

Esso sarebbe infatti di 2esp(10esp17): ciò significa 2 elevato alla potenza 10 elevato a sua volta alla potenza 17!

In realtà non sappiamo quanti universi vengono generati da ogni singolo universo; nell'esempio precedente infatti, mentre noi apriamo la porta della stanza del gatto nell'universo A, non sappiamo quanti altri eventi quantici si producano nello stesso universo A che conducono anch'essi a duplicazioni.

Ecco perché possiamo solo dire che il numero totale di universi oggi esistenti è inimmaginabile!

A questo punto credo risulti evidente come intendiamo procedere per l'elaborazione della nostra ipotesi.

Si tratta infatti di fondere l'ipotesi degli Universi Multipli di Everett con la nostra proposta di Universi Casuali. Per essere più precisi, suggeriamo di introdurre il concetto di Universo Casuale nell'ipotesi di Everett.

Questo significa che, come accade per gli Universi Casuali, anche gli Universi Multipli non vengono generati in una sequenza temporale, ma essi semplicemente coesistono.

Preferiamo usare l'espressione «coesistono» piuttosto che la perifrasi «esistono contemporaneamente» o «esistono nel medesimo istante» perché in questi ultimi casi si deve necessariamente fare riferimento alla nozione di tempo, il che ci condurrebbe in direzioni non desiderate.

Ricordando l'esempio poco prima riportato, diremo che i tre universi che abbiamo chiamati A, B e C esistono esattamente come prima solo che non vi è nessuna relazione temporale tra A e i due universi possibili B e C. Se ci troviamo nell'universo B, ad esempio, tutto avverrà «come se» una esperienza fosse stata fatta in A (aprire la porta della stanza in cui si trova il gatto) che ha generato l'universo B, mentre in realtà, secondo l'ipotesi degli Universi Casuali, l'universo B esiste indipendentemente dal fatto che esista o no un universo A.

Inoltre, sempre da un punto di vista quantitativo, ricordiamo che il numero di universi che ci interessa, cioè quel numero di 10^{17} prima stimato, rappresenta un'inezia a paragone del numero dei possibili universi coesistenti nella nuova ipotesi, una semplice sotto classe nell'infinito numero di universi coesistenti.

Possiamo chiamare questa nuova ipotesi che amplia ed estende il concetto di Everett, gli **Universi Multipli Casuali**, in breve UMC, e così ci riferiremo ad essa nel seguito.

Vediamo ora che cosa diviene il concetto di Principio Antropico, visto alla luce dell'ipotesi degli UMC.

Abbiamo fin qui messo in evidenza che questo principio acquistava, a nostro avviso, tutta la sua legittimità grazie agli Universi Multipli di Everett, senza di essi infatti restava senza alcuna risposta la domanda fondamentale del motivo per cui le costanti principali dell'universo avessero assunto il valore che hanno al momento del Big Bang.

L'introduzione degli Universi Casuali determina una nuova definizione del Principio Antropico (PA) che possiamo chiamare Principio Antropico Ampliato (PAA), o meglio ancora la seconda A potrebbe significare Apparente.

In ognuno degli Universi Casuali possibili, cioè in ogni configurazione $C(i)$ delle particelle $N(U)$, ogni riferimento storico e quindi ogni riferimento alla nozione di tempo è puramente apparente.

Lo stesso accade se si considera il PAA; nella configurazione di questo preciso istante, ad esempio, il PA ci dice che l'universo si è evoluto durante 15 miliardi di anni in modo tale da permettere a noi oggi di essere qui e discuterne.

Applicando invece il PAA, diciamo che tutto sembra andare come se vi fosse un PA, ma esso è solo virtuale, quindi solo Apparente.

L'ipotesi degli UMC annulla completamente il concetto di tempo

Questo fatto già da solo giustifica che tale ipotesi, anche se può apparire ancora più singolare dell'ipotesi di Everett, venga presa in considerazione poiché essa permette di aprire uno spiraglio su una comprensione dell'universo che la scienza ufficiale, purtroppo, non ci può fornire attualmente.

Ricordiamo infatti che il concetto di tempo è uno di quegli argomenti essenziali che fanno parte delle Grandi Questioni.

Il tempo non esiste: esso è solo una nostra interpretazione di una particolare configurazione di particelle nella quale «sembra» essere iscritta tutta la nostra storia.

I libri di storia, i monumenti, i ricordi del passato non sono altro che parte di questa particolare configurazione nella quale ci troviamo adesso e ci mostrano un passato che non è mai esistito come tale, ma che invece può esistere in un'altra configurazione.

Le implicazioni, e non solo epistemologiche, di questa ipotesi sono semplicemente immense.

Non solo esistono e coesistono universi nei quali Cesare sta attraversando il Rubicone, o Colombo sta sbarcando in America, ma, per quanto ci concerne più da vicino, esistono e coesistono infinite copie di noi stessi che stiamo vivendo tutti gli istanti della nostra vita.

Ma vi è di più: come esistono (o possono esistere) universi nei quali Cesare non ha mai traversato il Rubicone e Colombo non ha mai scoperto l'America, così possono esistere universi nei quali le nostre copie vivono una vita completamente diversa da quella dei nostri ricordi.

Una menzione particolare merita il problema della morte, il cui pensiero e il cui timore ci assillano durante tutta la nostra esistenza.

Vista nel contesto degli UMC, la morte appare ora come una particolarissima configurazione, assolutamente insignificante, numericamente, rispetto alle miriadi di universi in cui noi siamo vivi, e spesso anche attorniati dagli affetti più cari.

Se questa teoria si dimostrasse vera, la morte sarebbe finalmente sconfitta e, in pratica, **si realizzerebbe il sogno dell'umanità fin dai suoi inizi, che è quello dell'immortalità**.

Immortalità intesa ora non come vita eterna che si estende indefinitamente nel tempo, ma come coesistenza di tutti gli istanti della nostra vita...

Questa sarebbe la vera immortalità, non quella promessa in maniera pietosa dalle varie religioni.

A questo punto credo che a tutti noi, cioè a me stesso che sto scrivendo di questi argomenti e a chi li sta leggendo, si pone, anzi oserei dire si impone, una domanda fondamentale: dove si trovano queste miriadi di universi coesistenti, dato che per quanti sforzi possiamo fare ci è solo dato di osservarne uno solo, quello appunto nel quale ci troviamo?

Prima di continuare, vorremmo fare osservare che la domanda appena posta non è affatto una conseguenza dell'ipotesi degli UMC: essa infatti si pone già tale e quale per gli universi multipli di Everett.

Vorremmo inoltre ricordare che l'ipotesi degli Universi Multipli non è affatto nuova e non è nata con la teoria di Everett.

Già nel XVIII secolo, il grande fisico, matematico, filosofo e scrittore Gottfried Leibniz l'aveva formulata. Senza conoscere nulla di Big Bang, di Meccanica Quantistica o di collasso della funzione d'onda, questo genio aveva però intuito la stranezza della nostra unicità e aveva emesso l'ipotesi che altri universi possono coesistere totalmente differenti dal nostro!

Tornando alla domanda posta precedentemente, essa è chiaramente essenziale e pertinente.

La risposta che viene spontanea, ma che è fortemente impregnata di fantascienza, è che tutti questi universi coesistono in un iperspazio a ***n*** dimensioni.

In realtà, parlare di spazi pluridimensionali non è affatto un'ipotesi di fantascienza; molta parte delle teorie di fisica più moderne fanno riferimento a tali tipi di universi.

Già Einstein, come abbiamo visto, ha introdotto uno spazio a 4 dimensioni e nella teoria delle corde (*string*), che non riportiamo qui, si parla di universi a 11 e più dimensioni!

Come si vede, si tratta di tutt'altro che fantascienza e gli scienziati che studiano queste teorie sono tra i più brillanti che ci siano.

Il fatto è che al di là di tre dimensioni noi razionalmente non riusciamo a ragionare, e le dette teorie fanno riferimento a risultati matematici che necessitano di un iperspazio multidimensionale, senza però che tale iperspazio sia necessariamente rappresentabile nel nostro universo.

Questo significa per noi che anche il concetto di spazio, come già quello di tempo, necessita di una completa rivisitazione.

Ciò non deve comunque necessariamente stupirci; abbiamo visto in questo capitolo quanto stretto sia il legame del tempo con lo spazio.

Abbiamo infatti mostrato come qualunque misura di tempo debba necessariamente ridursi a comparare due configurazioni, quindi a fare misure sullo spazio.

Dobbiamo in definitiva arrenderci all'evidenza: **l'universo non è affatto come ci appare!... così *non* è, *anche* se vi pare...**

L'ipotesi degli Universi Multipli Casuali, l'intuito e i sogni

Desideriamo concludere questo lungo capitolo dedicato al tempo con alcune considerazioni, che non osiamo ancora definire un'ipotesi, su particolari, possibili conseguenze degli UMC.

Una domanda che tutti immancabilmente ci poniamo quando si parla di Universi Multipli (sia nell'ipotesi di Everett che in quella degli UMC), è di sapere se due o più di tali universi possano, in determinate circostanze, venire in contatto tra di loro oppure se ciò sia impossibile.

Questa domanda è del tipo di quella che ci eravamo posti all'inizio di questo libro sulla possibilità dei viaggi nel tempo.

Avevamo detto che, nel contesto della fisica classica, tale viaggio ci sembrava impossibile per varie ragioni. La principale che avevamo evocato era che le particelle del nostro corpo, trasportate in un altro tempo, sarebbero necessariamente dovute coesistere con le stesse particelle che, però, in questo altro istante temporale, avrebbero necessariamente fatto parte di un altro oggetto. Ciò ci sembrava dunque impossibile.

Nell'ipotesi che stiamo ora esaminando, quella cioè degli Universi Multipli Casuali, ci sembra che un argomento simile, ma non identico data la scomparsa dell'elemento tempo, debba essere utilizzato.

Nel nostro caso accadrebbe che delle particelle occuperebbero in uno stesso universo due posizioni distinte; sembrerebbe quindi che ci troviamo nello stesso caso di impossibilità prima menzionato a proposito del viaggio nel tempo.

Diciamo «sembrerebbe» perché appunto vorremmo introdurre un'ipotesi, valida in casi molto particolari, che potrebbe mitigare questa affermazione di totale impossibilità.

Per far ciò vogliamo quindi riprendere quello che abbiamo detto nel capitolo II a proposito dell'ipotesi di Penrose.

L'ipotesi di Penrose ci affascina. Desideriamo quindi discutere se e in quale misura essa possa eventualmente integrarsi nella nostra ipotesi degli Universi Multipli Casuali.

Ricordiamo anzitutto che l'ipotesi di Penrose, per quanto possa apparire rivoluzionaria, si appoggia totalmente sulla fisica classica, in particolare sulla Meccanica Quantistica e sui concetti di funzione d'onda e del suo collasso.

Nella Meccanica Quantistica il tempo è sempre presente, mentre nella ipotesi degli UMC esso è stato eliminato.

Negli UMC (come del resto anche nell'ipotesi di Everett) non vi è alcun collasso della funzione d'onda: la stessa particella occupa posizioni diverse in universi differenti coesistenti. Come può quindi l'ipotesi di Penrose essere in qualche modo applicata all'ipotesi degli UMC?

A nostro avviso vi sono due possibili approcci per tentare di rispondere a questa domanda; il primo, molto semplice, deriva direttamente dalla definizione stessa degli UMC. Negli UMC, a ogni possibile stato superposto della Meccanica Quantistica classica corrisponde invece un differente universo, dove le varie stesse particelle occupano posizioni leggermente differenti tra un universo e l'altro.

Uno di questi possibili universi, quindi una particolare configurazione delle particelle, sarà quello che conterrà anche la soluzione del nostro problema.

Noi, quindi, per caso ci troviamo proprio in quell'universo, e riterremo perciò di avere avuto un intuito straordinario, mentre in realtà siamo, ripetiamolo, solo per caso nell'eletto tra quel grandissimo numero di altri universi dove l'intuito non si è manifestato.

In quei casi invece, e sono la maggior parte, in cui crediamo di non avere avuto intuito, ciò è semplicemente dovuto al fatto che non ci troviamo nell'universo prescelto, un'altra copia di noi stessi, in un altro universo crederà di aver avuto la giusta intuizione.

Come si vede, questa spiegazione è molto semplice e deriva da una interpretazione, diremmo ortodossa, dell'ipotesi degli UMC.

Ma vi è un altro approccio che possiamo fare, un po' più sofisticato del precedente ma, a nostro avviso, molto più affascinante, anche perché esso permette di estendere il nostro discorso anche in altri campi che non avremmo immaginato dover trattare.

Riprendiamo quanto abbiamo detto all'inizio di questo paragrafo a proposito della possibilità che universi coesistenti possano, in qualche caso particolare, venire a contatto tra di loro.

Abbiamo detto che questa possibilità ci sembra piuttosto improbabile, soprattutto per il fatto che in tale ipotesi avremmo, in uno stesso universo, le stesse particelle che occuperebbero posizioni differenti, e ciò sembra impossibile.

Vorremmo ora in qualche modo mitigare questa affermazione facendo il ragionamento seguente. Gli Universi Multipli di cui abbiamo parlato, sia nell'ipotesi di Everett, sia nella nostra ipotesi degli UMC, coesistono, come abbiamo detto, in un iperspazio a ***n*** dimensioni che non possiamo rappresentarci mentalmente, ma che può forse solo rappresentarsi usando espressioni matematiche.

In tale tipo di iperspazio riesce difficile immaginare come potere definire concetti geometrici quali distanza tra due punti, rette, angoli ecc.

Ci è tuttavia consentito di ipotizzare che concetti generici di distanza come vicinanza e lontananza possano esistere in tale iperspazio, anche se evidentemente non con lo stesso significato che essi hanno nel nostro universo a tre dimensioni (ricordiamo quanto accade nella RG, dove la distanza tra due punti non è affatto la retta che li unisce, ma la geodetica...).

Indichiamo con il prefisso ***n***- questi concetti generici di distanza riferiti a un iperspazio a ***n*** dimensioni.

Così ***n***-vicino e ***n***-lontano significherà vicino e lontano in tale iperspazio.

Nel nostro iperspazio vi saranno quindi infiniti universi che saranno ***n***-vicini o ***n***-lontani tra di loro, anche se non possiamo definire che cosa ciò significhi in realtà.

Consideriamo ora, tra i possibili innumerevoli universi, i due seguenti corrispondenti alle configurazione $C(i)$ e $C(k)$ delle particelle: $C(i)$ è la configurazione del nostro universo in questo preciso istante, mentre *C*(*k*) è quella corrispondente a un istante seguente (ad esempio 10 minuti dopo), usando la definizione classica di tempo.

Come sappiamo, le due configurazioni sono molto simili tra di loro e differiscono solo, almeno in quella parte a noi vicina e che ci interessa, per i piccoli spostamenti avvenuti in 10 minuti.

Azzardiamo quindi l'ipotesi che anche nell'iperspazio a ***n*** dimensioni i due universi considerati si trovino vicini, anzi ***n***-vicini.

Ci pare infatti logico che, se una nozione di ***n***-vicinanza esiste anche nell'iperspazio considerato, la configurazione *C*(*k*) sia più ***n***-vicina a quella *C*(*i*) che non a quella, ad esempio *C*(*j*), corrispondente all'epoca dei dinosauri.

In particolare troviamo che le particelle che compongono il nostro cervello (i neuroni, i microtubuli di Penrose e tutto il resto) saranno quindi ***n***-vicinissime alle stesse particelle nel cervello dei nostri doppioni negli universi aventi configurazioni molto simili: in termini temporali, ciò significa quegli universi corrispondenti, ad esempio, a configurazioni dei prossimi minuti o dei minuti precedenti.

Ipotizziamo ora che, in tali condizioni di estrema ***n***-vicinanza, un qualche scambio di informazione possa avvenire tra *C*(*i*) e *C*(*k*): ipotizziamo cioè che le particelle del nostro cervello nella configurazione *C*(*i*), che significa «ora», possano ricevere una qualche informazione sulle stesse particelle della configurazione *C*(*k*) che significa, ad esempio, «tra 10 minuti».

Semplificando al massimo il funzionamento del nostro cervello, possiamo dire che esso si compone essenzialmente di un'unità che riceve e tratta l'informazione proveniente dal mondo esterno o un'informazione che è stata immagazzinata precedentemente (ragionamento), e di un'unità che serve a immagazzinare questa informazione o il risultato di un ragionamento (memoria).

Nell'ipotesi che stiamo esaminando, ciò significa che l'informazione ottenuta in *C*(*i*) e che è stata fornita da questo ipotetico contatto fugace con *C*(*k*), viene subito immagazzinata nella memoria di *C*(*i*).

Ed ecco quindi, in questa ipotesi, la spiegazione dell'intuito: le particelle del nostro cervello in $C(i)$ sono entrate in contatto, fugacemente, con le stesse particelle dell'universo $C(k)$ dalle quali hanno ricevuto una informazione che è stata subito immagazzinata nella memoria.

Ma l'universo $C(k)$, che ricordiamolo appartiene a un futuro di 10 minuti dopo rispetto al nostro, possiede già la soluzione del problema che ci è stato posto: questa soluzione è, ad esempio, il frutto di un ragionamento del tipo assolutamente classico e sequenziale che è durato appunto 10 minuti.

Noi crediamo quindi alcune volte di avere «visto» la soluzione di un problema istantaneamente, in modo quasi miracoloso.

Siamo coscienti del fatto che l'ipotesi testé enunciata rischia di aprire una specie di vaso di Pandora; alludiamo al fatto che molti potrebbero vedere in essa una spiegazione di fenomeni, veri o presunti, di preveggenza, di visioni profetiche ecc., aventi quindi paradossalmente il carattere di OI.

Non vogliamo avanzarci su questo terreno molto scivoloso. Siamo certi anzi che nella maggior parte dei casi si tratti di malafede e di ciarlataneria, siamo però costretti ad ammettere che, in alcuni casi, qualcosa di vero potrebbe anche esservi, dato che i casi di intuito hanno una qualche somiglianza con la preveggenza.

Desideriamo fare un'ultima considerazione su una possibile, e diciamo inaspettata, conseguenza dell'ipotesi fatta che universi n-vicini nell'iperspazio a n dimensioni, possano avere fugaci contatti con scambio di informazione.

Si tratta di una luce nuova che si può, grazie a tale ipotesi, gettare sull'interpretazione dei sogni.

Fin dai tempi più antichi il mondo dei sogni ha sempre avuto un fascino arcano per l'uomo, che ha visto in esso ora un messaggio proveniente dall'aldilà, ora una profezia su fatti che debbono ancora accadere, ma anche più semplicemente strane divagazioni della nostra mente.

Ricordiamo inoltre che il sogno ha avuto un posto importantissimo nello sviluppo di molte religioni: molti profeti infatti hanno asserito di avere ricevuto i messaggi divini proprio durante il sonno.

I sogni possono presentarsi con una tipologia molto varia.

In alcuni casi sogniamo situazioni in cui noi stessi e persone a noi vicine siamo coinvolti in azioni del tutto realistiche.

In altri casi ci troviamo invece in situazioni del tutto irreali e con persone o sconosciute o molto lontane dal nostro ambiente.

In altri casi infine abbiamo dei veri e propri incubi, coinvolti in situazioni spaventose e spesso anche in mondi irreali. L'intensità del sogno può inoltre variare moltissimo da caso a caso; tutti abbiamo certamente avuto l'esperienza di sogni chiarissimi, che ci lasciano un ricordo molto vivido, a tal punto che, al risveglio, stentiamo a credere di non avere realmente partecipato a quella situazione.

Solo nel secolo scorso si è cercato di dare una spiegazione piuttosto scientifica all'interpretazione dei sogni.

Secondo la psicoanalisi, infatti, il nostro inconscio, liberatosi durante il sonno dal controllo onnipresente della coscienza, si rappresenta situazioni dettate soprattutto dai nostri istinti e dai nostri desideri più nascosti.

Tali rappresentazioni tuttavia non vanno sempre interpretate in primo grado, cioè tali e quali il sogno ce le presenta, ma vanno interpretate secondo i canoni della teoria psicoanalitica.

Non desideriamo entrare in questo delicato universo perché non è di nostra competenza.

Vogliamo invece fare osservare una circostanza che ci pare sia comune a tutti i sogni; alludiamo cioè al fatto che in tutti i tipi di sogni, noi, in genere, siamo sempre attori.

La partecipazione del sognante all'azione del sogno sembra quindi un dato costante in ogni situazione onirica.

Ecco dunque l'ipotesi che proponiamo sull'interpretazione dei sogni, ipotesi basata sugli UMC e, in particolare, su quanto detto sull'intuito.

Riprendiamo la definizione di universi ***n***-vicini e cerchiamo di chiarirla meglio per quegli universi che contengano l'uomo e in particolare noi stessi e le nostre innumerevoli copie.

Nel caso specifico dell'intuito, abbiamo detto che consideravamo ***n***-vicini tutti quegli universi che contenevano copie di noi stessi ma che, inoltre, corrispondevano a istanti abbastanza contigui (nella rappresentazione classica temporale), ad esempio separati da soli 10 minuti.

Tale ***n***-vicinanza ci è suggerita dal fatto che le due corrispondenti configurazioni di particelle $C(i)$ e $C(k)$ sono molto simili tra di loro e differiranno solo per piccoli spostamenti relativi delle particelle.

Vista l'incredibile varietà delle possibili configurazioni negli UMC, ci sembra addirittura che le due considerate possano essere immaginate come ***n***-vicinissime.

È chiaro però che il concetto di ***n***-vicino non si estende solo agli universi a noi noti, quelli cioè di cui abbiamo un ricordo e quelli che potrebbero rappresentare un nostro futuro.

Vi sono anche da considerare tutti quegli altri possibili universi nei quali noi siamo presenti ma in un ambiente del tutto differente.

Universi cioè dove noi viviamo una vita totalmente diversa da quella che ricordiamo, universi con altri amici e altri genitori, universi dove abbiamo seguito una carriera differente e universi nei quali possiamo ritrovarci anche in situazioni spaventose e angoscianti... proprio quel tipo di situazioni che possiamo ritrovare nei nostri sogni.

Tutti questi universi sono comunque da considerarsi nella categoria ***n***-vicina al nostro, poiché essi tutti contengono una copia di noi stessi.

Potremmo quindi immaginare che anche per essi esista quel fenomeno che abbiamo ipotizzato del fugace scambio di informazioni.

Durante il sonno, le particelle del nostro cervello potrebbero così avere questo fugace scambio di informazioni con un altro di questi ***n***-vicini universi, e questa informazione verrebbe regolarmente immagazzinata nella memoria.

I momenti belli o brutti che ricordiamo al nostro risveglio, li abbiamo quindi veramente vissuti: non importa che a viverli sia stata una copia di noi stessi vivente in un altro universo, si tratta pur sempre di noi stessi.

Questa ipotesi potrebbe anche fornire una nuova interpretazione del noto fenomeno del *déjà vu* e del *déjà entendu*.

Conseguenze sulla Meccanica Quantistica

Nel capitolo I abbiamo parlato in modo piuttosto conciso di Meccanica Quantistica e in particolare abbiamo mostrato alcuni dei paradossi, o comunque stranezze, che tale teoria comporta.

Ricordiamo brevemente che la principale peculiarità risiede nel fatto che sembra esistere un mondo microscopico perfettamente deterministico ma impossibile da determinare, fino al momento della misura e del famoso collasso della funzione d'onda, quando invece macroscopicamente la particella verrà trovata in una ben precisa posizione.

Abbiamo anche visto che Everett propone una visione del tutto differente secondo la quale non vi è nessun collasso della funzione d'onda, ma si formano al momento della misura due o più universi in ognuno dei quali la particella, e quindi tutte le altre particelle di tale universo, si vengono a trovare.

Infine noi, con la ipotesi degli UMC, proponiamo che in realtà esistono già un gran numero di universi, ognuno dei quali con un diverso stato quantico della particella.

Quel che ci interessa mettere in evidenza è che sia nell'ipotesi di Everett, sia nella nostra ipotesi degli UMC, si tratta sempre della stessa particella che appare in un certo stato quantico in ognuno degli universi considerati.

Esprimendoci in altri termini, possiamo dire che l'universo che noi osserviamo e nel quale quindi ci troviamo è uno dei tanti universi possibili nella ipotesi degli UMC, universo nel quale appunto le particelle (e quindi tutti gli oggetti che noi osserviamo) si manifestano in uno dei loro possibili stati quantici; e questo perché in qualche modo il fatto stesso di osservare il mondo costituisce una vera e propria misura.

Esaminiamo ora sotto questa luce uno dei fenomeni più straordinari che la MQ ci presenta, quello della cosiddetta non-località.

Abbiamo visto che nell'esperienza di Aspect e altre simili che sono state eseguite, ognuno dei due fotoni considerati si comporta sempre in modo da tener conto dello stato quantico dell'altro fotone, e questo anche quando essi si trovino a distanze grandissime l'uno dall'altro: i due fotoni sembrano quindi sempre «sapere» che cosa sta accadendo all'altro.

Questo fenomeno appare incomprensibile visto che qualunque tipo di informazione i due fotoni possano trasmettersi, ammesso che si trasmettano una qualche informazione, non può essere inviata a velocità superiore a quella della luce.

Esaminiamo ora la stessa esperienza alla luce delle ipotesi che abbiamo formulato concernenti il tempo.

Prima che una misura venga effettuata, i due fotoni si trovano nel già citato stato di superposizione di stati quantici: questo significa, nella nostra ipotesi, che essi appartengono a tutti i possibili UMC esistenti.

Ciò significa ancora che, in particolare, essi appartengono anche a quegli universi corrispondenti all'istante della loro emissione dall'atomo di Calcio (vedi capitolo I), così come all'istante in cui il famoso commutatore è stato azionato.

Al momento della misura, quando cioè i due fotoni si manifestano come appartenere chiaramente al nostro universo, essi non possono aver «dimenticato» quanto loro accaduto negli altri universi prima menzionati.

Quest'ultima espressione potrebbe far sorridere alcuni che si chiederebbero come una particella possa ricordare quanto accaduto in un altro stato quantico.

Eppure questo è proprio quanto accade nei cosiddetti computer quantici (vedi capitolo II) dove una serie di bit quantici (qubit) sono capaci di fornire rapidissimamente risultati molto complessi, appunto tenendo conto di risultati parziali ottenuti dagli stessi bit ma in differenti stati quantici.

L'ipotesi non ci sembra dunque così assurda.

Capitolo Quarto

Lo spazio

Un po' di cosmologia. E se la velocità della luce fosse variata con il trascorrere del tempo? Un universo vecchio di 864 miliardi di anni? Tutti gli oggetti dell'universo si «gonfiano» al passare del tempo. Una nuova, originale ipotesi sulla scomparsa dei dinosauri.

Lo spazio è, insieme al tempo, l'altro grande protagonista del nostro universo.

Ciò vale nel senso che qualunque avvenimento, esperienza o semplicemente fatto casuale deve essere situato in un certo spazio e in un certo tempo.

A prima vista, il concetto di spazio si presenta in modo meno misterioso del concetto di tempo.

Avevamo infatti identificato in quest'ultimo due aspetti che ci sembravano almeno singolari; il fatto cioè che non si possa definire l'istante presente, e il fatto che il tempo possa solo essere definito come un dinamico evolversi, iniziato al momento del Big Bang, governato da una freccia irreversibile e identificabile solo con misure di spazio.

Nello spazio tutto sembra più semplice; misure di spazio possono essere eseguite in qualunque momento e in qualunque posto attorno a noi ed esse daranno sempre il medesimo risultato.

Le misure di spazio comprendono tre distinte entità: misure di lunghezza di un segmento, misure di superficie e misure di volume.

Si tratta cioè di quello che sappiamo e possiamo fare servendoci delle tre dimensioni che abbiamo a disposizione.

Per millenni si è creduto quindi che l'universo, non solo quella parte a noi più vicina, ma anche nelle sue zone più lontane, fosse del tipo cosiddetto euclideo.

In parole molto semplici questo significa, tra l'altro, che la distanza tra due punti è rappresentata dal segmento di retta che li unisce, che due rette parallele, anche se prolungate all'infinito, non si incontreranno mai, che la somma degli angoli di un triangolo dia sempre 180 gradi ecc.

Appare subito evidente che questo tipo di ragionamento è affetto da una grave pecca di base che l'uomo, purtroppo, commette molto spesso: quella cioè di volere generalizzare ed estendere a leggi universali quelle che sono invece solo osservazioni e considerazioni locali.

Che la geometria sia euclidea risulta infatti da misure che possiamo fare sulla terra. In un ambito cioè che rappresenta solo un granello di polvere comparato alle dimensioni dell'universo.

La prudenza vorrebbe quindi che il volere estendere tale geometria all'intero universo dovrebbe solo essere una ipotesi di lavoro, non una certezza.

Come abbiamo già detto a proposito del tempo, Einstein con le sue RR e RG ha completamente sconvolto anche la visione classica dello spazio. La geometria non è più euclidea.

Gli ultimi ottant'anni che sono trascorsi dopo la divulgazione della RG, sono stati molto fecondi di nuove scoperte e teorie per cui la nostra visione oggi dell'universo, della sua evoluzione e in generale dello spazio hanno fatto enormi progressi ma, come sempre accade, hanno fatto anche sorgere nuovi interrogativi.

Prima di andare avanti è quindi necessario riportare, seppure in modo breve e sintetico, quali sono oggi le teorie e le ipotesi più accreditate in questi campi: in altre parole dobbiamo parlare un po' di cosmologia.

Prendiamo l'avvio dalla RG, riallacciandoci a quanto descritto nel capitolo I.

Abbiamo visto che la RG essenzialmente definisce una

nuova geometria non euclidea, dove lo spazio è incurvato in funzione del numero, dimensioni e distribuzione delle masse gravitazionali presenti al suo interno. L'entità e la forma di tale curvatura sono poi definite dal famoso tensore metrico fondamentale e dalle sue 16 componenti.

In realtà, e in modo più completo, la RG fornisce un'equazione (anzi un insieme di equazioni) chiamata equazione generale del campo che descrive completamente la metrica dell'intero universo e permette quindi di determinare il movimento di un qualunque oggetto al suo interno.

Tale equazione è molto complessa ed essa ha potuto essere risolta solo in casi molto semplici di distribuzioni di masse.

L'equazione del campo, che Einstein formulò nella seconda decade del secolo scorso, doveva evidentemente essere in accordo con il modello di universo che era quasi universalmente accettato a quell'epoca.

Tale modello era quello di un universo stazionario: un universo cioè praticamente infinito, che era lì da sempre e che sempre lo sarebbe stato, e fondamentalmente uniforme in tutte le direzioni.

Risulta subito evidente che un tale modello di universo presenta un grave problema: poiché la gravità, come si sa, agisce a qualunque distanza, come mai le galassie non vengono attratte inesorabilmente l'una verso le altre fino a determinare prima o poi un immane cataclisma?

Tale fatto restava misterioso ed Einstein dovette tenerne conto nella formulazione della sua famosa equazione; egli quindi aggiunse un termine, chiamato Costante Cosmologica, che esprimeva l'esistenza e l'azione di una forza repulsiva ancora sconosciuta, ma capace di contrastare perfettamente la gravità.

Era evidente a tutti, e in particolare allo stesso Einstein, che l'introduzione di tale costante fosse assolutamente insoddisfacente, un termine introdotto in pratica per «far quadrare i conti».

Nel 1929 il fisico E. Hubble fece una scoperta stupefacente.

Studiando la luce proveniente da galassie lontane, delle

quali si conosceva con buona approssimazione la distanza dalla terra, scoprì che più le galassie sono lontane più la loro luce presenta uno spostamento del loro spettro verso il rosso (redshift).

La distanza di una stella o galassia dalla terra si misura in modo abbastanza preciso con il cosiddetto metodo della parallasse.

Si punta il telescopio verso la stella e se ne determina esattamente la posizione. Si esegue poi la stessa misura sei mesi dopo, quando la terra si trova in posizione diametralmente opposta sulla sua ellisse di rivoluzione attorno al sole.

Le due direzioni di misura presenteranno quindi un certo angolo, in genere molto piccolo.

Si ottiene così un triangolo isoscele avente come vertice la stella osservata, come lato piccolo il diametro dell'ellisse di rivoluzione, e del quale si conoscono i tre angoli.

Il lato lungo è quindi facilmente deducibile ed esso rappresenta appunto la distanza ricercata. Il metodo è abbastanza preciso per stelle non troppo lontane (50-60 anni luce); al di là gli errori nella misura dell'angolo cominciano a divenire dello stesso ordine di grandezza della misura stessa.

Questo metodo ha anche generato una nuova unità di misura per le distanze interstellari, la parallasse-secondo (parsec): 1 parsec corrisponde a quella distanza dalla quale una stella vedrebbe il diametro dell'orbita terrestre sottendere un arco di 1 secondo di grado.

In unità a noi più familiari si ha che 1 parsec = 3,26 anni luce.

Il redshift osservato nella luce di una stella lontana può avere solo due origini.

La prima, chiamata redshift gravitazionale, è quella già discussa parlando di RG, ed è dovuta al fatto che la luce è piegata dalla presenza di grandi masse, e quindi la sua frequenza diminuisce.

La seconda, chiamata redshift cosmologico, è dovuta al fatto che la stella si sta allontanando da noi e quindi, per effetto Doppler, la sua luce si sposta verso il rosso.

Poiché le galassie osservate non presentano differenze di

massa così notevoli, Hubble ne dedusse che esse quindi si stanno allontanando dalla terra.

Le osservazioni di Hubble condussero anche a una scoperta altrettanto sconcertante della prima: il fenomeno è identico in qualunque direzione dello spazio si guardi.

Cioè in tutto l'universo tutte le galassie si allontanano le une dalle altre con una velocità che dipende solo dalla loro distanza reciproca e non dalla loro posizione reciproca.

Questa legge, chiamata appunto legge di Hubble, fornisce anche il valore di questa velocità che è di circa

$H = 2,2\ 10^{-18}/s$ ed è chiamata la Costante di Hubble. In unità più chiare si ha

$H = 21$ km/s/MAL(Mega-anni luce = 10^6 anni luce)

Ciò significa che, ad esempio, due stelle poste a una distanza reciproca di 1 milione di anni luce si allontanano l'una dall'altra a una velocità di 21 km/s, mentre due stelle distanti 2 milioni di anni luce si allontanano a una velocità di 42 km/s e così via.

Questa scoperta fondamentale ha dato inizio a tutta la cosmologia moderna e, in particolare, all'ipotesi del Big Bang.

Si vede infatti facilmente che se tutto si allontana da tutto secondo la costante di Hubble, vi è stato un momento nel passato, circa 15 miliardi di anni fa, in cui tutto l'universo doveva trovarsi concentrato in un punto: questa è appunto la singolarità del Big Bang da cui tutto ha avuto inizio.

Un'altra conseguenza della costante di Hubble è quella che noi possiamo vedere delle galassie distanti non più di circa 13 miliardi di anni luce: al di là di questo orizzonte, se esse esistono, la loro luce non ci è ancora giunta.

Le condizioni iniziali al momento del Big Bang o pochi attimi dopo sono ancora mal conosciute e sono appunto oggetto di studio e di ipotesi varie.

Si è tuttavia certi che sia dovuta esistere una specie di «zuppa» di particelle elementari e di fotoni a temperature elevatissime, dell'ordine delle migliaia di miliardi di gradi.

Man mano che l'universo si espandeva, esso andava anche raffreddandosi; tuttavia l'enorme quantità di fotoni creati poco dopo il Big Bang non può essere scomparsa. Questi fotoni debbono sempre trovarsi intorno a noi, a energie sempre più basse, è vero, ma essi debbono permeare tutto l'universo in modo uniforme.

Verso il 1940 il fisico Gamow calcolò che questa radiazione «fossile» dovrebbe essere tutta intorno a noi e avere raggiunto oggi un'energia corrispondente alla temperatura di circa 2,7 gradi assoluti (Kelvin).

Nel 1964 due ingegneri della Bell Telephon, A. Penzias e R.Wilson, eseguivano delle misure di rumore di fondo nella volta celeste per studiare i disturbi da esso causati nelle comunicazioni satellitari.

Essi scoprirono sorprendentemente che, in qualunque direzione puntassero i loro sensibilissimi strumenti, questi rivelavano la presenza di una radiazione di fondo di pochi gradi Kelvin.

Fatte le dovute correzioni e calibrazioni degli strumenti, questa radiazione era appunto di 2,7 gradi Kelvin.

Veniva così confermata chiaramente l'ipotesi di Gamow e l'ipotesi del Big Bang e dell'espansione dell'universo ricevette la sua più clamorosa conferma.

Per tale fondamentale scoperta (invero un po' fortunosa... ed esempio di serendipità), Penzias e Wilson ricevettero successivamente il premio Nobel per la fisica.

La radiazione fossile può essere osservata da tutti senza l'ausilio di strumenti particolari; quando accendiamo il nostro televisore senza sintonizzarci su una stazione emittente particolare, vediamo infatti sullo schermo una serie di puntini che si muovono e udiamo un fruscio molto disordinato.

Parte di queste immagini e di quel fruscio sono proprio generate sulla nostra antenna dalla radiazione fossile: stiamo quindi vedendo e udendo quel che resta del Big Bang.

La teoria dell'espansione dell'universo, oggi quasi universalmente accettata, permise tra l'altro di togliere dall'equazione di campo della RG quel termine ingombrante e innaturale che era la Costante Cosmologica.

Einstein riconobbe il suo torto ma, a sua discolpa (ammesso che ne avesse bisogno), va detto che ai tempi della RG nessuno poteva immaginare che l'universo fosse in espansione.

Prima di andare avanti e di descrivere altre stranezze del

nostro universo e dello spazio che lo ospita, vorremmo soffermarci un momento per meglio chiarire questo concetto di espansione.

Si sente spesso paragonare il Big Bang e la conseguente espansione dell'universo a una immane esplosione di cui noi, le varie galassie risultanti, saremmo i pezzi restanti che si allontanano appunto gli uni dagli altri.

In realtà non è affatto così: la ragione fondamentale è che una esplosione del tipo classico, come noi in generale la intendiamo, possiede un centro, mentre l'universo non ha nessun centro. Vediamo perché con un esempio.

Consideriamo una bomba di tipo tradizionale che esplode in uno spazio aperto.

Dopo pochi millisecondi dall'esplosione i vari frammenti si stanno allontanando gli uni dagli altri proprio come, a prima vista, avviene nell'universo.

In realtà è facile osservare che la velocità relativa di due frammenti che si trovano a una certa distanza l'uno dall'altro, ma in posizione diametralmente opposta rispetto all'origine dell'esplosione, è più elevata di quella di altri due frammenti, posti alla stessa distanza relativa dei due precedenti, ma che si trovino dalla stessa parte rispetto all'origine dell'esplosione.

Così non è per l'espansione dell'universo: due galassie qualsiasi si allontanano tra di loro a una velocità che dipende solamente dalla loro distanza reciproca, qualunque sia la loro posizione nell'universo.

Un altro esempio molto semplice ci può aiutare a comprendere quanto diversi siano i concetti di velocità relativa in senso classico e di velocità di espansione dell'universo.

Supponiamo di viaggiare con la nostra automobile a una velocità costante, ad esempio di 100 km/ora, su un lunghissimo rettilineo e di passare davanti a due traguardi, A e B, posti a una certa distanza l'uno dall'altro, ad esempio 10 km.

È evidente che possiamo in qualunque istante affermare che ci stiamo allontanando continuamente sia da A che da B alla stessa velocità, appunto di 100 km/ora.

Così non è nell'universo: se fossimo su un pianeta che si allontana in linea retta da due stelle poste a distanza A e B rispettivamente, la nostra velocità sarebbe totalmente differente rispetto ad A di quella rispetto a B.

Evidentemente non è facile immaginare nella nostra mente questo concetto, e così molti esempi sono stati proposti da vari autori per aiutarci a capire.

Quello che ci sembra più convincente lo abbiamo trovato in un vecchio numero di «Scientific American», pubblicato parecchi anni fa.

Supponiamo di volere preparare per Natale un panettone o, il discorso non cambia, un classico pudding inglese.

Per far ciò abbiamo mescolato e impastato i vari ingredienti, compresa una certa quantità di uva passa. Abbiamo così ottenuto, ad esempio, un litro di pasta al cui interno, se abbiamo impastato bene, i chicchi di uva passa si sono distribuiti grosso modo in maniera uniforme.

Dopo avere infornato per il tempo necessario, otterremo un bel panettone di 10 litri, nel quale i chicchi di uva passa, ammettendo una cottura uniforme, si troveranno ancora, più o meno, uniformemente distribuiti ma a distanze più grandi gli uni dagli altri.

Durante la cottura i chicchi si allontanano reciprocamente proprio come le galassie del nostro universo; e questo perché essi non sono spinti da una qualche forza esplosiva avente un centro, ma semplicemente seguono l'espansione del mezzo in cui si trovano, cioè la pasta del panettone che si gonfia.

Evidentemente l'esempio non può essere valido al cento per cento: ad esempio il panettone ha una superficie esterna mentre il nostro universo sembra non averne.

Se però consideriamo un volume all'interno del panettone, quello che avviene in esso è molto simile a quel che avviene se consideriamo un qualunque volume, anche molto esteso, del nostro universo.

Per quest'ultimo, il supporto che espandendosi trascina le galassie (la pasta nel caso del panettone) è lo spazio stesso che non cessa di gonfiarsi dal momento del Big Bang in poi.

Una volta verificata e accettata universalmente la teoria dell'universo in espansione si è posto subito il problema del suo fato: cioè questa espansione continuerà per sempre, oppure un giorno essa cesserà sotto l'azione della gravità e allora l'universo comincerà a contrarsi per terminare infine in un'altra immane catastrofe chiamata appunto il Big Crunch?

A questo proposito sembra che il parametro fondamentale da considerare sia la densità media della materia nell'universo; lo stesso Einstein ha determinato appunto un valore critico per tale densità.

Se la densità media dell'universo ha un valore superiore a tale densità critica (universo chiuso), allora l'universo un giorno arresterà la sua espansione, comincerà quindi a contrarsi e il Big Crunch sembra inevitabile.

Se invece la densità reale è inferiore o uguale a quella critica (universo aperto), allora l'universo continuerà a espandersi per sempre.

Fino a qualche tempo fa le stime fatte dell'universo visibile indicavano una densità media nettamente inferiore a quella critica; era quindi convincimento comune che l'ipotesi dell'universo aperto fosse la più probabile.

Più recentemente però l'attenzione degli scienziati si è concentrata sulla possibile esistenza nell'universo di grandi quantità di materia che potrebbero essere non visibili: si tratta della cosiddetta Materia Oscura (*Dark Matter*). Questa Materia Oscura avrebbe varie origini.

La prima sarebbero i neutrini; queste piccolissime particelle sono però in numero talmente elevato nell'universo che, se avessero una massa (cosa ancora non del tutto provata), il loro contributo alla densità media potrebbe essere elevato.

Vi sono inoltre altre particelle previste da nuove teorie (teoria delle corde o string, supersimmetria) che potrebbero dare un contributo notevole alla massa totale dell'universo; se esistono, tali particelle potrebbero essere rivelate dal nuovo Collisionatore di Adroni (LHC) che sta per entrare in funzione al CERN di Ginevra.

Vi sono poi i cosiddetti Buchi Neri.

Come si sa, le stelle brillano perché al loro interno avviene una reazione termonucleare che trasforma due atomi di Idrogeno in un atomo di Elio, con grande produzione di energia (proprio quello che avviene istantaneamente in una bomba H).

Questa energia produce, tra l'altro, la luce che noi vediamo ma serve anche a contrastare la gravità che tenderebbe a fare collassare la stella stessa verso il suo centro.

Quando tutto il combustibile Idrogeno è esaurito (nel nostro Sole questo dovrebbe accadere tra circa 5 miliardi di anni), la stella comincia a collassare e va incontro a varie vicissitudini che qui non descriviamo per brevità, che la condurranno a formare vari altri tipi di corpi celesti (Giganti rosse, Nane bianche, Stelle di neutroni ecc.).

Se la massa iniziale della stella era molto grande (superiore cioè a una certa massa critica), nessuna forza riuscirà più a contrastare il suo collasso continuo: essa si ridurrà quindi sempre più di dimensione mentre la sua densità e temperatura raggiungeranno valori incredibilmente elevati.

Il suo campo gravitazionale diverrà a un certo momento così intenso che neppure un raggio di luce (ricordiamo la RG) riuscirà a sfuggire ad esso; un fotone, luce o ogni altra forma di radiazione, vedrà la sua traiettoria ripiegarsi su se stessa a 180 gradi, per ricadere verso la superficie da cui era partito.

A questo punto la stella iniziale diviene praticamente invisibile per il mondo esterno: un Buco Nero si è formato.

I Buchi Neri, previsti dalla RG, sono stati per lungo tempo considerati matematicamente possibili, ma è mancata l'evidenza sperimentale della loro esistenza reale.

In tempi più recenti la loro presenza in varie costellazioni è stata dedotta da alcuni effetti gravitazionali che essi producono intorno a loro, effetti che non sembrano altrimenti spiegabili.

Si è anzi oggi convinti che quasi tutte le galassie abbiano al loro centro un Buco Nero.

Come si vede quindi il loro contributo alla densità media dell'universo potrebbe essere fondamentale.

Contrariamente alle aspettative, cioè che ci si diriga verso un modello di universo chiuso, in tempi recentissimi (1998), osservando la luce di galassie lontanissime, si è invece rilevato che l'universo sembrerebbe aumentare la sua velocità di espansione.

Il mistero continua...

I misteri sulla nascita e sull'evoluzione dell'universo non finiscono tuttavia certo qui.

Un'altra stranezza che ha molto stupito gli astronomi e astrofisici è la sua apparente uniformità e isotropia.

Intendiamo con ciò alludere al fatto che in qualunque direzione lo si osservi, e a qualunque distanza si possa spingere l'osservazione, l'universo appare decisamente uniforme e le sue varie regioni molto simili le une alle altre.

Vi sono evidentemente regioni in cui vi sono galassie e altre praticamente vuote, ma se consideriamo porzioni di spazio sufficientemente grandi, in qualunque direzione si guardi, esse sono sorprendentemente simili tra di loro.

Tale fatto è apertamente in contrasto con l'ipotesi del Big Bang, almeno tale come noi l'abbiamo presentata finora. Vediamo perché.

Se riportiamo su una coppia di assi cartesiani e in scala logaritmica le dimensioni dell'universo in funzione del tempo, troviamo una retta che partendo dalle dimensioni quasi nulle al momento del Big Bang, raggiunge le dimensioni attuali dopo circa 15 miliardi di anni. Inoltre le teorie sulla formazione dell'universo partendo dal BB comportano all'inizio una velocità di espansione largamente superiore alla velocità della luce. Questo non è in contrasto con la Relatività, poiché non si tratta di oggetti che si spostano gli uni rispetto agli altri con tale velocità, ma dello spazio tutto intero che si gonfia. Non è chiaro quali siano le reali dimensioni dell'universo oggi, ma esse sembrano essere largamente superiori a 15 miliardi di anni luce (forse 100 miliardi di anni luce).

È quindi evidente che, in qualunque momento ci si ponga dal Big Bang a oggi, vi sono porzioni dell'universo che non sono mai state in contatto tra di loro e che non hanno quindi mai potuto scambiarsi alcun tipo di informazione.

Con questo intendiamo non solo vicinanza fisica, ma anche informazione trasmessa attraverso la luce o altro tipo di radiazione usando quindi fotoni che, come sappiamo, sono il mezzo di trasmissione più veloce che esista nell'universo.

Ora si sa che, qualunque sistema si voglia considerare, affinché le sue varie parti presentino una certa uniformità a un dato istante, è necessario che queste varie parti siano state in contatto tra di loro, nel senso prima espresso, a un qualche momento della loro esistenza e per un periodo di tempo sufficiente perché questo contatto agisca nel senso dell'uniformità.

Prendiamo ad esempio due oggetti qualsiasi, uno molto caldo e uno molto freddo: finché essi rimarranno sufficientemente separati la loro differenza di temperatura resterà praticamente immutata. È solo se li mettiamo in contatto che il più freddo si riscalderà e il più caldo si raffredderà fino a raggiungere una uniforme temperatura di equilibrio.

Prendiamo un altro esempio, quello di due recipienti contenenti uno stesso gas, ma a pressioni fortemente differenti; essi resteranno in tale stato finché li terremo separati. Solo quando metteremo i due recipienti in comunicazione tra di loro, e per un certo tempo, l'equilibrio delle pressioni si stabilirà (uniformità).

Al momento del Big Bang tutto è stato creato dal nulla, comprese le stesse leggi della fisica e le particelle primordiali che poi hanno creato il nostro universo.

Tutto ciò è stato lanciato in tutte le direzioni (durante i primi 10^{-43} sec!) e con una velocità che, come abbiamo visto, non ha potuto permettere alle varie componenti di «sapere» le une delle altre; non si comprende quindi come oggi i resti di quella immane esplosione possano presentare una tale uniformità.

Perché ciò accadesse sarebbe stata necessaria una trasmissione di energia e di informazione attraverso l'universo a una velocità di centinaia di volte quella della luce.

Varie teorie sono state avanzate per spiegare questa stranezza; tra le più accreditate oggi vi è quella chiamata dell'universo inflazionistico proposta dal fisico A. Guth.

Secondo tale teoria, al momento del Big Bang l'universo aveva delle dimensioni incredibilmente piccole (circa 1 miliardo di volte più piccolo di un protone, sostiene A. Guth) ed è rimasto così piccolo per un tempo (di circa 10^{-34} sec!) piccolissimo ma sufficiente perché il passaggio di informazione e di energia raggiungesse tutti i suoi punti e quindi l'uniformità si realizzasse.

In seguito vi è stato un periodo di espansione (l'inflazione appunto) con velocità incredibilmente elevate che ha infine portato la velocità di espansione a quella che noi oggi osserviamo (e tutto ciò sarebbe avvenuto tra 10^{-34} e 10^{-30} sec!).

Questo spiega perché la successiva formazione di galassie, stelle e pianeti si sia svolta in tutti i punti dell'universo all'incirca con le stesse modalità: perché appunto le condizioni iniziali dopo l'inflazione erano uniformi e uguali in tutti i suoi punti.

Questo è, riassunto brevemente, tutto quello che oggi si conosce sullo spazio, sull'universo in esso contenuto e sulla sua genesi, dal momento del Big Bang a oggi. Evidentemente tale scenario sarà certamente rimesso in discussione nei prossimi decenni o secoli da nuove scoperte poiché la cosmologia è una scienza troppo giovane perché i suoi risultati possano essere considerati come definitivi e, soprattutto, perché in essa vi sono troppi punti oscuri e molte ipotesi sembrano piuttosto artificiose.

In primo luogo, come abbiamo già esposto nell'introduzione, lo stesso Big Bang ci si presenta con la stessa violenza di un dogma di fede al quale bisogna credere senza porsi altre domande.

Non vogliamo con ciò alludere all'evoluzione stessa dell'universo dopo il Big Bang; sappiamo benissimo che la legge di Hubble, la presenza della radiazione fossile ecc., sembrano indicare che tutto si è svolto nel modo prima descritto e ci pare quindi legittimo che queste teorie siano oggi universalmente considerate valide.

Il punto cruciale è il Big Bang stesso, questa singolarità per cui dal nulla si è creato qualcosa, incluse le leggi della fisica e le stesse nozioni di spazio e di tempo, per cui non ci si può porre la domanda di che cosa esistesse prima di esso.

Questo fatto fa sì che il Big Bang si presenti come un concetto di fede al quale bisogna credere perché tutto porta a concludere che le cose siano davvero andate così, ma al tempo stesso esso ci fa sentire la sua terribile irrazionalità, nel senso che nessun ragionamento può convincerci che dal nulla possa generarsi qualcosa.

La teoria del Big Bang, con la sua ipotesi di creazione dal nulla dell'universo, compresi lo spazio e il tempo, ci si presenta con un grado di irragionevolezza enormemente superiore a qualunque altra teoria tra quelle fin qui descritte.

Nel precedente capitolo sul tempo, abbiamo proposto una teoria, quella degli Universi Multipli Casuali, che, eliminando il concetto di tempo, toglieva allo stesso tempo al Big Bang uno dei suoi aspetti più paradossali, che è quello appunto della creazione del tempo stesso.

Secondo questa nostra teoria, i primissimi istanti del Big Bang non sono altro che particolari configurazioni delle particelle che formano universi che coesistono insieme a tutti gli altri possibili universi in uno spazio a ***n*** dimensioni.

Il tempo sparisce quindi completamente nella visione degli UMC e con esso soprattutto sparisce l'aspetto irrazionale della sua creazione dal nulla. Ma vi è di più.

Non essendo quindi il Big Bang l'inizio di qualcosa dal nulla, questo concetto è valido anche per lo spazio: non vi è mai stata quindi una creazione dello spazio ma coesistono solo ***n*** spazi, tanti quanti sono gli ***n*** universi possibili.

Abbiamo visto che l'ipotesi degli UMC comporta un numero di universi coesistenti, e quindi un numero di configurazioni possibili delle particelle elementari che abbiamo definito con l'espressione «spaventosamente grande» perché non abbiamo saputo trovare un'altra espressione per meglio rappresentare lo sgomento che l'idea di una tale quantità provoca in noi.

La costanza della velocità della luce

Tra i fenomeni affascinanti della fisica moderna, un posto di particolare rilievo merita, a nostro avviso, la costanza della velocità della luce.

Come abbiamo visto, tale costanza è uno dei fondamenti della RR ed essa è stata verificata innumerevoli volte da quel lontano 1905, quando Einstein formulò tale postulato, fino ai nostri giorni.

La velocità della luce è una costante universale, valida

quindi in tutti i punti dell'universo, allo stesso modo di altre costanti universali come la costante di gravità, la costante di Planck, la costante di Boltzmann ecc.

Ognuna di queste costanti presenta dei lati misteriosi, primo fra tutti la ragione per cui esse abbiano il valore che hanno.

Il Principio Antropico fornisce, in mancanza di una spiegazione, almeno una giustificazione di tale apparente scelta arbitraria della natura.

Ci sembra tuttavia che la costanza della velocità della luce presenti qualche stranezza in più, per così dire, rispetto alle altre costanti universali.

Stranezze che non sono tanto imputabili al valore apparentemente arbitrario assegnatole dalla natura, ma piuttosto alle molte conseguenze di importanza fondamentale che tale costanza comporta. Ne ricordiamo brevemente alcune.

I fotoni e gli altri quanti esistono solo alla velocità ***c*** (nel vuoto): non esistono fotoni più lenti o più veloci. Il quanto non ha massa e si sposta solo alla velocità ***c***. Sappiamo che esso può solo cambiare di energia cambiando la sua frequenza seguendo la relazione di Planck (vedi capitolo I); e ciò ci fornisce tutto lo spettro delle radiazioni che vanno dalle onde radio a bassa frequenza fino ai raggi gamma di altissima energia, passando evidentemente per la luce visibile, i raggi X ecc.

Alla velocità ***c*** un oggetto si accorcia fino a ridurre a zero la sua lunghezza (RR).

Alla velocità ***c*** il tempo praticamente si ferma (RR).

All'avvicinarsi a ***c***, la massa tende all'infinito (RR).

Questa circostanza esclude che si possa un giorno sia pure solo avvicinarsi a tale velocità (eccetto negli acceleratori di particelle dove, ad esempio, un protone può venire accelerato praticamente alla velocità ***c*** e la sua massa aumenta di milioni di volte).

Come si vede, già questi pochi esempi chiariscono sufficientemente quanto abbiamo detto prima sul carattere peculiare della costanza di ***c*** e giustificano il forte interesse che noi portiamo a questo fenomeno.

Che ***c*** sia una costante universale, non crediamo sia lecito dubitarne.

La velocità della luce è stata misurata, specie in tempi moderni con precisione elevatissima e mai nessun discostamento da c è stato rilevato (ricordiamo che c = ~3 x 10^5 km/s).

Tale misura inoltre non varia se il raggio di luce proviene da una sorgente sulla terra o da una stella che si trova, ad esempio, a 1 miliardo di anni luce di distanza.

Lo ripetiamo, nessun dubbio esiste sulla costanza di *c*!

Solo che... in questo libro noi amiamo fare delle ipotesi che escano un po' dai sentieri battuti.

Desideriamo quindi esporre una ipotesi particolare su questo dogma della costanza della velocità della luce.

La velocità della luce nel tempo

Riprendiamo la frase precedente che avevamo messo in grassetto, e completiamola con un avverbio temporale.

...nessun dubbio esiste sulla costanza della velocità della luce... oggi.

Come si vede il significato cambia enormemente e le conseguenze potrebbero essere grandiose.

Quando misuriamo la velocità della luce di una stella distante 1 miliardo di anni luce e troviamo immancabilmente il valore c, facciamo inconsciamente o volutamente un assunto fondamentale: assumiamo cioè che la velocità della luce c sia rimasta costante durante questo viaggio di 1 miliardo di anni.

Diamo cioè per scontato che, poiché la velocità che noi misuriamo oggi risulta sempre eguale a c, essa fosse tale anche al momento dell'emissione, cioè 1 miliardo di anni fa.

Facciamo l'ipotesi che ciò non sia vero: supponiamo cioè che la velocità della luce sia stata differente da c nei tempi passati.

Diciamo subito che questa ipotesi non ci impressiona oltre misura: abbiamo infatti altri esempi illustri di grandezze il cui significato è stato totalmente cambiato e spesso stravolto da nuove osservazioni e scoperte.

Basti pensare ad esempio alla Relatività che ha totalmente modificato la nostra visione di spazio e tempo, e allo stesso universo, per secoli considerato immobile e stazionario e che recentemente è stato dimostrato essere in continua espansione.

Se quindi la velocità della luce era differente da ***c*** nel passato, non vi sono che due possibilità: essa era più grande o più piccola di ***c***.

Inoltre, poiché ci riesce difficile immaginare che essa avesse un singolo valore nel passato e che, a un dato istante, tale valore sia cambiato per divenire eguale a ***c***, ci sembra evidente che il cambiamento sia avvenuto in modo continuo durante la vita dell'universo.

In altre parole essa è cresciuta o diminuita con continuità, fino a raggiungere oggi il valore che noi conosciamo e misuriamo.

Il Big Bang, come abbiamo visto, è considerato una singolarità, una situazione cioè non ben definita nella quale alcune grandezze potrebbero avere valori infiniti (densità della materia, temperature ecc.), mentre altre valori praticamente nulli (il tempo, le dimensioni ecc.).

Ci sembra quindi logico supporre che anche la velocità della luce, nella nostra ipotesi, avesse all'inizio o un valore elevatissimo o un valore piccolissimo.

Per ragioni di coerenza con l'espansione dell'universo vogliamo privilegiare la seconda ipotesi: la luce infatti non farebbe che seguire lo spazio, che è il suo supporto, durante questo suo «gonfiarsi».

Quindi, per fissare le idee, proponiamo una velocità della luce crescente con il tempo e avente un valore meno elevato dell'attuale pochi istanti dopo il Big Bang.

Detto questo dobbiamo per prima cosa proporre una legge, funzione del tempo, che esprima quantitativamente questa accelerazione della luce.

Evidentemente ci si presentano subito infinite possibilità per definire una tale legge.

La più semplice ci sembra quella di una crescita che sia assolutamente proporzionale alla crescita dell'universo.

Se indichiamo con $S(t)$ le dimensioni generiche dell'universo al tempo t, si ha quindi

$$c(t) \cap S(t) \qquad (1)$$

È evidente che proporre una velocità della luce variabile con il tempo, porta a delle conseguenze a dir poco rivoluzionarie praticamente in tutti i campi della fisica e in particolare nella nostra visione dell'universo e della sua evoluzione.

Basti, ad esempio, solo pensare che così facendo si toglie ogni significato al valore di anno luce, inteso come distanza percorsa in un anno da un raggio di luce: tale distanza sarà infatti totalmente differente se la misura viene fatta oggi oppure se essa è stata effettuata nel remoto passato.

Non possiamo chiaramente qui discutere di tutte le possibili conseguenze di una tale nuova e sconcertante visione dell'universo, anche perché sarebbe difficile identificarle tutte.

Ci limiteremo quindi nelle prossime pagine a discutere di quelle conseguenze che ci sembrano le più importanti; cercheremo in particolare di identificare quale nuova formulazione sia necessario definire per alcune tra le più importanti leggi di fisica, affinché esse possano, in qualche modo, conciliarsi con una velocità della luce variabile con il tempo.

A questo proposito vogliamo subito affermare che bisogna a tutti i costi evitare di proporre che, dato che $c(t)$ diviene variabile nel tempo, lo stesso possa accadere a tutte le altre costanti e leggi della natura.

Proporremo quindi solo quei cambiamenti e faremo solo quelle considerazioni che ci sembrano essenziali e necessarie conseguenze della nostra ipotesi.

Prima però di esporre tali conseguenze ci sembra necessario chiarire il nostro punto di vista su due importanti argomenti.

Il primo chiarimento riguarda il vero significato della **costante di Hubble.**

La teoria dell'espansione dell'universo, ormai generalmente accettata e sufficientemente provata, ci dice che due galassie, poste a una distanza qualunque D si allontanano sempre l'una dall'altra secondo la legge di Hubble.

D'altra parte abbiamo visto che tale allontanamento non è dovuto a un qualche moto proprio delle galassie in oggetto, ma piuttosto a un «gonfiarsi» di tutto lo spazio che si espande secondo tale legge.

Secondo l'interpretazione comune della legge di Hubble, tale allontanamento concerne solo le galassie e non le stelle all'interno di una galassia: lo spazio quindi non si gonfia all'interno di una galassia.

La ragione è che la gravità, molto forte all'interno delle galassie, si oppone a tale gonfiamento.

Noi la pensiamo diversamente: per noi lo spazio è unico e, se esso si gonfia tra le galassie, esso deve gonfiarsi anche all'interno di esse.

L'espansione dell'universo non risente quindi della forza di gravità.

Questa ipotesi non può essere verificata misurando il famoso redshift: essendo infatti le distanze all'interno di una galassia relativamente piccole (dell'ordine di alcune centinaia di anni luce), lo spostamento verso il rosso della luce avrebbe valori piccolissimi ($\sim 10^{-8}$), difficilmente misurabili.

Come conseguenza della nostra ipotesi, anche due punti posti all'interno di una stella o di un pianeta si allontanano seguendo la stessa legge; come estrema conseguenza si deve infine ammettere che anche **lo spazio interatomico si «gonfia»**.

In definitiva quindi le stelle, i pianeti e qualunque oggetto dell'universo erano più piccoli in passato e accrescono le loro dimensioni seguendo la legge di Hubble.

Anche il diametro della terra (e di tutto ciò, inclusi piante e animali, che in essa si trova) era in passato più piccolo dell'attuale. Si potrebbe a questo punto obiettare che tale ipotesi è in contrasto, ad esempio, con i resti appunto di piante e animali vissuti milioni di anni fa e che sembrano avere dimensioni simili a quelli odierni.

Tale obiezione ha una risposta molto semplice: ammettendo cioè che nel passato piante e animali avessero avuto delle dimensioni più piccole delle attuali, noi non ce ne potremmo accorgere perché i loro resti fossili sono evidentemente cresciuti seguendo, come tutto il resto, la stessa legge.

Passiamo quindi al secondo chiarimento che riguarda le **distanze interstellari**.

Facciamo subito notare che le distanze interstellari che sono oggi conosciute e universalmente accettate non cambiano nella nostra ipotesi.

Come sappiamo infatti le misure fatte utilizzando la legge di Hubble non dipendono dalla velocità della luce, ma dallo spostamento verso il rosso (redshift) di tale luce che indica che vi è una velocità relativa tra le due stelle osservate.

Infatti le distanze interstellari sono state prima misurate utilizzando altri metodi. Primo fra tutti quello della parallasse prima riportato e che è valido fino a distanze di un centinaio di anni luce (cioè all'interno della nostra galassia).

Vi sono poi altri metodi, che qui non descriviamo per semplicità; ad esempio quello delle Cefeidi che sono delle stelle la cui luminosità cambia periodicamente e questo ha permesso di determinare una relazione precisa tra dimensioni apparenti e dimensioni reali e quindi, in definitiva, la distanza dalla terra.

Possiamo in conclusione affermare che anche nella nostra ipotesi di velocità della luce variabile nel tempo, le distanze tra le stelle e le galassie sono le stesse che nella teoria classica.

Non è così invece per i tempi che la luce ha impiegato a raggiungerci dalle varie stelle e, in definitiva, per l'età dell'universo, come vedremo tra poco.

Dobbiamo inoltre abbandonare il concetto di anno luce come unità di misura per le distanze interstellari, e tornare a utilizzare il buon vecchio metro e i suoi multipli.

Relatività ed energia

Abbiamo prima espresso la nostra intenzione di preservare il valore e il significato di alcune delle leggi fondamentali della fisica, anche nella nuova ipotesi di velocità della luce variabile con il tempo.

In tale contesto, ci sembra che almeno due gruppi di leggi della natura debbano essere conservate, debbano cioè essere considerate valide in ogni momento dell'evoluzione dell'universo. Esse sono:

- le leggi della Relatività, specie la Relatività Ristretta;
- il Principio di conservazione dell'energia.

Le leggi della Relatività Ristretta rispetto ai segmenti che si accorciano e il tempo che rallenta ci sembra possano restare inalterate, solo che dobbiamo scrivere le formule riportate nel capitolo I in maniera un po' differente.

In particolare, il parametro F, che abbiamo definito nel capitolo I a proposito della Relatività Ristretta, diviene ora

$$F = \sqrt{1 - \beta^2}\ ;\ \text{dove}\ \beta = \frac{v}{c\,(t)}$$

La differenza fondamentale tra questa formula e quella classica di Lorentz è che abbiamo ora introdotto una velocità della luce variabile con il tempo, appunto $c(t)$.

Una conseguenza immediata è che nel passato un oggetto avrebbe potuto raggiungere velocità molto più basse che nel presente prima di scontrarsi con l'invalicabile valore della velocità della luce; al contrario, in futuro si dovrebbero potere raggiungere velocità molto più elevate.

Tuttavia nella loro essenza le formule restano inalterate.

Una conseguenza invece molto più importante la troviamo nell'altra legge della Relatività, quella che sancisce l'equivalenza tra materia ed energia

$$E = mc^2$$

Poco tempo dopo il Big Bang, l'universo, allora piccolissimo e in formazione, conteneva una grande quantità di energia essenzialmente sotto due forme:

1) energia radiante costituita da un numero elevatissimo di fotoni di alta energia; quegli stessi fotoni che poi, raffreddandosi, costituiscono oggi la già menzionata radiazione fossile;

2) materia che si era appena formata e che aveva una certa massa; secondo la teoria classica questa massa totale era la stessa di quella oggi esistente, solo che allora occupava volumi ridottissimi.

Non sappiamo quanto grande fosse questa energia totale dell'universo; però, lo ripetiamo, essa è la stessa che noi oggi osserviamo.

Per l'equivalenza tra massa ed energia, chiamata M la massa totale dell'universo, l'energia totale corrispondente era (ed è ancora)

$$E(\text{tot}) = Mc^2 + \Sigma h\nu \qquad (2)$$

dove il secondo termine contiene (ricordiamo la formula di Planck, capitolo I) anche la somma delle energie di tutti i fotoni esistenti nell'universo. Per il principio di conservazione dell'energia, principio che noi ora applichiamo all'intero universo, si ha che E(tot) è il valore dell'energia totale contenuta nell'universo anche ai nostri giorni.

Secondo la nostra ipotesi la velocità della luce è sempre andata a crescere dal momento del Big Bang in poi; quindi la conclusione che si impone è che nella (2) alcuni, o tutti, i valori delle altre tre grandezze in gioco debbono essere cambiati dalle origini dell'universo in poi.

Vediamo quindi quali cambiamenti la nostra ipotesi comporta nella visione classica dell'universo, cominciando da una nuova definizione della sua stessa età.

Tempo apparente e tempo reale

Consideriamo una distanza generica S tra due punti qualunque. Può trattarsi della distanza tra due galassie, della lunghezza di un regolo o anche delle dimensioni stesse del nostro universo, poco importa.

Secondo la fisica classica (legge di Hubble) tale distanza varia con il tempo secondo la relazione

$$\frac{dS}{dt} = H\,S \qquad (3)$$

che dice che la velocità con cui, ad esempio, due galassie poste a una distanza S si allontanano reciprocamente, è proporzionale alla stessa distanza S.

Integrando la (3), e tenendo conto che la distanza S aveva agli inizi (nelle vicinanze del Big Bang) il valore S(BB), si ottiene

$$S(t) = S(BB)e^{HT} \qquad (4)$$

Le dimensioni quindi aumentano in funzione esponenziale al trascorrere del tempo.

Noi avanziamo l'ipotesi che non vi sia stata inflazione e che, quindi, l'universo si sia espanso continuamente partendo da dimensioni ridottissime e seguendo una legge del tipo della (4). Inoltre supponiamo che il valore di H sia rimasto sempre costante.

Evidentemente non vogliamo iniziare dall'istante del BB poiché, come sappiamo, *S*(BB) avrebbe dei valori praticamente nulli, e inoltre le condizioni in quei primissimi istanti non sono comunque ben chiare.

Decidiamo quindi, arbitrariamente, di cominciare a misurare il tempo da quando l'universo aveva una dimensione piccolissima, di solo 1 metro. Indicheremo tale valore come *S*(BB1), per distinguerlo dall'altro *S* (BB) della (4).

L'universo definito con la nostra ipotesi si evolve quindi da un valore iniziale *S*(BB1) fino a raggiungere oggi le dimensioni *S*(0)

$$S(\mathrm{BB1}) = 1\ \mathrm{m}; \quad S(0) = 10^{26}\ \mathrm{m} \qquad (5)$$

La (4) diviene quindi

$$S(T) = S(BB1)e^{HT} \qquad (6)$$

Nella (6) abbiamo indicato il tempo con la lettera maiuscola *T* per distinguerlo da quello tradizionale della (4) che avevamo indicato con la lettera minuscola *t*.

Chiamiamo *T* grande il tempo reale e *t* piccolo il tempo apparente o tradizionale.

Introducendo nella (6) i valori dati dalla (5), otteniamo **la nuova età dell'universo** EU(*T*)

$$\mathrm{EU}(T) = 864\ 10^{9}\ \text{anni} \qquad (7)$$

Il rapporto tra le due età dell'universo risulta quindi

$$\mathrm{EU}(T)/\mathrm{EU}(t) = \sim 58 \qquad (8)$$

Secondo la nostra ipotesi quindi il nostro universo si è espanso senza inflazione, a partire dal Big Bang, per un tempo molto, molto più lungo di quello comunemente accettato. **L'universo sarebbe dunque vecchio di 864 miliardi di anni!**

La misura della velocità della luce

Una domanda che ci si può legittimamente porre è quella di come mai, se la velocità della luce varia con il tempo, non ce ne siamo mai accorti; cioè come mai le misure nel passato hanno dato sempre il valore di $c(0)$. Si possono dare due risposte a tale domanda. La prima deriva direttamente dalla nostra ipotesi di lavoro, espressa dalla (1). La velocità $c(t)$ della luce varia infatti esattamente come varia una qualunque dimensione lineare dell'Universo, incluso un eventuale metro campione. Per cui, una misura di $c(t)$ eseguita nel passato, anche un passato molto remoto, avrebbe sempre fornito lo stesso identico valore che oggi conosciamo.

Anche senza voler tenere conto della nostra ipotesi, sarebbe comunque estremamente difficile trovare oggi una conferma di questa variabilità della velocità della luce.

La velocità della luce, misurata oggi con estrema precisione, è di 299.792,458 km/s (che noi approssimiamo per semplicità a 300.000 km/s).

Tale valore è inoltre caratterizzato da un'incertezza nella misura sull'ultima cifra (i metri) di soli 1,2 m/s. Cioè in assoluto la precisione è di 4×10^{-9}.

Le prime misure affidabili della velocità della luce sono state fatte poco più di un secolo fa, e certamente con un'incertezza più grande.

Prendiamo ad esempio le misure fatte da A. Michelson in California nel 1926; tali misure, per la sofisticazione dei mezzi impiegati, furono per lungo tempo considerate le più valide.

Michelson trovò un valore di 299.796 km/s, cioè di circa 4 km/s più elevato di quello misurato oggi.

Come si vede, non possiamo quindi riferirci a misure fatte in un passato piuttosto remoto per sapere se la velocità della luce sia cambiata con il tempo.

Solo le misure effettuate negli ultimi anni possono essere considerate precise.

Calcoliamo quindi di quanto, secondo la nostra ipotesi, la velocità della luce era inferiore un anno fa.

Considerando la (1) e la (4), vediamo che la velocità della luce aumenta secondo la legge

$$c(T) = c(\mathrm{BB1})e^{HT} \qquad (9)$$

dove c(BB1) rappresenta il valore iniziale dato da

$$c(\mathrm{BB1}) = c(0)/10^{26} = 3\ 10^{8}/10^{26} = 3\ 10^{-18}\ \mathrm{m/s} \qquad (10)$$

Risulta quindi dalla (9) che la velocità della luce è cambiata nell'ultimo anno di circa 2 cm/s (vedi anche Appendice 2): un valore troppo piccolo per essere verificato.

Le cose non cambierebbero molto se volessimo calcolare le variazioni della velocità durante gli ultimi 10 o anche 100 anni: i valori sarebbero ancora sempre troppo piccoli per essere rilevati.

Arriviamo quindi alla conclusione che, se la nostra ipotesi fosse valida, purtroppo non vi è modo di verificarla sperimentalmente misurando la velocità della luce.

La radioattività

Le ipotesi che abbiamo avanzato possono portare a discrepanze anche molto importanti sulla datazione di fatti e avvenimenti del passato, specie per le epoche più remote. Vediamo quindi anzitutto come vengono oggi effettuate le misure di età per reperti molto antichi.

Uno dei metodi di datazione geologica più diffusi è senza dubbio quello che fa uso della radioattività naturale.

Nell'Appendice A3 descriviamo in breve in che cosa consiste questo metodo e come esso è utilizzato per datare oggetti e avvenimenti del passato. Ricordiamo qui solo che la legge della disintegrazione è del tipo

$$\frac{dN}{dT} = -\lambda N$$

ed essa ci dice che per ogni sostanza radioattiva, il numero di atomi che si disintegrano nell'unità di tempo è proporzionale al numero totale di atomi presenti della sostanza in esame.

La grandezza fondamentale λ, chiamata costante di disintegrazione, è costante nel tempo e differente per i vari tipi di sostanze considerate.

Le datazioni fatte usando i due metodi, uno basato sul tempo apparente t e l'altro sul tempo reale T, dovrebbero fornire risultati differenti. Vediamo se ciò è vero.

Riteniamo che la risposta possa venire da considerazioni che prendano in esame l'essenza stessa del fenomeno radioattivo.

Ricordiamo anzitutto che la radioattività è un fenomeno puramente statistico: questo significa che possiamo sapere di ogni tipo di sostanza radioattiva quanti atomi si disintegreranno al secondo, ma non potremo mai stabilire quali atomi si disintegreranno a un certo istante.

L'essenza stessa del fenomeno radioattivo è un gran mistero per la fisica: perché ad esempio in una sostanza che ha un tempo di dimezzamento di 1000 anni, alcuni atomi si disintegrano subito e altri tra 1 milione di anni?

Per la fisica classica, causale e deterministica, è solo la nostra ignoranza e mancanza di mezzi adeguati che non permettono tale conoscenza.

Abbiamo invece visto che per la Meccanica Quantistica tale fenomeno è puramente casuale e l'indeterminazione è la sua stessa essenza.

Vista quindi la natura piuttosto misteriosa delle radici intime della radioattività, avanziamo l'ipotesi, come abbiamo già fatto per altre grandezze fondamentali, che anche questo fenomeno possa variare con il tempo.

Più precisamente ipotizziamo, come abbiamo già fatto a proposito della velocità della luce, che la costante di disintegrazione λ possa variare nel tempo, proporzionalmente al variare delle dimensioni dell'universo.

Ipotizziamo cioè che, mentre l'universo si gonfiava secondo la (4), la costante di disintegrazione, che ora chiameremo parametro di disintegrazione, abbia subito la stessa sorte. Si ottiene quindi

$$\lambda(T) \cap S(T) \qquad (11)$$

Questa ipotesi porta a una nuova formulazione della legge di disintegrazione, come riportato nell'Appendice A3.

Appare evidente che, per tempi abbastanza vicini ai nostri (diciamo fino a qualche milione di anni fa) i valori di $\lambda(T)$ sono praticamente identici a $\lambda(0)$, il valore cioè che la costante di disintegrazione ha oggi.

In conclusione, per sostanze con tempi di dimezzamento abbastanza corti, non possiamo rilevare alcuna differenza, sia che usiamo la formula classica, sia che seguiamo la nostra ipotesi (A3).

In particolare, il metodo di datazione che usa il C14, che è praticamente il più utilizzato, fornirà gli stessi risultati con i due metodi di misura.

Le datazioni possono invece risultare differenti fra i due metodi, quando si voglia utilizzare il parametro $\lambda(T)$ per determinare tempi di dimezzamento molto lunghi (vedi Appendice A3).

Parametri e costanti fondamentali

Come abbiamo già detto, la nostra ipotesi di una velocità della luce variabile nel tempo deve necessariamente portare a delle modifiche (in alcuni casi si può trattare di un vero sconvolgimento) nella visione classica dell'universo e dei suoi parametri, tali quali sono oggi universalmente accettati.

In particolare vi è un certo numero di grandezze e costanti fondamentali che debbono essere totalmente riconsiderate.

Iniziamo dalla (2) che fornisce l'energia totale dell'universo, separando l'energia dovuta alla massa da quella dovuta ai fotoni. Facciamo l'ipotesi che, durante l'espansione dell'universo, l'energia dovuta ai fotoni sia continuamente diminuita e che, quindi, sia cresciuta in conseguenza l'energia dovuta alla massa.

Sappiamo dalla RR e dall'esperienza in fisica delle particelle, che il passaggio da energia a massa, e viceversa, non solo è possibile, ma avviene continuamente.

Ad esempio, in determinate circostanze, un elettrone può sparire per dar luogo alla nascita di due fotoni e, viceversa, un fotone si annulla per creare una coppia di elettrone e positone. Supponiamo quindi che l'energia totale dei fotoni sia diminuita e, per coerenza con quanto proposto finora, sia diminuita in maniera inversamente proporzionale alle dimensioni dell'universo.

Poiché vogliamo mantenere immutato il valore della costante di Planck h, se ne deduce che è la frequenza dei fotoni a diminuire continuamente, il che non ci sembra del tutto irragionevole.

Invece l'energia dovuta alla massa cresce in maniera proporzionale al crescere delle dimensioni dell'universo.

Si ha quindi che

$$\nu \cup e^{HT} \; ; mc^2 \cap e^{HT}$$

e le condizioni fondamentali della nostra ipotesi divengono

$$c \cap e^{HT} \; ; m \cup e^{HT} \; ; h = \text{cos}t \qquad (12)$$

Nell'Appendice A4 analizziamo alcune delle altre grandezze fondamentali ritenute oggi come costanti e che, nella nostra ipotesi, dovrebbero invece essere variabili con il tempo.

Di tale analisi riportiamo qui solo le conclusioni che riguardano la costante di gravità G e la densità media dell'universo ρ.

La prima diviene fortemente crescente con il tempo

$$G \cap e^{3HT} \qquad (13)$$

mentre la densità media decresce fortemente

$$\rho \cup e^{4HT} \qquad (14)$$

Conseguenze delle nostre ipotesi

Le ipotesi piuttosto inconsuete che noi proponiamo in questo capitolo hanno delle conseguenze che possono gettare una nuova luce su fenomeni finora mal compresi o comunque aprire la via a nuove interpretazioni di fatti già noti.

Per noi è piuttosto difficile enumerare quali possano essere tutte queste conseguenze.

Ci limitiamo quindi nei prossimi paragrafi a enumerare solo alcune di esse, lasciando ad altri, forse più preparati di noi, il compito di trovarne possibilmente delle altre.

Lo ripetiamo ancora una volta, le scelte fatte nella nostra ipotesi di quali grandezze e costanti fondamentali possano essere considerate come variabili sono puramente arbitrarie: il nostro scopo è solo quello di mostrare come il far variare nel tempo alcune di tali grandezze potrebbe condurre a risultati interessanti per una migliore comprensione del nostro universo.

1. Gravitazione universale

Ricordiamo che tale legge, detta anche di Newton, dice che:

$$F = G\frac{M1M2}{D^2} \qquad (15)$$

La forza con cui due masse $M1$ e $M2$ si attraggono è proporzionale al prodotto delle due masse e inversamente proporzionale al quadrato della loro distanza reciproca.

In particolare facciamo notare che essa ci dice che la forza diminuisce all'aumentare della distanza e quindi, in definitiva, con il passare del tempo.

La costante G è appunto chiamata costante di gravitazione universale e il suo valore è sempre lo stesso in tutte le epoche e in tutti i punti dell'universo.

Come si vede, nell'espressione (15), il numeratore è una costante poiché né le masse né la costante G variano con il tempo. Il denominatore invece cresce all'aumentare della distanza D.

Quindi la forza di attrazione tra $M1$ e $M2$ diminuisce continuamente nel tempo poiché, come sappiamo, D aumenta continuamente secondo la legge di Hubble. Per una generica distanza $S(t)$ al tempo t tra due stelle sappiamo che esse si allontanano secondo la (4).

Questo è quindi il valore della distanza D che dobbiamo introdurre al denominatore della (15). Come si vede, la forza di attrazione gravitazionale tra due masse $M1$ e $M2$, inizialmente a una distanza $S(0)$, diminuisce esponenzialmente con il passare del tempo. La (15) diviene quindi

$$F(t) = G\frac{M1M2}{(S(0)e^{HT})^2} \cap \frac{1}{e^{2HT}} \qquad (16)$$

Tutto ciò in base alla teoria classica. Vediamo ora che cosa accade nella nostra ipotesi.

Utilizzando le unità di tempo reale T e ricordando la (6), si ha per la (16) la nuova espressione della legge di gravitazione universale:

$$F(T) = G\frac{M1M2}{(S(BB1)\,e^{HT})^2} \qquad (17)$$

Ricordando la (12) e la (13), si ha

$$F(T) \cap \frac{1}{e^{HT}} \qquad (18)$$

La diminuzione continua della massa data dalla (12) è più che compensata dall'aumento del valore della costante gravitazionale G (13).

In definitiva quindi l'attrazione universale (18) decresce ancora con il tempo, ma in maniera meno rapida di quanto fornito dalla formula classica (16).

2. Il Fato dell'universo

La formula (18) può anche essere utilizzata per fornirci un'idea sulla futura evoluzione del nostro universo, in particolare in che tipo di universo ci troviamo.

Sia la (16) che la (18) ci mostrano che la forza di attrazione universale, pur con modalità differenti, diminuisce sempre in funzione del tempo.

Essa è tuttavia sempre presente sia nell'ipotesi classica

da 15 miliardi di anni, che nella nostra ipotesi da ben 864 miliardi di anni.

Malgrado ciò, l'espansione dell'universo sembra non avere mai rallentato: anzi, secondo le più recenti rilevazioni, essa sembra accelerarsi.

Vorremmo tuttavia fare alcune osservazioni a questo proposito.

Se l'universo potesse essere visto come un'immensa sfera avente un centro, è evidente che le forze gravitazionali dovrebbero farlo collassare prima o poi verso il suo centro.

Come abbiamo già detto, questa fu la ragione dell'introduzione da parte di Einstein della famosa costante cosmologica: essa indicava l'esistenza di una forza misteriosa che poteva contrastare la gravità.

La moderna visione è invece quella di un universo in espansione, finito, ma senza limiti, uniforme in tutte le direzioni e, soprattutto, non avente alcun centro.

Quest'ultima caratteristica ci sembra particolarmente importante.

Ogni punto dell'universo può essere visto come centro dell'universo stesso. Questo perché, in qualunque punto dell'universo ci si trovi, a causa dell'uniformità, in qualunque direzione si guardi si troverà la stessa identica situazione.

In particolare la distanza della stella più lontana misurabile risulterà di circa 15 miliardi di anni luce (secondo la teoria classica).

Ne risulta che anche le forze gravitazionali agenti sul punto in questione saranno le stesse, da qualunque parte esse provengano: la loro risultante sarà quindi nulla.

Poiché queste considerazioni possono essere ripetute in modo identico per qualunque punto dell'universo, ne risulta che una massa, ad esempio una stella, ovunque si trovi, non dovrebbe subire alcun effetto gravitazionale.

Il nostro universo sembra quindi espandersi in maniera continua secondo la legge di Hubble fin dal Big Bang, senza che nessuna forza di gravità possa contrastare questa espansione. Il nostro sembra quindi essere un universo aperto che si espanderà per sempre.

3. La densità dell'universo

La densità si definisce come il rapporto tra la massa di un corpo e il volume che esso occupa. Nel caso dell'intero universo questa densità media varierà con il tempo poiché, secondo la nostra ipotesi, non solo il volume ma anche la massa varia con il tempo.

Tenuto conto che il volume è proporzionale al cubo delle dimensioni lineari, si ha che

$$\rho\,(T) = \frac{M(T)}{V(T)} \cap \frac{M(T)}{S(T)^3}$$

Ricordando la (6) e la (12), si ottiene infine che

$$\rho\,(T) \cap \frac{1}{e^{HT}\,e^{3HT}} = \frac{1}{e^{4HT}}$$

che è esattamente identica alla (14).

4. Universo inflazionistico

All'inizio di questo capitolo abbiamo rapidamente esposto questa teoria che si è sviluppata essenzialmente per spiegare l'apparente uniformità dell'universo in tutte le sue regioni.

Abbiamo visto che l'ipotesi di A. Guth afferma che subito dopo l'istante iniziale del Big Bang (quando l'universo era ancora più piccolo di un protone) l'espansione si sia arrestata brevissimamente in modo che l'informazione raggiungesse ogni regione e quindi producesse l'uniformità, per poi continuare in modo rapidissimo per un altro corto periodo di tempo (inflazione appunto), fino a raggiungere i valori che noi oggi conosciamo.

Abbiamo anche detto che, anche se oggi largamente accettata negli ambienti scientifici, tale teoria sembra un po' troppo artificiosa e fatta per far quadrare i conti... proprio come la famosa costante cosmologica di Einstein.

Le nostre ipotesi possono forse fornire una spiegazione più semplice per giustificare l'apparente uniformità dell'universo.

Per far questo, dobbiamo ricordare la velocità di espansione iniziale dell'universo alla luce della nostra ipotesi e paragonarla con la velocità della luce alla stessa epoca.

Secondo le teorie oggi più accreditate, la luce cominciò a separarsi dalla materia circa 300.000 anni dopo il Big Bang. Nella nostra ipotesi senza inflazione, la (3) e la (9) ci dicono che a tale istante sia le dimensioni dell'universo, sia la velocità della luce avevano praticamente gli stessi valori che all'istante da noi considerato come iniziale BB1.

Ricordiamo inoltre che il valore iniziale della velocità della luce (10) è anch'esso una ipotesi di lavoro: tale valore, se necessario, potrebbe anche essere supposto più elevato.

La (3) ci dice che la velocità di espansione dell'universo, quando le sue dimensioni erano di solo 1 metro, è

$$dS/dT = 2{,}2\ 10^{-18}\ \text{m/s}$$

La velocità della luce nello stesso periodo era (10) di

$$c(\text{BB1}) = 3\ 10^{-18}\ \text{m/s}$$

Come si vede, la velocità della luce era, anche se di poco, superiore alla velocità di espansione dell'universo, e così è rimasta sempre, fino ai nostri giorni.

Appare quindi evidente che un raggio di luce, partendo da un qualunque punto dell'universo, debba a un certo istante raggiungere un qualunque altro punto dell'universo.

Calcoliamo quando ciò sia avvenuto, a partire dal momento considerato, cioè quando l'universo aveva le dimensioni di solo 1 metro (SBB1).

Per far questo ricordiamo che la velocità della luce rappresenta, come qualunque altra velocità, lo spazio s (s minuscola) percorso durante un tempo unitario T.

Abbiamo quindi (9)

$$c(T) = \frac{ds}{dT} = c(BB1)e^{HT}$$

da cui, integrando, si ottiene

$$s(T) = \frac{c(BB1)}{H}(e^{HT} - 1)$$

Dobbiamo ora mettere a confronto con la (6)

$$s(T) = S(T)$$

Si ottiene infine che

$$T = 19\ 10^9 \text{ anni}$$

Ci sono voluti cioè 19 miliardi di anni perché la luce raggiungesse i confini dell'universo, producendo così l'uniformità che oggi osserviamo.

Da notare che, a quel momento, le dimensioni dell'universo (6) erano di soli

$$S = 3{,}17 \text{ m}$$

5. La scomparsa dei dinosauri

Riprendiamo la (15) che ci fornisce la forza di attrazione universale secondo Newton.

Se in essa poniamo per $M1$ la massa della terra e per D il suo raggio, otteniamo la ben nota formula per la forza peso sulla superficie terrestre

$$p = g\, M2\,;\ dove\ g = 9{,}81\, m/\text{sec}^2 \qquad (19)$$

La g è la cosiddetta accelerazione di gravità sulla terra e, secondo la teoria classica, essa è ed è sempre stata una costante, perché sono costanti sia G che $M1$ e D.

Il risultato è totalmente differente nella nostra ipotesi dove la g varia al passare del tempo secondo la (17).

In definitiva quindi anche la forza di gravità sulla terra è cambiata con il tempo seguendo la (17).

Vediamo ora in che modo tutto ciò abbia a che vedere con i dinosauri.

Come abbiamo ricordato nell'introduzione, i dinosauri apparvero sulla terra circa 300 milioni di anni fa e scomparvero molto rapidamente circa 50 milioni di anni fa.

Molte ipotesi sono state proposte per spiegare questa piuttosto rapida scomparsa. Si è parlato di bruschi cambiamenti del clima, di glaciazioni improvvise causate dalla caduta di un'immane meteorite che, con le polveri sollevate, avrebbe oscurato il sole ecc.

Seguendo la nostra ipotesi, proponiamo una spiegazione abbastanza semplice della scomparsa dei dinosauri.

Vorremmo anzitutto fare osservare che quando diciamo che i dinosauri «comparvero» sulla terra 300 milioni di anni fa e «scomparvero» 50 milioni di anni fa, tale affermazione deve essere presa con la dovuta cautela.

Non possiamo infatti immaginare che degli esseri mastodontici, delle dimensioni di un edificio di 4 piani, possano essere comparsi un bel mattino, come per incanto, e possano essere scomparsi alla stessa maniera.

Probabilmente, il volume di quei mastodonti cominciò a crescere durante un periodo molto lungo, di decine e forse più milioni di anni; alla stessa maniera la loro estinzione si è progressivamente prodotta durante altri milioni di anni.

Tuttavia, per semplificare, consideriamo le date prima citate come valide e vediamo che cosa accadde ai valori di alcuni dei parametri che ci interessano 300 e 50 milioni di anni fa.

Ricaviamo anzitutto dalla (8) la corrispondenza tra tempo apparente e tempo reale

$t1 = 3 \times 10^8$ *anni fa* $= 1{,}47 \times 10^{10}$ *anni* $\rightarrow T1 = 846{,}6 \times 10^9$ *anni reali*

$t2 = 5 \times 10^7$ *anni fa* $= 1{,}495 \times 10^{10}$ *anni* $\rightarrow T2 = 861{,}1 \times 10^9$ *anni reali*

Introducendo tali valori nella formula (6) si ottiene di quanto sono variate le dimensioni lineari

$$\frac{S(T2)}{S(T1)} \cong 2{,}73 \qquad (20)$$

Il corrispondente aumento di volume (circa 20 volte) è tuttavia comune a tutto l'Universo, e non può avere prodotto effetti particolari sulla terra.

E introducendo gli stessi valori nella (17) si ottiene di quanto è variata la forza di gravità sulla terra durante lo stesso periodo di tempo

$$\frac{F(T1)}{F(T2)} \cong 2{,}73 \qquad (21)$$

Come si vede, durante il periodo considerato, la forza di gravità è diminuita sulla terra in modo consistente. Questo fatto non può non aver avuto degli effetti di gigantismo sugli esseri viventi che allora popolavano la terra.

Tali aumenti furono probabilmente incompatibili con la sopravvivenza della specie.

È stato quindi il diminuire progressivo e continuo della forza di gravità che ha permesso ai dinosauri di svilupparsi in dimensione oltre ogni misura, ma è stato probabilmente l'aumentare del loro volume che ne ha causato l'estinzione.

Non si può infatti immaginare che tale fenomeno potesse continuare per lungo tempo, poiché in breve avrebbe portato le dimensioni dei dinosauri a quelle di una montagna!

Bisogna infatti mettere in evidenza che l'aumento abnorme delle dimensioni dei dinosauri niente ha a che vedere con il gonfiamento generale delle dimensioni dovuto all'espansione dell'universo.

Esso è infatti dovuto alla diminuzione della gravità e niente avrebbe quindi potuto fermarlo.

L'evoluzione, nella sua infinita saggezza, e in particolare la selezione naturale, avrà quindi permesso e favorito lo sviluppo di esseri di dimensioni molto più piccole che potessero sopravvivere, adattandosi alle nuove condizioni ambientali.

Il fatto che l'estinzione sia avvenuta in modo piuttosto rapido ha probabilmente delle ragioni del tutto naturali: abbiamo infatti in fisica molti esempi di fenomeni in cui una grandezza cresce continuamente fino a raggiungere un punto di rottura.

Conclusioni

Come si è visto, il libro è costituito essenzialmente di due parti che, almeno apparentemente, possono sembrare totalmente distinte e separate sia per la forma del discorso, sia per il loro contenuto.

La prima parte è dedicata alla confutazione di quelli che abbiamo chiamato gli Oggetti Irrazionali.

Nella seconda parte abbiamo cercato di presentare delle ipotesi su una fisica diversa che potrebbe gettare un qualche barlume per una futura risposta alle Grandi Questioni.

Questa apparente mancanza di un solido legame tra le due parti che compongono il libro non è evidentemente sfuggita alle persone che ci sono più vicine e che ne hanno letto la prima bozza.

Esse ci hanno fatto notare che le due parti potrebbero benissimo essere l'oggetto di due pubblicazioni separate.

Non l'abbiamo fatto, e ciò per almeno due considerazioni.

La prima è quella che, sia nell'introduzione sia altrove nella prima parte, abbiamo asserito più volte la nostra ferma convinzione che una nuova fisica sia necessaria per cercare almeno di iniziare a trattare il problema delle Grandi Questioni. Ci è quindi sembrato logico mostrare che cosa noi intendessimo per nuova fisica nei capitoli che trattano dello spazio e del tempo.

La seconda considerazione è un po' più polemica della

prima. Ci sembra infatti che i progressi futuri nella conoscenza possono essere fatti solo da persone con una visione assolutamente razionale dei problemi che affrontano. Approccio che, a nostro avviso, è possibile solo quando si sono totalmente eliminati gli Oggetti Irrazionali dal nostro cammino.

Siamo assolutamente coscienti del fatto che, nel passato come nel presente, grandi pensatori e grandi uomini di scienza hanno fatto fare alla conoscenza umana passi da gigante con le loro opere e con il loro pensiero, e ciò indipendentemente dal fatto che essi credessero oppure no in uno o più OI.

Ci sembra tuttavia, come abbiamo detto nell'introduzione a proposito della falsa autorità, che il credere fermamente in un qualche Oggetto Irrazionale produca, spesso anche a loro insaputa, una possibile limitazione allo sviluppo del loro pensiero e anche una possibile remora nel seguire o proseguire ricerche in campi apertamente in contrasto con gli OI ai quali essi sono profondamente attaccati.

Ecco perché abbiamo preferito lasciare questo libro così come è stato scritto, con una prima parte dedicata alla confutazione degli Oggetti Irrazionali, che costituisce in qualche modo una premessa alla seconda parte.

Detto questo, vorremmo fare una breve autocritica su quanto abbiamo scritto finora, autocritica che ha verosimilmente lo scopo di rassicurarci sul fatto stesso che sia valsa proprio la pena di scriverlo, questo libro.

In altre parole, vorremmo ora verificare se, nei limiti delle nostre stesse conoscenze, siamo in definitiva riusciti a dire qualcosa di nuovo oppure no sugli argomenti che abbiamo trattato.

Sappiamo benissimo che questo tipo di critica fatta dall'autore non ha in genere molto valore, poiché essa non può certo essere totalmente obiettiva: il solo giudizio finale che conta è quello del lettore! Comunque ci proviamo.

Se volessimo dare un giudizio globale e molto sommario su quanto abbiamo scritto potremmo dire che nella prima parte del libro esprimiamo dei giudizi e usiamo argomenti nei quali crediamo profondamente, ma che non sono totalmente nuovi, e nella seconda parte, al contrario, avanziamo delle ipotesi che sono, a nostra conoscenza, nuove e anche piuttosto ardite, ma del cui valore scientifico non possiamo, allo stato attuale, essere certi.

Vediamo ora di approfondire meglio questo giudizio piuttosto sintetico.

Abbiamo detto che crediamo a quanto scritto nella prima parte di questo libro. Gli argomenti che abbiamo utilizzato, argomenti che sono soprattutto improntati alla ragione e al buon senso, ci sono sembrati, e ci sembrano, assolutamente validi; se non temessimo di apparire presuntuosi, oseremmo dire che essi ci appaiono inattaccabili.

Tali argomenti, in generale, non sono nuovi e sono già stati utilizzati in passato, in una forma o in un'altra, per cercare di dimostrare l'infondatezza degli OI.

L'originalità del nostro contributo riguarda soprattutto le idee espresse a proposito di «Religione e Termodinamica» che, forse, potremmo meglio chiamare «Evoluzione e Termodinamica».

In tale parte del libro infatti abbiamo avanzato l'ipotesi che tutto il comportamento umano, inclusi quindi l'evoluzione del suo pensiero e l'evoluzione delle religioni, sia dovuto a un effetto continuo e costante del Secondo Principio della Termodinamica.

Questo Principio (non per nulla abbiamo parlato di pressione del SP) produce un effetto di uniformazione senza tregua su tutti gli oggetti sui quali esso agisce, in definitiva quindi su tutto l'universo.

Esso spiega quindi in particolare l'evoluzione delle religioni e del pensiero sociale, specie negli ultimi secoli, verso un ideale di eguaglianza e giustizia.

Se tali argomenti di confutazione degli OI sembrano inattaccabili, ci si può chiedere come mai vi siano al mondo parecchi miliardi di persone che credono negli OI, mentre solo pochi milioni, o forse decine di milioni, non vi credono?

Le ragioni le abbiamo già esposte ampiamente e non è quindi necessario ridiscuterle. Esse hanno soprattutto a che vedere con la mancata risposta della scienza alle Grandi Questioni con un conseguente ricorso al soprannaturale e all'irrazionale, in tutte le sue forme. A tale proposito, desideriamo citare un fatto recentemente accaduto in un paese dell'Italia centrale, che mostra come questo anelito di spiritualità possa condurre all'irrazionalità più totale.

Una statuetta della Madonna comincia a lacrimare sangue e, come già avvenuto in un gran numero di casi simili, colonne di fedeli si dirigono sul luogo dell'accaduto gridando al miracolo.

Come abbiamo già detto prima, un minimo di approccio razionale vorrebbe che si confrontasse il sangue sulla statuetta con quello delle persone che hanno più o meno avuto contatti con essa. Questo in genere, per vari intuibili motivi, spesso non si può o non si vuole fare.

Nel caso di cui ci occupiamo invece il confronto viene effettuato e si trova, evidentemente, la persona cui il sangue appartiene.

Le autorità religiose diramano subito un comunicato annunciando l'avvenuta impostura.

A questo punto ci si attende che la processione di fedeli diminuisca rapidamente, fino a cessare del tutto.

Niente affatto! I fedeli continuano ad arrivare per lungo tempo, anche se forse in numero leggermente ridotto.

Il cronista di una ben nota emittente televisiva, incuriosito dal fenomeno, comincia a interrogare i pellegrini chiedendo loro perché essi continuassero a venire, dato che si trattava, all'evidenza, di un falso miracolo.

La risposta più comune è stata: «Anche se dicono così, io ci credo lo stesso!».

Ecco come la fede cieca negli OI riesca anche a far vacillare la ragione!

Come abbiamo accennato all'inizio del libro, questo comportamento irrazionale, questa credenza negli OI di vario tipo, non è affatto appannaggio degli strati meno colti della popolazione, ma è anche molto diffuso nel mondo scientifico.

Non abbiamo trovato statistiche ufficiali sull'argomento, ma la nostra personale esperienza ci porta a credere che circa metà degli uomini di scienza creda in uno o più OI (in generale si tratta di un credo religioso).

Ci si può quindi ragionevolmente chiedere come ciò sia possibile, cioè come sia possibile che uomini che nel loro lavoro quotidiano applicano il metodo scientifico con rigore possano contemporaneamente credere anche agli OI.

Dai tempi di Galileo in poi il metodo scientifico viene applicato ed esso non ammette deviazioni, né alcun tipo di compromesso con il mondo dell'irrazionale.

Ogni nuovo fenomeno viene osservato e analizzato in maniera fredda e scientifica, una nuova teoria viene emessa eventualmente per spiegarlo e una serie di misure indipendenti vengono effettuate per comprovare detta teoria.

Inoltre è necessario che il fenomeno in oggetto possa essere riprodotto sotto le stesse condizioni.

Tutto ciò manca evidentemente del tutto nel mondo degli OI.

E allora perché un gran numero di uomini di scienza crede negli OI?

La risposta che più comunemente si dà a questo fenomeno, e che noi abbiamo riportato più volte, è che scienza e religione (il più diffuso degli OI) si muovono in mondi separati che non possono e non debbono necessariamente incontrarsi.

Questo tipo di argomento non ci soddisfa affatto.

In pratica esso equivale a dire che tali persone presentano una specie di separazione nella loro personalità: una che esegue ricerche scientifiche con il massimo rigore e razionalità, e un'altra, completamente indipendente dalla prima, che invece crede negli OI e agisce secondo le loro regole.

Un tale comportamento potrebbe essere assimilato a un certo disordine mentale, ma ci sembra piuttosto offensivo e ingiusto voler esprimere dei giudizi di carattere patologico verso persone che spesso rappresentano le vette più eccelse del pensiero umano.

Vi sono invece altri argomenti certamente più validi per spiegare questa apparente incoerenza di molti scienziati.

Ogni uomo di scienza, o ricercatore per intenderci, qualunque sia il campo delle sue ricerche, sia esso la biologia molecolare, o la ricerca spaziale, o ancora la fisica delle alte energie ecc., è abituato a confrontarsi quotidianamente con quelle che comunemente vengono chiamate le frontiere della conoscenza.

Durante tali studi e ricerche, ogni ricercatore si trova molto spesso in presenza di fenomeni sempre più complessi, a una organizzazione della natura che a volte appare come miracolosa tanto essa sembra rispondere a una finalità ben stabilita.

In qualunque campo esse avvengano, le nuove scoperte mettono sempre in evidenza una funzionalità e un'armonia nella natura che ci circonda che sembra tendere alla perfezione e appare spesso di una bellezza senza confronti.

Inoltre la ricerca si presenta oggi evidentemente come un'attività senza fine; come l'orizzonte, ogni nuova scoperta fornisce spesso la risposta a un dato fenomeno, ma allo stesso tempo altri fenomeni ancora inspiegabili vengono messi in evidenza, in una sequenza che appare, appunto, senza fine.

A tale proposito ci viene in mente l'ottusità di certi ricercatori che, all'inizio dello scorso secolo, quando la struttura atomica della materia era stata finalmente messa in evidenza, dichiaravano candidamente che i ricercatori potevano andare a casa poiché non c'era più nulla da scoprire...

Al contrario, il moderno ricercatore, conscio dell'esperienza passata, si avvicina umilmente a una nuova scoperta, convinto che quasi certamente essa aprirà la strada verso scoperte che appaiono sempre più meravigliose.

In tali condizioni, possiamo comprendere perfettamente che la mente umana possa rifiutarsi di ammettere che tutto ciò sia solo opera del caso.

Ecco quindi che anche le menti più razionali possono vacillare e considerare la possibilità che vi debba essere un disegno superiore, una Mente suprema che governa tutta questa incredibile complessità dell'universo.

Queste condizioni possono quindi portare a quello che possiamo considerare un compromesso epistemologico: si ammette cioè che nella ricerca della conoscenza si debba usare sì il metodo scientifico, ma si deve anche ammettere che nello stesso tempo l'oggetto di tale ricerca, cioè in definitiva l'universo con i suoi segreti che si cerca di svelare, sia pervaso da una teleologia immanente. In parole molto semplici, si cerca di scoprire i meccanismi generati da una Mente Superiore e Trascendente.

Abbiamo detto che possiamo comprendere un tale atteggiamento, ma è evidente che non possiamo certo giustificarlo.

Vi sono, a nostro avviso, almeno due argomenti per confutare tale punto di vista.

Il primo è costituito dal Principio Antropico che, specie se associato alla teoria di Everett e alla nostra ipotesi degli UMC, può spiegare completamente ogni possibile complessità e apparente teleologia riscontrate nell'universo.

La meravigliosa perfezione che noi osserviamo attorno a noi appare tale solo perché noi ci troviamo in quello, tra i tanti universi possibili, nel quale tale perfezione deve necessariamente esistere, altrimenti noi non saremmo qui per rendercene conto.

Il granello di sabbia della splendida spiaggia di Cefalù, se potesse pensare, non potrebbe che stupirsi della sua unicità, della sua forma particolarissima, del materiale di cui è composto ecc. eppure esso esiste.

Con parecchi ordini di grandezza in più nella complessità, l'uomo si può meravigliare della sua unicità, ma essa esiste nell'unico universo in cui tale unicità è resa possibile.

Il secondo argomento deriva da un esame critico della storia della conoscenza umana, ad esempio durante l'ultima decina di millenni.

Da quei nostri antichissimi progenitori che restavano stupiti e atterriti davanti a un'eclissi di sole, fino a tempi più recenti, quando ad esempio la scoperta dei microbi e dei batteri mise fine a milioni di morti per infezioni fino ad allora misteriose, sempre e poi sempre una qualche scoperta è venuta a spiegare fatti ritenuti misteriosi.

Non vediamo quindi perché tale tendenza debba improvvisamente arrestarsi e non sarebbe quindi più possibile spiegare i fenomeni che ancora oggi ci sembrano misteriosi.

Anche in quei campi ancora misteriosissimi, come ad esempio la mente umana e la sua coscienza, progressi continui vengono effettuati per cui non si può dubitare che, probabilmente già nei prossimi decenni, risposte soddisfacenti e scientifiche saranno fornite.

Vi è ancora un'altra categoria di intellettuali i quali cercano (disperatamente, diciamo noi) di conciliare scienza e religione usando spesso argomenti che non esitiamo a definire capziosi.

Essi, da una parte sostengono che bisogna sapere interpretare quei fatti raccontati dalle Sacre Scritture che appaiono in evidente contrasto con le nostre conoscenze odierne e, d'altra parte, mettono in dubbio e propongono di rivisitare teorie scientifiche che sono appunto in contrasto con le dette Sacre Scritture.

Nel primo caso, ad esempio, si afferma che i fatti biblici debbono essere interpretati e visti quindi come una semplificazione di quei lontani autori che hanno usato un linguaggio che potesse essere compreso dai contemporanei.

Abbiamo già fatto i nostri commenti su tale argomento nel capitolo sulle religioni, e non vogliamo ripeterci. Osserviamo solo che il buon senso e la ragione indicano che i fatti raccontati nelle Scritture Sacre vogliono semplicemente descrivere esattamente quello che essi descrivono. Ogni altra interpretazione ci sembra semplicemente abusiva.

Più sottile, e quindi più pericolosa, appare la confutazione di teorie scientifiche che sono in contrasto con quanto affermato nelle Scritture.

Vogliamo alludere in particolare alla confutazione della Teoria dell'Evoluzione, oggi universalmente accettata dal mondo scientifico, e che è chiaramente in contrasto con la creazione dell'uomo, come descritta nella Bibbia.

Facciamo notare che tale confutazione ha raggiunto recentemente dei livelli incredibili, al punto che in molte scuole di alcuni Stati ne è stato vietato l'insegnamento.

L'argomento principale è che tale teoria è evidentemente discontinua, perché mancano parecchi anelli per una descrizione «minuto per minuto» dell'evoluzione che ha portato alla comparsa dell'uomo; in tali condizioni, si obietta che non si può escludere che appunto uno di tali anelli possa costituire LA soluzione di continuità generata dal soffio divino.

Un secondo argomento è che l'evoluzione non può essere considerata una teoria scientifica perché ad essa non possono applicarsi i principi fondamentali della scienza come la verificabilità e la riproducibilità.

Questo argomento può essere applicato a molte altre teorie, in primo luogo alla stessa cosmologia, eppure nessuno o quasi nessuno le mette in dubbio.

Tutti i ritrovamenti fossili finora venuti alla luce mostrano che la Teoria dell'Evoluzione è valida e, fatto più importante, nessun ritrovamento è mai stato in contrasto con essa; essa deve quindi essere accettata come vera, al di là di ogni ragionevole dubbio.

Evidentemente, da un punto di vista strettamente statistico, esiste sempre una probabilità che gli argomenti anti evoluzione testé descritti possano un giorno dimostrarsi validi, ma tale probabilità è certamente, per utilizzare una frase che abbiamo già usato, spaventosamente piccola.

Passiamo ora a fare qualche commento sulla seconda parte di questo libro, quella cioè dedicata alle due teorie rivoluzionarie sullo spazio e sul tempo.

Vogliamo anzitutto eliminare una apparente discrepanza che sembra esistere nel trattamento di questi due capitoli, e che non sarà forse sfuggita a molti lettori.

Nel capitolo sul tempo abbiamo concluso con l'ipotesi degli UMC, cioè di universi coesistenti in un iperspazio a varie dimensioni, il che ha eliminato il concetto stesso di tempo e del suo trascorrere.

Nel capitolo sullo spazio trattiamo invece di un universo che, anche se con modalità particolarissime, evolve in modo classico, che inizia con un Big Bang fino ad arrivare quindi a noi, oggi.

La contraddizione è solo apparente se ricordiamo il principio di equivalenza.

È vero che in realtà esistono infinite configurazioni delle particelle, ognuna delle quali forma uno degli universi coesistenti, ma è altresì vero che in ogni universo, ad esempio in quello dove ora noi ci troviamo, tutto appare come se esso fosse unico e si fosse sviluppato durante 15 miliardi di anni.

Possiamo quindi continuare a ragionare secondo la fisica classica per tutti i tipi di misure e di investigazioni che volessimo eseguire, senza curarci quindi degli altri universi.

Sperando di aver chiarito questo punto, passiamo a fare alcuni commenti sulle idee nuove introdotte nel capitolo sullo spazio.

Fin da quando eravamo giovani, la velocità della luce, e in particolare la sua assoluta costanza in tutte le circostanze e in tutti i luoghi, ci ha sempre affascinato.

Abbiamo sempre ritenuto infatti che questo suo valore apparentemente casuale e questa sua costanza debbano nascondere un significato più profondo nell'evoluzione dell'universo.

Poiché non è lecito, in quanto confermato da innumerevoli misure, dubitare della sua costanza oggi, l'unica possibilità che ci restava da esplorare era quella di un suo possibile differente valore nel passato.

Abbiamo così, lo ammettiamo, quasi per gioco voluto verificare in modo molto semplice che cosa accadrebbe se si ipotizzasse che il valore di c fosse stato meno elevato nel passato.

La legge di variazione che abbiamo proposto ci è sembrata la più logica poiché, se il valore di c è variato nel passato, ci è sembrato ragionevole che in qualche modo tale variazione dovesse essere messa in relazione con l'espansione dell'universo.

Ci siamo quindi accorti, prima con curiosità e poi con stupore, che la nostra ipotesi portava a delle conseguenze piuttosto interessanti.

È evidente, e lo abbiamo già detto, che certamente esistono altre conseguenze di tale ipotesi che non abbiamo analizzato, in particolare il fatto che molte altre costanti considerate universali finora debbono anch'esse avere subito una variazione nel tempo.

Se la nostra ipotesi verrà giudicata interessante, vi saranno certamente altri studi, fatti da persone ben più competenti di noi, che si occuperanno di questa analisi.

Le ipotesi che abbiamo esposto nel capitolo sullo spazio, anche se alquanto affascinanti, non portano alcun contributo o risposta al problema delle Grandi Questioni, che è stato il punto di partenza di questo libro.

Al contrario, l'ipotesi degli UMC nel capitolo sul tempo permette di rispondere a due delle domande fondamentali che ci eravamo posti, e che avevamo anche indicato come gli aspetti irrazionali della teoria del Big Bang: l'inizio dal nulla del tempo e dello spazio.

Il tempo con la sua freccia unidirezionale non esiste come tale: esso è solo una nostra illusione che si basa sul modo come noi interpretiamo la realtà.

Tempo e spazio non hanno avuto alcun inizio: essi esistono e basta! Le particelle, sole protagoniste dell'universo, esistono non da sempre, perché questo ricondurrebbe alla nozione di tempo: esse esistono e basta!

Dobbiamo arrenderci quindi a questa evidenza: **l'universo non è per nulla fatto come noi lo vediamo e lo immaginiamo.**

La fisica moderna del resto ci ha già abituati a credere in cose che non possiamo neanche immaginare: basti pensare allo spazio curvo della Relatività o alle 11 e più dimensioni della teoria delle corde (di cui non abbiamo parlato, ma che oggi raccoglie molti consensi).

Con le nostre ipotesi quindi, le varie Questioni Fondamentali che ci eravamo poste all'inizio, vengono ora ridotte essenzialmente a una sola: perché tutto ciò esiste?

Perché, al posto dell'universo, non esiste invece il nulla?

Durante una conferenza al CERN (settembre del 2006), S. Hawking ha esposto le più recenti teorie sulla storia dell'universo (quelle che, in breve, abbiamo riportato nel capitolo sullo spazio). Il grande fisico ha terminato la sua conferenza proiettando sullo schermo un foglio bianco con queste due semplici domande:

– Perché siamo qui?

– Da dove veniamo?

Come si vede anche le grandi menti si pongono gli stessi fondamentali problemi che abbiamo chiamato le Grandi Questioni. Non siamo certo riusciti a rispondere esaurientemente a tali domande. Abbiamo solo tentato di aprire un debole spiraglio...

Appendici

Appendice 1

Relatività Generale

Il trattamento analitico della RG è basato essenzialmente sull'uso di due concetti fondamentali: il concetto di tensore e quello di geodetica.

Vediamo quindi di descrivere in modo semplice ma, speriamo, chiaro questi due concetti.

Per far ciò seguiamo lo stesso Einstein.

Consideriamo una superficie geometrica del secondo grado, ad esempio una quadrica come una sfera, un ellissoide, un paraboloide ecc. avente centro nel punto P0 del riferimento cartesiano *K*.

Chiamiamo ξ_ν ($\nu = 1, 2, 3$) le componenti sugli assi cartesiani del segmento PP0 che lega il centro P0 con il generico punto P sulla superficie.

L'equazione della superficie si può quindi scrivere

$$\Sigma a_{\mu\nu}\xi_\mu \xi_\nu = 1$$

Dando alle $a_{\mu\nu}$ dei valori opportuni (anche zero, dove necessario) si potrebbe facilmente dimostrare che si possono così ritrovare le equazioni delle quadriche più comuni, come quelle prima menzionate ma anche, come abbiamo detto, qualunque superficie del secondo grado.

Se ora consideriamo un secondo sistema di assi cartesiani K', l'equazione della superficie diventerà

$$\Sigma a'_{\sigma\tau} \xi'_\sigma \xi'_\tau = 1$$

che è dello stesso tipo della precedente.

Le $a_{\mu\nu}$ e $a'_{\sigma\tau}$ sono in generale legate da una trasformazione lineare del tipo

$$a'_{\sigma\tau} = b_{\sigma\mu} b_{\tau\nu} a_{\mu\nu}$$

per mezzo delle quali si può passare facilmente dalla rappresentazione della superficie in K' a quella in K, e viceversa.

Le componenti delle $a_{\mu\nu}$ (e quindi delle $a'_{\sigma\tau}$) si chiamano le componenti di un tensore del secondo rango (perché hanno due indici).

Il fatto fondamentale da mettere in evidenza è che tali componenti, le $a_{\mu\nu}$, definiscono completamente la superficie in oggetto. Una volta conosciute tali componenti, la superficie e tutte le sue proprietà ci saranno note.

Tale superficie inoltre resterà identica a se stessa, anche se si cambia il sistema di riferimento (K o K').

Un discorso simile, ma più semplice, vale anche per una superficie piana, dove le caratteristiche del piano stesso si possono dedurre da una retta che congiunge due punti qualunque: le a_ν ($\nu = 1, 2$) in questo caso avranno un solo indice e sono dette le componenti di un vettore, che è quindi un tensore di rango uno.

Per comodità, si assume anche che uno scalare è un tensore di rango zero.

Aumentando il numero di indici, si possono definire tensori di rango superiore.

Nel caso che più ci interessa, appunto la RG, le superfici curve di cui dobbiamo occuparci sono quelle dello spazio-tempo a 4 dimensioni che è incurvato, come abbiamo detto prima, dalla presenza di masse gravitazionali.

L'equazione di questa superficie spazio-tempo incurvato è dello stesso tipo di quelle prima considerate: essa sarà cioè totalmente descritta dalle componenti $a_{\mu\nu}$ di un tensore del secondo rango, solo che ora gli indici avranno 4 valori per tenere conto delle tre dimensioni spaziali, ma anche del tempo ($\nu = 0, 1, 2, 3$).

Una volta determinata tale superficie curva, è necessario definire la traiettoria che un qualunque oggetto dovrà percorrere su di essa per spostarsi da un punto A a un punto B.

Tale traiettoria, indicata in genere come segmento curvilineo ds, costituisce appunto la geodetica.

La geodetica rappresenta quindi il cammino più corto tra i punti A e B sulla superficie curvilinea in oggetto.

In assenza di campo gravitazionale la superficie curva si ridurrà a un piano e quindi la detta distanza sarà rappresentata dal tratto di retta che li unisce e che abbiamo prima definito come Δs.

L'equazione del tratto di geodetica ds (che unisce due punti molto vicini sulla superficie curva) è molto simile a quella prima riportata per una qualunque superficie curva

$$ds^2 = g_{\mu\nu}\xi_\mu \xi_\nu$$

Il secondo termine di tale espressione va inteso come la sommatoria estesa a tutti e 4 gli indici (Einstein non usa esplicitamente il segno di sommatoria Σ, ma quest'ultimo è sottinteso).

Più esplicitamente, sviluppando si ottiene

$$\begin{aligned} ds^2 = {} & g_{00}\xi_0\xi_0 + g_{01}\xi_0\xi_1 + g_{02}\xi_0\xi_2 + g_{03}\xi_0\xi_3 + g_{10}\xi_1\xi_0 + \\ & + g_{11}\xi_1\xi_1 + g_{12}\xi_1\xi_2 + g_{13}\xi_1\xi_3 + g_{20}\xi_2\xi_0 + g_{21}\xi_2\xi_1 + g_{23}\xi_2\xi_3 + \\ & + g_{30}\xi_3\xi_0 + g_{31}\xi_3\xi_1 + g_{32}\xi_3\xi_2 + g_{33}\xi_3\xi_3 \end{aligned}$$

Le 16 $g_{\mu\nu}$ sono quindi le componenti di un tensore del secondo rango, chiamato tensore metrico fondamentale che definisce completamente le caratteristiche della superficie curva spazio-temporale determinata dalla presenza delle masse gravitazionali.

Visto il suo significato specifico, il tensore $g_{\mu\nu}$ viene indifferentemente usato sia per definire la metrica della superficie a 4 dimensioni, sia per definire il campo gravitazionale stesso.

Le difficoltà sorgono evidentemente quando si vogliono determinare i valori di queste 16 componenti per varie distribuzioni di masse e quindi per i vari tipi di superfici generate.

La metrica delle superfici non piane fu già affrontata più di due secoli fa da Gauss che osservò che sistemi di riferimento curvilinei debbono e possono essere definiti per superfici comunque curvate alla stessa maniera che gli assi cartesiani ortogonali vengono usati per superfici piane.

L'esempio più comune è quello della sfera sulla quale meridiani e paralleli vengono usati per identificare un qualsiasi punto sulla sua superficie.

La teoria dei tensori fu in seguito approfondita e ampliata da Riemann, Levi-Civita e Ricci che svilupparono appunto il calcolo tensoriale utilizzato successivamente da Einstein.

Appendice 2

La variazione della velocità della luce

Se deriviamo la (9) rispetto al tempo, otteniamo

$$\frac{dc(T)}{dT} = C(BB1)\,H\,e^{HT}$$

Per intervalli di tempo relativamente piccoli ΔT, la variazione della velocità della luce sarà dunque

$$\Delta c(T) = \frac{dc(T)}{dT}\Delta T = c(BB1)\,H\,e^{HT}\Delta T$$

Per $T = \mathrm{EU}(T)$ e $\Delta T = 1$ *anno* $= 3{,}15\mathrm{x}10^{7}$ *secondi*, si ottiene

$$\Delta c(T) = 2{,}2\ cm/s$$

Appendice 3

La legge di disintegrazione

Ognuno dei 92 elementi esistenti in natura è caratterizzato da due numeri:

1) un numero, generalmente indicato con A, detto numero atomico, che indica quanti protoni esistono nel nucleo, e quindi anche quanti elettroni periferici orbitano attorno al nucleo. Esso è responsabile di tutte le caratteristiche chimiche dell'elemento considerato;

2) un numero, generalmente indicato con N, detto numero di massa o peso atomico, che indica il numero totale di protoni e di neutroni esistenti nel nucleo. Esso è responsabile delle caratteristiche fisiche dell'elemento stesso.

Perché l'elemento sia stabile bisogna che il numero di neutroni (N–A) abbia un certo valore, diverso da elemento a elemento, e che è fissato dalla natura.

Quasi tutti gli elementi si trovano invece in natura con delle più o meno grandi percentuali di varietà che, pur avendo lo stesso numero A, hanno nel nucleo un differente numero di neutroni; tali varietà sono dette isotopi dell'elemento stesso.

In alcuni casi, l'elevato numero di neutroni presenti nel nucleo non è più compatibile con la stabilità del nucleo stesso, che allora subisce una trasformazione o con l'espulsione di neutroni e protoni (radiazione alfa) o con la trasformazione di un neutrone in protone ed emissione di un elettrone (radiazione beta).

In ambedue i casi, spesso la trasformazione produce anche uno o più raggi gamma che sono quanti di energia variabile.

In tutti i casi l'elemento considerato avrà cambiato il suo numero atomico A, oltre che N, e si sarà trasformato in un altro elemento (trasmutazione).

La legge che regge queste trasformazioni è valida per tutti gli elementi ed è molto semplice

$$\frac{dN}{dt} = -\lambda N \qquad \text{(I)}$$

Essa ci dice che il numero di atomi che si disintegrano durante l'unità di tempo è proporzionale al numero di atomi presenti a un determinato istante.

La costante lambda è chiamata costante di disintegrazione ed è caratteristica di ogni isotopo radioattivo.

È evidente che se lambda è grande il numero di disintegrazioni al secondo sarà grande e quindi l'isotopo in questione si esaurirà prima di uno avente un lambda più piccolo.

Integrando l'equazione precedente si ottiene

$$\frac{dN}{N} = -\lambda dt \text{ ; in } N = -\lambda t + \text{cos}t.\text{ ;}$$

$$\text{(II)}$$

e quindi $N - N_0 \, e^{-\lambda t}$

È facile dimostrare che

$$\textit{vita media di un atomo} = \frac{1}{\lambda}$$

$$\text{(III)}$$

$$\textit{tempo di dimezzamento } T(1/2) = \frac{0.693}{\lambda}$$

Di particolare interesse per la datazione usando isotopi radioattivi, è quest'ultima nozione di tempo di dimezzamento $T(1/2)$: esso indica il tempo necessario affinché una certa quantità di isotopo contenente inizialmente N(0) atomi radioattivi, non ne contenga più che N(0)/2.

Abbiamo già visto in precedenza come tale metodo venga usato, usando il C14, per datare del materiale avente dei resti organici.

Visto anche il tempo $T(1/2)$ relativamente corto del C14(~ 5700 anni) tale metodo non può essere utilizzato per materiali non contenenti resti organici o per reperti vecchi di milioni di anni o anche più.

Esistono tuttavia in natura degli isotopi radioattivi della famiglia dell'Uranio che hanno dei $T(1/2)$ di miliardi di anni.

Usando un metodo di datazione, che non riportiamo qui, molto simile al precedente si riesce quindi a datare anche delle rocce che si sono formate miliardi di anni fa.

Prima di concludere, desideriamo fare alcune considerazioni sulla misura della costante di disintegrazione o, il che è lo stesso, del tempo di dimezzamento di una sostanza radioattiva.

Il tempo di dimezzamento, come dice la stessa parola, può essere misurato considerando una quantità nota di sostanza radioattiva, e misurando in quanto tempo la sua attività si riduce della metà.

Questo metodo può evidentemente applicarsi solo a sostanze con tempi di dimezzamento non troppo lunghi (ore, giorni, al massimo qualche anno).

La costante $\lambda(0)$ può invece essere sempre determinata prendendo in esame una ben precisa quantità di sostanza radioattiva e misurandone l'attività (numero di disintegrazioni al secondo).

La (I) ci fornisce immediatamente il valore di $\lambda(0)$.

Questo metodo, supposto si disponga di quantità sufficienti della sostanza in esame, può essere utilizzato anche per radioisotopi con lunghissimi tempi di dimezzamento.

La nuova legge di disintegrazione

Poiché per $T = \mathrm{EU}(T)$ (cioè oggi) si ha che $\lambda(T) = \lambda(0)$, si ha anche che, per $T = 0$

$$\lambda(BB1) = \frac{\lambda(0)}{10^{26}}$$

E la (11) può essere così riscritta

$$\lambda(T) = \frac{\lambda(BB1)}{S(BB1)} S(T) = \lambda(BB1)\, e^{HT} \qquad \text{(IV)}$$

La nuova legge di disintegrazione diventa

$$\frac{dN}{N} = -\lambda(T)dT = -\lambda(BB1)\, e^{HT}\, dT$$

e quindi integrando

$$N = N_0\, e^{\frac{\lambda(BB1)}{H}(1 - e^{HT})} \qquad \text{(V)}$$

che è la nuova legge di disintegrazione nella nostra ipotesi, da mettere a confronto con la classica legge data dalla (II).

Facciamo due esempi.

Nell'**Esempio 1** consideriamo una sostanza ipotetica avente un lunghissimo tempo di dimezzamento.

Vogliamo verificare quali differenze si ottengono nei risultati applicando la formula classica di disintegrazione e quella derivata dalla nostra ipotesi.

Consideriamo un lungo periodo di 1 miliardo di anni.

Calcoliamo dapprima il valore $\lambda(T1)$ 1 miliardo di anni fa che, lo ricordiamo, nelle nostre unità significa 863 miliardi di anni dall'inizio dell'universo, partendo cioè dal valore $\lambda(BB1)$.

La (IV) ci fornisce il valore

$$\lambda(T1) = \lambda(BB1)\, e^{HT} = 0{,}94\, \lambda(0)$$

Applicando ancora la (IV), calcoliamo il valore di lambda oggi $\lambda(T2)$ partendo dal valore testé trovato per 1 miliardo di anni fa

$$\lambda(T2) = 0{,}94\, \lambda(0)\, e^{HT} = 1{,}0074\, \lambda(0)$$

Applicando la (V) si ottiene

$$N = N_0\, e^{\frac{0{,}94\, \lambda(0)}{H}(1 - e^{HT})} = N_0\, e^{-\lambda(0)\, 3{,}1\, 10^{16}}$$

Applicando la formula classica (II) si avrebbe

$$N = N_0\, e^{-\lambda(0)\, 3{,}15\, 10^{16}}$$

Come si vede la differenza con la precedente espressione è piccolissima: possiamo quindi affermare che, anche per lunghi periodi di miliardi di anni, la formulazione classica della radioattività e quella derivata dalla nostra ipotesi forniscono praticamente i medesimi risultati.

Bisognerebbe quindi considerare periodi di decine o anche di centinaia di miliardi di anni per ottenere risultati differenti: ma ciò evidentemente non avrebbe alcun senso.

Nell'**Esempio 2** vogliamo invece verificare che cosa accade alle due formulazioni, la classica e quella da noi proposta, per un periodo brevissimo di un solo anno.

È evidente che un anno fa si aveva che

$$\lambda(T1) = \sim \lambda(0)$$

Se vogliamo applicare ora la (V) troviamo che l'esponente e^{HT} ha un valore così piccolo che non riusciamo a calcolarlo con una normale calcolatrice tascabile.

Ricorriamo quindi all'espediente dello sviluppo in serie

$$e^{HT} = 1 + 6{,}94\ 10^{-11} + 24\ 10^{-22} + \ldots\ldots.$$

Arrestandoci al secondo termine, troviamo che i risultati forniti dalla formula classica (II) e dalla nostra (V) sono assolutamente identici.

Appendice 4

Parametri e grandezze fondamentali

Tra il gran numero di grandezze oggi conosciute in natura, ve ne sono otto che vengono comunemente considerate come quantità fondamentali:

$c = 3 \times 10^{8}\ m/\mathrm{sec}$	*velocità della luce*
$h = 1{,}05 \times 10^{-27}\ erg\ \mathrm{sec}$	*costante di Plank*
$e = 4{,}8 \times 10^{-10} \sqrt{erg}\sqrt{cm}$	*carica dell'elettrone*
$m = 1{,}6 \times 10^{-24}\ grammi$	*massa del protone*
$g = 1{,}4 \times 10^{-49}\ erg\ cm^{3}$	*costante di Fermi per interazioni deboli*
$G = 6{,}7 \times 10^{-8}\ erg\ cm\ gr^{-2}$	*costante di gravità*
$H = 2{,}2 \times 10^{-18}\ \mathrm{sec}^{-1}$	*costante di Hubble*
$\rho = 10^{-31}\ gr\ cm^{-3}$	*densità media dell'universo*

Con queste otto grandezze si formano cinque rapporti adimensionali, che rivestono grandissima importanza nella fisica attuale:

$\alpha = e^2/hc = 7{,}3 \times 10^{-3}$ *chiamata costante di struttura fine*

$\beta = gm^2 c/h^3 = 9 \times 10^{-6}$

$\gamma = Gm^2/hc = 5 \times 10^{-39}$

$\delta = Hh/mc^2 = 10^{-42}$

$\varepsilon = G\rho/H^2 = 2 \times 10^{-3}$

Nel mondo scientifico vi è un comune accordo sul fatto che le prime tre grandezze (chiamate costanti di laboratorio) siano da considerarsi delle costanti nel tempo: esse cioè hanno mantenuto rigorosamente il loro valore attuale dal momento del Big Bang a oggi.

Le ultime due invece (chiamate costanti cosmologiche) possono avere cambiato di valore durante l'evolversi dell'universo.

Vogliamo attenerci strettamente a questi criteri; consideriamo cioè che, anche nelle nostre ipotesi, i primi tre rapporti adimensionali restino costanti nel tempo, mentre gli ultimi due possano variare.

Per coerenza con quanto proposto finora, ipotizziamo che le due costanti cosmologiche varino con il tempo seguendo anch'esse le dimensioni dell'universo.

Come si vede, la velocità della luce ***c*** fa parte di quasi tutti i rapporti adimensionali riportati.

È quindi evidente che la nostra ipotesi ha delle conseguenze profonde sulle grandezze fondamentali che quindi non possono più essere considerate costanti.

Detto questo e ricordando la (12), affinché i primi tre rapporti adimensionali prima riportati restino costanti e quindi indipendenti dal tempo è necessario che:

– nella α, la costante di struttura fine

$e \cap \sqrt{e^{III}}$

cioè la carica dell'elettrone cresce con il tempo seguendo l'espandersi dell'universo;

– nella β si ha che

$$g \cap e^{HT}$$

La costante di Fermi varia così all'espandersi dell'universo;

– nella γ si ha che

$$G \cap e^{3HT}$$

La costante di gravità era enormemente più piccola agli inizi e cresce vertiginosamente secondo la terza potenza della crescita dell'universo.

Le precedenti relazioni permettono di mantenere assolutamente costanti le prime tre grandezze fondamentali (costanti di laboratorio), proprio come comunemente ammesso nel mondo scientifico.

Per le altre due (costanti cosmologiche), invece, ammettiamo che esse varino inversamente alle dimensioni dell'universo.

– Nella δ, poiché H è costante e ricordando la (12) si ha che

$$\delta \cup e^{HT}$$

– Nella ε, affinché esso diminuisca inversamente alle dimensioni dell'universo, bisogna che

$$\rho \cup e^{4HT}$$

La densità della materia diminuisce dunque in modo vertiginoso all'espandersi dell'universo.

BIBLIOGRAFIA

Barrow J.D.-Webb J.K., *Inconstant constants*, «Scientific American», giugno 2005.
Boslough J., *Beyond the black holes*, Collins, 1985.
Changeux J.P., *L'homme neuronal*, Fayard, 1983.
Courier du CNRS «Neurosciences», avril-juin 1984.
Craveri M. (a cura di), *I vangeli apocrifi*, Einaudi Editore, 1990.
D'Ormesson J., *Presque rien sur presque tout*, Gallimard, 1996.
Einstein A., *Autobiografia scientifica*, Universale scientifica, Boringhieri, 1970.
Einstein A., *The meaning of relativity*, Chapman and Hall science paperbacks, 1987.
Guth A., *The inflationary universe*, «EDGE The third culture», 108, 21/11/2002.
Hofstadter D.R., *Gödel, Escher, Bach: an eternal golden braid*, Penguin Books, 1980.
Kaufmann W.J. III, *Relativity and cosmology*, Harper & Row, 1973.
Messori V., *Il miracolo*, Rizzoli, 1998.
Monod J., *Le hasard et la necessité*, Editions du Seuil, 1970.
Nickell J., *Looking for a miracle*, Prometheus Books, 1993.
Penrose R., *The emperor's new mind*, Oxford University Press, 1990.

Penrose R., *The shadows of the mind*, Vintage, 1995.
Pour la science (*Scientific American*) «Le cerveau», 1979.
Prigogine I.-Stengers I., *La nouvelle alliance*, Gallimard, 1986.
Prigogine I., *La fin des certitudes*, Editions Odile Jacob, 1996.
Sagan C., *The dragons of Eden*, Ballantine Books, 1977.
Salam A. e Wigner E.P., *Aspects of quantum theory*, Cambridge University Press, 1972.
Tegmark M., *Parallel universes*, «Scientific American», maggio 2003.
Vamos T., *Epistemologia del computer*, Sperling & Kupfer, 1993.
Weinberg S., *I primi tre minuti*, Mondadori, 1977.

Indice

Appendici

Made in the USA
Monee, IL
05 November 2026

67809024R00233